高等学校试用教材

构造地质学简明教程

郭颖　李智陵　主编

中国地质大学出版社

内容简介

本书吸取了国内外同类教材的优点,结合编者教学实践和科研工作的体会,深入浅出地介绍了构造地质学的基本概念、基本理论和基本方法。内容以构造几何学为重点,为深化对构造的认识和理解,适当地论述了形成构造的运动学过程和动力学机制。

全书共12章,每章前指出本章要点,并在每章后安排了实习、实验及作业,便于学生复习、练习。本书可作为高校地质类及有关专业的教材,并可供从事生产、科研、教学的人员参考。

图书在版编目(CIP)数据

构造地质学简明教程/郭颖,李智陵主编. —武汉:中国地质大学出版社,1995.10(2022.8重印)

ISBN 978-7-5625-1000-0

Ⅰ. 构…
Ⅱ. ①郭…②李…
Ⅲ. 构造地质学—高等学校—教材
Ⅳ. P54

中国版本图书馆 CIP 数据核字(2007)第 023159 号

出版发行:	中国地质大学出版社(武汉市·喻家山·邮政编码430074)
责任编辑	赵颖弘 刘士东 责任校对 胡义珍
印 刷	武汉市籍缘印刷厂

开本:787×1092 1/16 印张:14 字数:360千字 附图
1995年10月第1版 2022年8月第17次印刷 印数:31001—33000册
定价:25.00元

编者的话

随着科学技术的发展，新方法、新技术的应用以及学科的相互渗透，近年来构造地质学的研究从理论到方法都取得了飞跃的发展。为了满足教学改革的需要，使学生打好地质理论基础，本着精选内容、更新观念的精神，尽量吸取近年来构造地质学研究中的新观点、新概念、新发现，作者编写了这本《构造地质学简明教程》。本书1991年初在校内出版，使用3年来，受到师生的欢迎。经校教材委员会批准，1993年，在原书的基础上，作者进行了修改补充，准备正式出版。

在本书编写和修改过程中，作者参考了朱志澄、宋鸿林主编的《构造地质学》，并得到了朱志澄、单文琅、宋鸿林3位教授的许多精心指导和具体帮助。单文琅教授为本书写了绪言，朱志澄教授审阅了全稿，并提出了很多宝贵的意见和建议，作者在此表示深深的谢意。

书中全部图件均由中国地质大学（武汉）绘图室清绘，在此也一并致谢。

本书第一、第八章由石林编写，第二、第四、第七章、构造地质综合作业及第十一、第十二章由郭颖编写，第三、第九、第十章由李智陵编写，第五、第六章由王显达编写。由于作者水平所限，书中定存在缺点和错误，敬希读者批评指正。

编者

目 录

绪论 ……………………………………………………………………………………………… (1)
第一章 沉积岩层的原生构造 ……………………………………………………………… (3)
第一节 层理及沉积岩层面向的确定 ……………………………………………… (3)
一、层理及其识别 ……………………………………………………………… (3)
二、利用原生沉积构造确定岩层的面向 ……………………………………… (4)
第二节 软沉积变形 …………………………………………………………………… (7)
一、压模与火焰状构造 ………………………………………………………… (8)
二、球状和枕状构造 …………………………………………………………… (8)
三、滑塌构造与卷曲层理 ……………………………………………………… (9)
四、砂岩墙和砂岩床 …………………………………………………………… (9)
五、碟状构造 …………………………………………………………………… (9)
第二章 沉积岩层的基本产状 ……………………………………………………………… (11)
第一节 地质体的基本产状 …………………………………………………………… (11)
一、面状构造的产状要素 ……………………………………………………… (11)
二、线状构造的产状要素 ……………………………………………………… (12)
第二节 水平岩层 ……………………………………………………………………… (13)
第三节 倾斜岩层 ……………………………………………………………………… (14)
第四节 岩层的沉积接触关系 ………………………………………………………… (16)
一、整合接触和不整合接触 …………………………………………………… (16)
二、不整合接触在地质图和剖面图上的表现 ………………………………… (16)
三、不整合接触的观察 ………………………………………………………… (18)
实习一 认识和阅读地质图 ………………………………………………………… (19)
实习二 用间接方法确定岩层产状要素 …………………………………………… (22)
实习三 读不整合接触地质图并作图切地质剖面图 ……………………………… (24)
实习四 根据岩层产状编制倾斜岩层地质图 ……………………………………… (26)
第三章 褶皱的几何分析 …………………………………………………………………… (29)
第一节 褶皱和褶皱要素 ……………………………………………………………… (29)
一、褶皱的基本类型 …………………………………………………………… (29)
二、褶皱要素 …………………………………………………………………… (30)
第二节 褶皱的描述 …………………………………………………………………… (32)
一、转折端的形态 ……………………………………………………………… (32)
二、翼间角和褶皱的紧闭度 …………………………………………………… (33)
三、褶皱的波长和波幅 ………………………………………………………… (33)
四、褶皱的对称性 ……………………………………………………………… (33)
五、枢纽的产状 ………………………………………………………………… (34)
六、轴面产状及其与两翼产状的关系 ………………………………………… (35)
七、褶皱的平面形态 …………………………………………………………… (36)

第三节　褶皱的分类 …………………………………………………… (37)
　　　一、褶皱的位态分类 ………………………………………………… (37)
　　　二、褶皱的理想几何形态分类 ……………………………………… (38)
　　　三、等斜线的褶皱分类 ……………………………………………… (39)
　　　四、根据组成褶皱的各褶皱层的厚度变化分类 …………………… (41)
　　　五、根据组成褶皱的各褶皱面之间的几何关系分类 ……………… (41)
　　第四节　褶皱的组合型式 …………………………………………… (42)
　　　一、全形褶皱 ………………………………………………………… (42)
　　　二、断续褶皱 ………………………………………………………… (43)
　　　三、过渡型褶皱 ……………………………………………………… (44)
　　第五节　叠加褶皱 …………………………………………………… (45)
　　第六节　褶皱形成时代的确定 ……………………………………… (48)
　　实习一　读褶皱区地质图 …………………………………………… (49)
　　实习二　绘制褶皱区剖面图 ………………………………………… (51)
　　实习三　编绘和分析构造等高线图 ………………………………… (54)
第四章　断层的几何分析 ………………………………………………… (58)
　　第一节　断层的要素和命名 ………………………………………… (58)
　　　一、断层的几何要素和位移 ………………………………………… (58)
　　　二、断层的基本类型 ………………………………………………… (60)
　　　三、断层的组合型式 ………………………………………………… (64)
　　第二节　断层的识别和断层岩 ……………………………………… (67)
　　　一、断层的识别 ……………………………………………………… (67)
　　　二、断层面产状的测定 ……………………………………………… (69)
　　　三、断层岩 …………………………………………………………… (70)
　　第三节　断层位移方向的确定 ……………………………………… (72)
　　　一、断层效应 ………………………………………………………… (72)
　　　二、断层两盘相对运动方向的确定 ………………………………… (75)
　　第四节　断层作用的时间性 ………………………………………… (77)
　　　一、断层活动时间的确定 …………………………………………… (77)
　　　二、断层长期活动的分析 …………………………………………… (78)
　　　三、同沉积断层 ……………………………………………………… (78)
　　实习一　读断层地区地质图并求断距 ……………………………… (78)
　　实习二　分析断层地区地质图 ……………………………………… (81)
第五章　应力与应变 ……………………………………………………… (83)
　　第一节　应力分析 …………………………………………………… (83)
　　　一、力和应力 ………………………………………………………… (83)
　　　二、任意截面上的应力分析 ………………………………………… (84)
　　　三、一点的应力状态 ………………………………………………… (89)
　　　四、构造应力场和应力轨迹 ………………………………………… (90)
　　第二节　变形和应变 ………………………………………………… (90)

一、变形的概念 …………………………………………………………………… (90)
　　二、应变 …………………………………………………………………………… (92)
　　三、应变椭球体 …………………………………………………………………… (93)
　　四、递进变形 ……………………………………………………………………… (95)
　　五、岩石有限应变测量 …………………………………………………………… (97)
　实习　简单剪切卡片模拟 ………………………………………………………… (99)

第六章　岩石的变形习性 ………………………………………………………… (102)
　第一节　岩石的变形习性 ………………………………………………………… (102)
　　一、实验条件下岩石变形习性 …………………………………………………… (102)
　　二、岩石的脆性破裂 ……………………………………………………………… (104)
　　三、塑性变形机制 ………………………………………………………………… (107)
　第二节　影响岩石变形习性的因素 ……………………………………………… (110)
　　一、岩石本身的影响因素 ………………………………………………………… (110)
　　二、外界环境的影响因素 ………………………………………………………… (111)
　　三、时间的影响因素 ……………………………………………………………… (112)
　实习　构造模拟实验 ……………………………………………………………… (114)

第七章　节理 ……………………………………………………………………… (116)
　第一节　节理及其分类 …………………………………………………………… (116)
　　一、节理的分类 …………………………………………………………………… (116)
　　二、节理组和节理系 ……………………………………………………………… (120)
　　三、区域性节理 …………………………………………………………………… (120)
　第二节　节理的形成作用 ………………………………………………………… (120)
　　一、节理的形成 …………………………………………………………………… (120)
　　二、节理的分期、配套 …………………………………………………………… (123)
　　三、雁列脉 ………………………………………………………………………… (125)
　实习一　编制和分析节理玫瑰花图 ……………………………………………… (126)
　实习二　节理等密图的编制和分析 ……………………………………………… (128)

第八章　面理和线理 ……………………………………………………………… (132)
　第一节　面理 ……………………………………………………………………… (133)
　　一、劈理的结构 …………………………………………………………………… (133)
　　二、劈理的类型 …………………………………………………………………… (134)
　　三、劈理的应变意义 ……………………………………………………………… (137)
　　四、劈理的形成 …………………………………………………………………… (139)
　　五、劈理的野外观测 ……………………………………………………………… (140)
　第二节　线理 ……………………………………………………………………… (142)
　　一、小型线理 ……………………………………………………………………… (142)
　　二、大型线理 ……………………………………………………………………… (143)
　　三、线理的野外观测 ……………………………………………………………… (148)
　实习　构造标本及薄片观察 ……………………………………………………… (149)

第九章　岩浆岩体构造 …………………………………………………………… (151)

第一节　岩浆岩体的构造	(151)
一、侵入岩体的构造	(151)
二、喷出岩体的构造	(155)
三、岩浆岩体的次生构造	(156)
第二节　侵入岩体的侵位与构造	(157)
一、底辟作用	(157)
二、气球膨胀作用	(158)
三、顶蚀作用	(160)
四、岩墙扩展作用	(160)
五、火山口塌陷作用	(160)
第三节　岩浆岩体的接触关系和形成时代	(161)
一、岩浆岩体接触关系的识别	(161)
二、岩浆岩体形成时代的确定	(162)
实习一　分析岩浆岩地区地质图并作剖面图	(163)
实习二　构造地质综合作业	(164)

第十章　褶皱的形成作用 (167)

第一节　纵弯褶皱作用	(167)
一、中和面褶皱作用	(168)
二、弯滑褶皱作用和弯流褶皱作用	(169)
三、纵弯褶皱中发育的劈理	(171)
四、褶皱的发育	(173)
五、压扁作用	(177)
第二节　剪切褶皱作用	(179)
第三节　横弯褶皱作用	(180)
一、横弯褶皱作用的基本概念	(180)
二、底辟作用	(181)
三、同沉积褶皱作用	(181)
第四节　柔流褶皱作用	(182)

第十一章　断层的形成作用 (184)

第一节　脆性断层	(184)
一、正断层的成因分析	(185)
二、逆断层的成因分析	(186)
三、平移断层的成因分析	(187)
四、拉分盆地	(189)
第二节　韧性剪切带	(190)
一、韧性剪切带的特点	(190)
二、韧性剪切带剪切方向的确定	(192)

第十二章　极射赤平投影的原理和应用 (194)

第一节　面和线的产状投影	(194)
一、投影原理	(194)

二、应用 ……………………………………………………………………（198）
　　三、小结 ……………………………………………………………………（200）
　　四、练习题 …………………………………………………………………（200）
　第二节　β图解和π图解 ………………………………………………………（201）
　　一、β图解 …………………………………………………………………（201）
　　二、π图解 …………………………………………………………………（201）
　　三、练习题 …………………………………………………………………（202）
　第三节　两面夹角的测量及面的旋转方法 ……………………………………（202）
　　一、两面夹角及角平分线的测量 …………………………………………（202）
　　二、面的旋转方法（以水平线为旋转轴）………………………………（203）
　　三、小结 ……………………………………………………………………（204）
　　四、练习题 …………………………………………………………………（204）
主要参考文献 …………………………………………………………………（205）
　附录Ⅰ　各种常见岩石花纹图例 ………………………………………………（207）
　附录Ⅱ　各种常用构造符号 ……………………………………………………（210）
　附录Ⅲ　地层代号及色谱 ………………………………………………………（211）
　附录Ⅳ　埋藏深度换算尺 ………………………………………………………（212）
　附录Ⅴ　确定视倾角的列线图 …………………………………………………（213）

绪 论

构造地质学主要是研究组成岩石圈的岩石、岩层和岩体在构造作用中形成的变形现象（构造）的几何形态、组合型式及其形成和发展规律的一门学科。它的研究对象，大至整个地球的结构以及地壳的巨大单元，如大陆和大洋、山脉和盆地等的形成和发展，小到组成岩石圈内各种变形地质的空间组合和分布规律及构造特征，更小则到岩石或矿物的内部组构等，几乎涉及从 10^{-8}cm 到 10^8cm 不同空间尺度的构造现象；在深度上，则涉及到从地壳表层至地幔深部的不同层次的构造现象。但是，这些构造现象，无论从宏观到微观，都可看成是地球物质或地质体在构造力的作用下发生运动和变形的结果。从这个意义上来说，构造地质学主要是研究变形地质体，尤其是中小型地质体的几何学、运动学和动力学规律的学科，其主要任务就是要对各种变形地质体，即褶皱、断裂、面理和线理等构造现象进行识别、描述和成因解释。具体研究内容包括：各种构造的几何形态、产状、规模、组合及其空间关系和发展历史，各种构造的形成条件和形成机制，进而探讨产生这些构造的构造运动方式、方向、强度和动力学过程。

构造地质学是地质学的三大支柱之一。构造地质学的学科发展对整个地球科学的理论建设和实践具有重大作用，如板块构造学说的兴起曾导致近代地学史上的一场革命。构造地质学的科学实践对人类的生产和社会生活也有着重大的影响。例如，在国民经济建设中，各种资源的寻找和勘探、预测和开发，均离不开矿田和矿床的构造研究；在各项重大工程建设中，如铁路、水库、大坝等，也离不开基础稳定性的构造研究；对于环境地质，如重大自然灾害地震、火山、山崩、滑坡等的预防和治理，同样需要构造研究的支持。由此可见，学习和掌握构造地质学的理论和方法是地质工作者从事各项地质研究和生产任务的必备条件和基础。

当代构造地质学，随着科学技术的飞跃发展和相关学科的交叉渗透，引进了许多先进的方法技术，如航空航天、地球物理、地球化学、电子技术和超微技术等，使构造地质学的发展进入一个崭新的阶段，许多新思想、新概念和新方法不断涌现，研究内容涉及到多尺度、多层次、多体制、多因素或多成因、多类型的构造的全方位动态研究的广阔领域。但是，作为一本简明构造地质学教材，主要读者是地质学专业和相关专业的学生，本书的内容和章节安排是为未来从事地质工作的人员奠定构造地质学的基础。因此，它以基本概念、基本理论和基本方法，即以"三基"为主。构造的研究主要包括几何学、动力学和运动学。其中，几何学的研究又是基本方面，也是本书的重点所在。在重点讨论和阐述构造几何学中，本书也适当地论述形成构造的运动学过程和动力学机制，以深化对构造的认识和理解，并为分析其形成和演化提供一定的理论依据。从构造的空间尺度看，构造可分为全球或巨型构造、大型构造、中型构造、小型构造、微型和超微型构造。其中，中型和小型构造是最实际、最具体的构造，是与生产实践和相关学科存在最广泛而密切联系的构造。因此，中型和小型构造是本书论述的主体。为了开拓思路，深入理解各级构造的主控和依存关系，本书也涉及某些大型和微型构造。因此，本书的中心内容和编写主导思想是以"三基"为主，以几何学为主，以中小型构造为主。

当前，我国正全面开展1：5万区域地质调查工作，这是一项具有战略意义的地质基础工作，也是涉及国民经济发展的重大基本建设。在这项工作中，地质调查及其主要成果地质图的测绘总是与构造的观测和研究息息相关。其实，一切与地质相关的生产活动，如找矿和水文工程建设等地质调查，总是将构造研究作为首要环节或基础，过去曾将构造地质学与地质制图学合为一门课程，原因正在于此。因此，本教材自然而然以构造的实际观测与研究及表示与绘制方法为重点。

构造的研究主要包括对构造的观察、分辨、分析和处理诸方面。这门课程就是要求学生初步学会和逐步掌握对构造观察、分辨、分析和处理的基本能力，为实际构造的观测和研究奠定基础。上述的构造研究的几个方面的主要内容概括如下：

（1）观察构造的能力：构造几何特征观察是研究构造的基础，因此，首先要求学生建立明确的立体空间概念，能对构造的三维形象进行观测和描述，并能初步建立各级、各类构造相互联系和相互依存的概念，进而能从运动和发展的观念动态地描述一个地区的各种构造的相互关系和演化过程。

（2）分辨构造的能力：要求学生初步、系统地掌握各类构造的基本特点和识别标志，以便能用类比、求异的原理和方法去识别所观察构造的类型，确定其属性。

（3）分析构造的能力：要求学生初步掌握用反序法分析构造变形的演化历史、形成环境、变形条件和变形机制。我们今天看到的构造是长期、多次变形的终结产物。要认识构造的形成、演化及其变形条件，只能由已知到未知，追本溯源，通过反演、类比、求证等方法去探索构造的发生和发展的规律性。现代普遍采用的构造解析的原则和方法就是这种反序法的具体化。

（4）处理构造的能力：首先要求学生初步学会对所收集的各种构造数据进行统计处理和分析，对所研究的构造采用各种图表予以正确表示或填绘，能从不同层次、不同机制、不同世代、不同环境、不同体制等方面分类构造，建立研究区构造的格架、构造序列和演化模式。

当然，上述能力的培养，除了课堂学习外，更重要的是依赖实践经验的积累。对初学者来说，应当遵循由浅入深、循序渐进的认识原则，踏踏实实地从基本理论、基本知识和基本方法学起。但是，对地球科学的热爱、对探索大自然奥秘的坚定意志以及对科学事业执著追求的决心，将是步入构造地质学科学殿堂的动力。愿这本教材能成为献身地质事业的学子们攀登构造地质科学顶峰的第一级台阶。

第一章 沉积岩层的原生构造

本章要点：层理的识别及可用于确定岩层面向的原生构造标志；软沉积变形的基本特征、形态类型和研究意义。

沉积岩是地球表面分布最广泛的岩石。沉积岩层的原生构造是指在沉积过程中及沉积物固结成岩之前所产生的构造，如层理、层面构造，生物遗迹、叠层石以及软沉积物的各种变形构造等。这类构造对地质构造的研究具有重要意义，它们不仅为研究和判断岩层形成时的古地理和地壳运动特征提供了重要资料，而且有些原生构造还是鉴别岩层顶、底面及确定岩层相对层序的重要依据。因此，研究沉积岩原生构造是分析构造环境和构造几何形态的基础。

第一节 层理及沉积岩层面向的确定

一、层理及其识别

沉积岩最重要的特征是具有成层性，这种成层性是反映构造变形的最基本的标志。层理则是沉积岩中最普遍的一种原生成层性构造，是由岩层内部的成分、粒度、结构、胶结物和颜色等特征在剖面上的突变或渐变所显示出来的一种面状构造。

（一）层理的基本术语和形态分类

沉积岩的纹层、层系和层系组（或层组）既是层理的组成单位，也是其基本的描述术语（图 1-1）。

层理的形态分类是一种描述性分类，依据层理形态及其结构，主要可将其分为水平层理、波状层理、交错层理和递变层理等。

（二）层理的识别标志

沉积岩层理可根据岩石的成分、结构、色调等的变化得以识别。

1. 岩石成分的变化

沉积物成分的变化是显示层理的重要标志，即使在成分比较均一的岩层中，只要认真地观察，也会发现细微的成分变化。在成分均一的巨厚岩层中，有时可能存在成分特殊

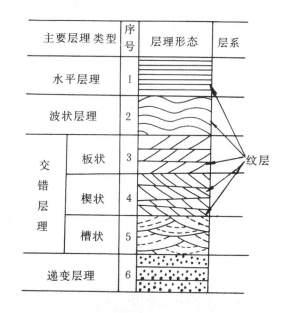

图 1-1　层理的基本术语和主要类型
（据何镜宇等，1983）

的薄的夹层，藉助于这种夹层可以识别巨厚岩层的层理。

2. 岩石结构的变化

绝大多数碎屑沉积岩层都是由不同粒度、不同形状的颗粒分层堆积的，根据碎屑粒度和形状的变化，可以识别出层理。

3. 岩石颜色的变化

在成分均一、颗粒较细、层理隐蔽的岩层中，如有颜色不同的夹层或条带，则可指示层理，但要注意区分次生变化引起的色调变化。

4. 岩层的层面原生构造

波痕、底面印模、暴露标志等也可作为确定和识别层理的标志。

二、利用原生沉积构造确定岩层的面向

面向是指成层岩层顶面法线所指的方向，即成层岩系中岩层由老变新的方向。沉积岩中的许多原生构造标志可以用来确定岩层的面向。

（一）变异层理标志

1. 交错层理

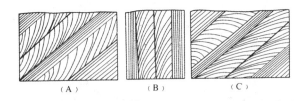

图 1-2 根据交错层理确定岩层顶、底面
(A) 顶面在左边，正常岩层；(B) 顶面在右边，直立岩层；
(C) 顶面在右边，倒转岩层

交错层理又叫斜层理，由一系列斜交于层系界面的纹层组成，有多种类型（图1-1）。其中，可用来判别岩层顶、底面的交错层理有板状和槽状交错层理。这两种交错层理的斜纹层均呈弧形，斜纹层的顶部被截切，与层系面呈高角度相交，下部常逐渐收敛、变缓，与底面小角度相交或相切（图1-1、1-2）。

2. 递变层理

递变层理又称粒级层，是碎屑物质在沉积过程中由于流体（通常是浊流）逐渐衰减而形成的一种沉积结构。其特点是，在一个单层中，从底到顶颗粒由粗逐渐变细。例如，由底部的砾石或粗砂向上递变为细砂、粉砂以至泥质。图1-3所示的递变层理是携带各种粒级悬浮体的浊流沉积，虽然其中混有粗细不同的颗粒，但总的特点仍是下粗上细。另外，递变层理的顶面与其上一层的底面是突变的，有明显的界面。

在少数情况下，会出现反向递变层理，即在一个单层内，由底到顶粒度逐渐变粗。这是由于水流逐渐加强等原因造成的，与正向递变层理的区别在于它的顶界是渐变过渡的。

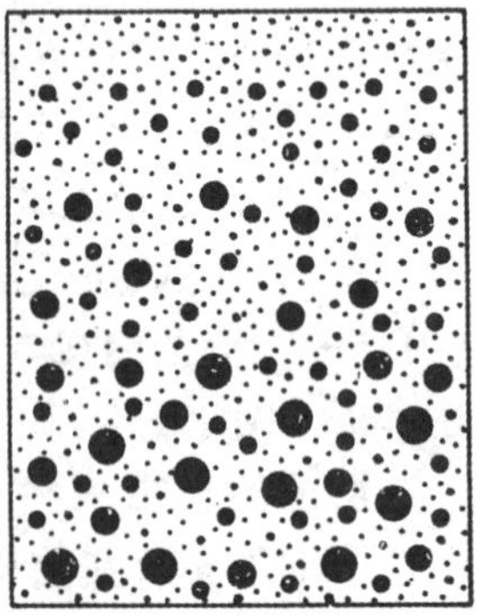

图 1-3 递变层理
细粒呈基质出现在整个层中，由底向顶粗粒逐渐减少

（二）层面原生构造标志

1. 波痕

波痕是沉积物表面由于波浪、水流或风的流动而形成的波状起伏的堆积形态。主要发育在粉砂岩、砂岩及碳酸盐岩的表面，在细砂岩中也偶尔可见。

波痕是由波峰和波谷组成的（图1-4）。根据波峰的形态，波痕可划分为多种类型。图1-5所示的几种波痕可用来确定岩层的顶、底面。这些波痕无论是原型还是其印模，都是波峰指向岩层的顶面，波谷的圆弧则凹向底面（图1-4、1-5）。

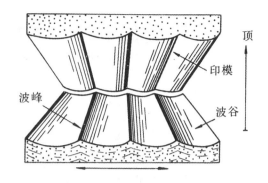

图 1-4 波痕及其印模
(据 R.R.Shrock，1948)

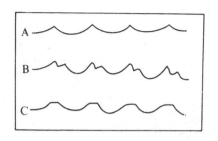

图 1-5 几种可确定岩层顶、底面的波痕
A 为浪成对称尖峰圆谷波痕，B 为双峰改造波痕，C 为平顶改造波痕

须指出的是，有一类在剖面上表现为不对称波形曲线的波痕，由于其形态特征在原型与印模中相似，故不能用来鉴别岩层顶、底面。

2. 泥裂

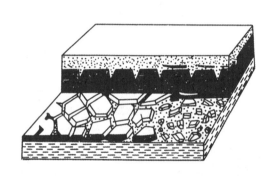

图 1-6 泥裂的示意立体图
(据 R.R.Shrock，1948)

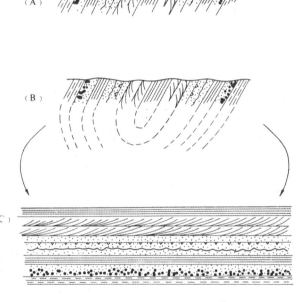

图 1-7 根据岩层原生构造恢复构造
(A) 地表出露情况；(B) 构造恢复；(C) 原始层序

泥裂也称干裂，是未固结的沉积物露出水面后经曝晒干涸时发生收缩和裂开所形成的与层面大致垂直的楔状裂缝。常见于粘土岩、粉砂岩及细砂岩层面上，偶而也见于碳酸盐岩层面上。泥裂常使层面构成网状、放射状或不规则分叉状的裂缝，在剖面上一般呈"V"型（有时切穿层面也可呈"U"型）裂口。这些裂缝被上覆沉积物填充时，其填充层的底面常形成尖脊状印模（图1-6）。楔状裂缝和尖脊状印模的尖端均指向岩层底面（图1-7）。

3. 雨痕和冰雹痕

因雨滴或冰雹落在湿润而柔软的泥质或粉砂质沉积物表面所形成的圆形凹坑及其凸起的边缘称雨痕或冰雹痕。雨痕或冰雹痕被上覆沉积物填充、掩埋、成岩后，遂在岩层的顶面上留下凹坑，而在上覆岩层底面形成瘤状突起的印模（图1-8）。

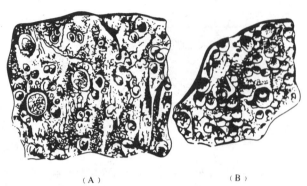

（A）　　　　　　　　（B）

图 1-8　页岩层面的雨痕（A）及印模（B）

4. 冲刷面

固结和半固结的沉积层的顶面，会因水流冲刷而成为凹凸不平的冲刷面。在这

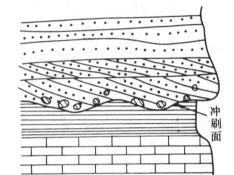

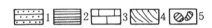

图 1-9　冲刷面的特点及与层序的关系

1. 砂岩；2. 硅质岩；3. 灰岩；4. 交错层；5. 硅质岩砾石

不平整的冲刷面之上再沉积时，被冲刷下来的下伏岩层的碎块和砾石又往往堆积在冲刷出的沟、槽中。根据冲刷面和上覆岩层的碎屑，可以判别岩层的相对层序（图 1-9）。

5. 底面印模

当水流或涡流在松软的沉积物上流动时，由于涡流对沉积物的侵蚀或水流携带物（如介壳碎片、岩屑、树枝等）对沉积物表面的刻划，会在沉积物表面留下各种形状的凹坑和沟模痕迹，这些痕迹常被砂质所充填。成岩后，它们多在泥质岩层之上的砂岩底面保留下来，称作底面印模（也称为铸型）。由于页岩易风化，而砂岩抗风化能力强，故这种印模常保留在砂岩的底面上（图 1-10）。底面印模都以与原始凹槽相反的形态表现出来，常见的有鳞茎状、舌状或细长的脊状等（图 1-11）。

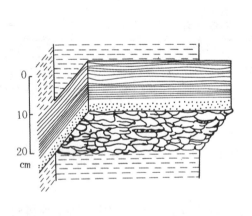

图 1-10　砂岩的底面印模
（据 K. Richter，1965）

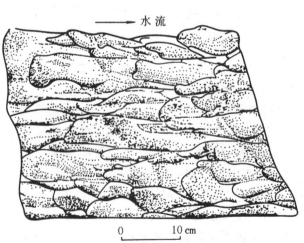

图 1-11　舌状底面印模
（据 Haaf，E. Ten，1959）

（三）生物标志

根据某些化石在岩层内的埋藏保存状态，也可鉴定岩层的顶、底面。

由某些藻类形成的叠层石，虽其类型不同、形态各异，如柱状、分枝状和锥状等，但均具有向上穹起的叠积纹层构造，这些穹状纹层的凸出方向即指示岩层的面向（图1-12）。

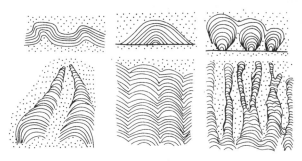

图1-12 不同形态的叠层石
纹层凸向顶面

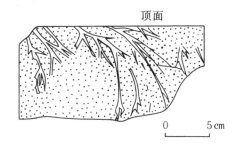

图1-13 植物根系生长状态示意剖面
（据 R.R.Shrock，1948）

一些古植物的根系也可作为确定岩层顶、底面的标志，如图1-13所示，根系向上变粗并收敛，向下变细且分叉。此外，生物活动造成的遗迹化石，如三叶虫的停息迹、爬行觅食迹及潜穴的蹼状构造凹面均指示岩层的顶面（图1-14）。异地埋藏的腕足类、腹足类和瓣鳃类介壳化石，多数保持着凸面向上的稳定状态，故其凸面方向往往指示岩层的面向（图1-15）。

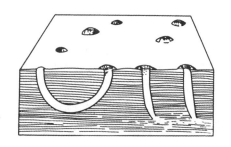

图1-14 虫穴和垄岗开口向上
（据 Hjlls，1972）

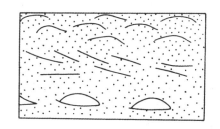

图1-15 介壳埋藏状态示意图
（据 R.R.Shrock，1948）

第二节 软沉积变形

软沉积变形是指沉积物尚未固结成岩时发生的变形。构造研究确认，软沉积变形是比较常见的，有些还具有一定的规模。斯宾塞（E.W.Spencer，1977）指出，褶皱造山带中坚硬岩石内见到的一些构造，可能是在沉积物尚未固结或半固结时形成的。他甚至提出，巨大的逆冲断层、褶皱系、甚至某些板状劈理，都可能是岩石处于半固结状态时发生的。我们提出软沉积变形的目的：一方面是要指出构造现象并不全是成岩后构造作用引起的，以便更好地理解构造形成和发展的复杂历程；另一方面是为了正确分析和区分成岩前与成岩后的变形和其叠加关系，避免构造分析的简单化。

软沉积变形涉及面很广，包括形成软沉积变形的构造环境、动力或促成因素、形态类型等。从局部沉积区来说，软沉积变形的形成作用主要包括负荷作用、重力滑塌和滑移作用、液化作用、孔隙压力效应以及水体扰动作用等。以下着重对一些常见的软沉积变形作一实例分析。

一、压模与火焰状构造

压模是一种底面印模，又叫重荷模或负荷铸型，一般发育在泥质物之上的砂层底面，呈圆丘状或不规则的瘤状突起。其排列杂乱，大小不一，突起高度从几毫米到十几厘米，但在同一层面上，压模的形状和大小较近似。有时砂岩中的原生层理因这种构造存在而变形，但向上层面逐渐恢复正常。

压模是当砂层沉积处在塑性状态的泥质层之上时由于超负载或差异负载作用使沉积物发生垂向流动而成（图1-16）。

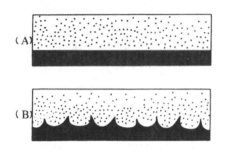

图1-16 泥层（黑色）之上的砂层底面
负荷铸型的成因示意图
(A) 初沉积状态；(B) 负荷引起的变形

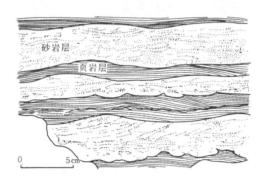

图1-17 火焰状构造
(据 R. W. B. Davis，1994，修改)

火焰状构造是与压模密切相关的一种现象，即下伏的泥质层向上尖灭形成一排尖舌（图1-17），这些尖舌有时弯曲并向一个方向倾斜。这是由于上覆砂岩的不均匀负载压力使砂岩之下呈塑性状态的泥质沉积物挤入负载瘤状突起之间形成的。

压模和火焰状构造在判断岩层面向时是极为重要的标志。具压模的层面为岩层的底面；火焰状构造的泥质舌尖指向岩层顶面。

二、球状和枕状构造

球状和枕状构造多发育在泥岩或粉砂岩之上的砂岩底部，一般局限在某一层内。其特征是，砂岩层的底部往往破裂成紧密排列或孤立分布的膝垫状和枕状体，有的为半球状或肾状体，大小从几厘米到数米不等。砂岩的纹层与砂体的枕状边界一致，常呈向上凹的盆状或倒蘑菇状。发育球-枕构造的砂岩层具有起伏不平的底面和平直的顶面，其下伏泥质层常常发生变形，甚至被挤压成舌状伸入到砂岩枕和砂岩球之间（图1-18）。

球状和枕状构造是由于地震、水体扰动和局部负重使砂层破裂、下沉而形成的。某些砂岩球和砂岩枕的形成也

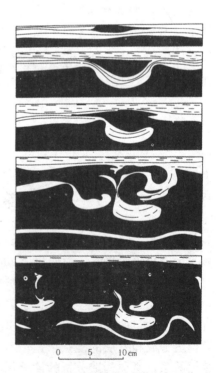

图1-18 砂岩球和砂岩枕
发育过程示意图
(据 P. H. Kuenen，1965)

可能与滑塌作用有关。砂岩球和砂岩枕的凹面指向岩层顶面(图 1-18)。

三、滑塌构造与卷曲层理

滑塌构造是指松散沉积物在未固结成岩之前,在重力的作用下沿斜坡向下滑塌(或滑动)而形成的各种滑塌褶皱、滑塌断层及滑塌角砾岩等一系列相互有成因联系的构造(图1-19)。风暴、海啸、地震等因素常诱发滑塌构造的产生。滑塌构造往往涉及到一个以上的沉积层,褶皱变形纹理极复杂且不连续。滑塌构造的规模和厚度变化很大,小到厘米尺度,大到几十公里的范围。大的滑塌构造被卷进的地层可达数十米至数百米厚,且往往有很大的位移。但不论其规模大小,滑塌构造均仅局限于与斜坡有联系的局部地带。

图 1-19 滑塌褶皱和滑塌断层
(据 P. H. Kuenen,1953)

图 1-20 卷曲层理
(据 P. F. Williams 等,1969)

卷曲层理是具有强烈卷曲或复杂褶皱的变形纹层(图 1-20)。变形纹层仅局限在一个特定的厚度稳定的沉积层内,其上下相邻岩层均未变形。多数具卷曲变形的岩层厚度在 2.5—25cm 之间。卷曲层理不同于滑塌褶皱,其中的纹层即使褶皱极为强烈,但仍非常连续,不伴有断层和角砾岩化现象。

卷曲层理主要产于细砂岩和粉砂岩中,在复理式地层,尤其是浊积岩中最为发育。卷曲层理有的是由于沉积物发生差异液化、侧向流动而成;有的则是因水流的拖曳作用引起层理变形所致。

四、砂岩墙和砂岩床

砂岩墙是斜切岩层的板状砂岩体,形态不规则者可称为砂岩脉(图 1-21)。砂岩床是与围岩产状一致的砂岩体。砂岩墙和砂岩床的成因相当复杂,但主要是未固结碎屑物质

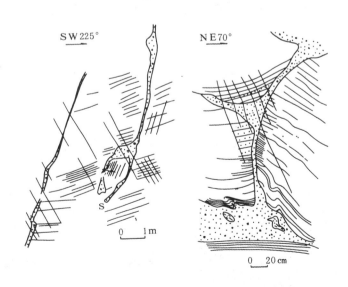

图 1-21 河南嵩山五佛山群中的砂岩墙和砂岩脉

液化后贯入到裂隙中形成的。它们的形态和规模差别极大，内部常具有流动构造，反映了液态的液化碎屑物质的贯入-变形作用，为构造作用和孔隙压力引起砂岩或砂层液化，其形成机制仍在探索之中。

五、碟状构造

碟状构造系指砂岩或粉砂岩中凹面向上、形似盘碟的纹理（图1-22）。"碟"的直径一般在1—50cm之间，边缘上翘，在横向上呈断续分布，在垂向上互相叠置。它们的形成与沉积物中的水分向上流动有关。这种碟状纹层的凹面指向岩层顶面。

以上仅概述了软沉积变形的某些实例。另外，还有一些重要的、值得注意的软沉积变形，如压实作用下埋丘上的同沉积形成的上薄褶皱。马克斯韦尔（J.C.Maxwell，1962）曾提出，某些板状劈理是在压实引起异常孔隙压力的作用下形成的。在阿留申海沟内壁和墨西哥湾陆阶上更新世泥岩中发现的劈理，也为这种假说提供了佐证。

软沉积变形已成为引起地质学家注意的课题。其中，问题之一是如何鉴别软沉积变形。下面提出几点作为鉴别和分析的参考。第一，软沉积变形常局限于一定层位或一定岩层中，如果整套岩系变形轻微，更说明个别层的变形可能是软沉积变形的结果；

图1-22 砂岩中的碟状构造
（据 P.E.Potter，1977）

第二，软沉积变形常局限于一定的地段，如沉积盆地边缘、大隆起边缘等；第三，软沉积变形主要是重力作用的结果，一般不显示构造应力造成的构造定向性。因此，在研究软沉积变形时，应该把沉积作用、沉积环境与构造变形结合起来。至于如何从已强烈变形的构造中筛分出早期软沉积变形，则是一项很复杂的正在探索的工作。

第二章 沉积岩层的基本产状

本章要点：面状构造及线状构造的产状要素；倾斜岩层的出露状态；沉积接触关系的类型及在平面图和剖面图上的表现。

第一节 地质体的基本产状

地质体是泛指任何成因的天然岩石体，包括沉积成因的层状岩石和喷出成因的层状火山岩，以及侵位成因的岩浆岩体。地质体的规模可大可小，形态多种多样，结构更复杂多变。

虽然地壳中地质体的成因、规模、形态、结构差别极大，但从几何学的观点看，各种地质体的构造都可归纳为面状构造和线状构造。面状构造有层理、节理、断层等，以及一些只有几何意义的结构面，如褶皱的轴面等。线状构造包括所有呈线状习性的构造和各种平面间的交线，如褶皱枢纽、轴迹和线理等。为了确定和表示面状构造及线状构造的空间状态，建立了产状要素的概念。

产状要素是用来规定面状构造或线状构造在三维空间的产出状态的，用其与水平参考面和地理方位间的关系来表示。

一、面状构造的产状要素

平面的产状是以其在空间的延伸方位及其倾斜程度来确定的。任何面状构造或地质体界面的产状均以其走向、倾向和倾角的数据表示。

1. 走向

倾斜平面与水平面的交线叫走向线（图 2-1 中之 AOB），走向线两端延伸的方向（地理方位）即为该平面的走向。一走向线两端的方位相差 180°，通常以其 NE 或 NW 端的方位来表示。任何一个平面都有无数条相互平行的、不同高度的走向线。

2. 倾向

倾斜平面上与走向线相垂直的斜线叫倾斜线（图 2-1 中之 OD），倾斜线在水平面上的投影所指的平面倾斜的方位即倾向（图 2-1 中之 OD'）。

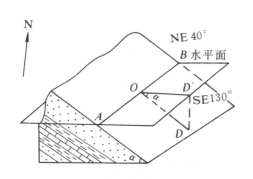

图 2-1 岩层产状要素
走向 NE40°，倾向 SE130°，倾角 30°

3. 倾角

倾角是指平面上的倾斜线与其在水平面上的投影线之间的夹角（图 2-1 及图 2-2 中之 α），

即为在垂直该平面走向的横剖面上量度的该平面与水平面间的二面角。

当观察剖面与岩层走向斜交时,岩层与该剖面的交迹线叫视倾斜线(图2-2中之 HD、HC),视倾斜线与其在水平面上投影线间的夹角(图2-2中之 β'、β)称为视倾角,也叫假倾角。视倾角的值小于倾角的值。

倾角与视倾角的关系如图2-2所示,可用数学式表示为:$tg\beta=tg\alpha \cdot \cos\omega$。当视倾向越偏离倾向时,视倾角越小;而当视倾向平行走向

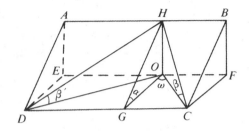

图 2-2 真倾角与视倾角的关系

时,视倾角等于零。我们可用赤平投影、查表或列线图(附录Ⅴ)等简便的方法求出已知面状构造在任一方向剖面上的视倾角。

二、线状构造的产状要素

直线的产状是指直线在空间的方位和倾斜程度。直线的产状要素包括倾伏向和倾伏角或用其所在平面的侧伏角和侧伏向来表示。

1. 倾伏向(指向)

倾伏向(指向)是指某一直线在空间的延伸方向,即某一倾斜直线在水平面上的投影线所指示的该直线向下倾斜的方位,用方位角或象限角表示[图2-3(A)中之NE40°]。

2. 倾伏角

倾伏角是指直线的倾斜角,即直线与其水平投影线间所夹之锐角[图2-3(A)中之γ]。

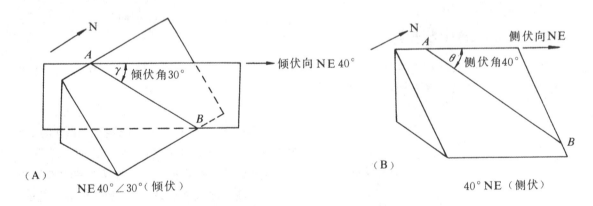

图 2-3 线状构造的倾伏和侧伏

3. 侧伏角和侧伏向

当线状构造包含在某一倾斜平面内时,此线与该平面走向线间所夹的锐角即为此线在那个面上的侧伏角[图2-3(B)中之θ]。侧伏方向或侧伏向就是构成上述锐夹角的走向线的那一端的大致方向,如图2-3(B)中的40°NE,即表示侧伏角为40°及构成40°夹角的走向线一端的大致走向朝北东,即侧伏向北东。

第二节 水平岩层

绝大多数沉积岩层的原始产出状态是水平或近水平的，故我们以水平岩层为例介绍所有呈水平状态产出的面状构造的出露形态特征。

岩层面呈近水平状态，即同一层面上各点的海拔高度都基本上相同的岩层，称为水平岩层（图2-4）。

图 2-4 水平岩层

地壳中各种沉积岩系的分界面以及不整合面和断层面等都是地质界面。各种地质界面在地表的出露线或界面与地面的交迹线即地质界线。地质界线的形态取决于地质界面的形态、产状和地面起伏状态。

当地面接近于水平面或可近似地视其为水平面时，地质界线就是地质界面与水平面的交迹线，其形态只取决于地质界面的形态和产状；当地形是一个波状起伏的曲面时，它与各种产状、形态的地质界面相交的迹线，即地质界线的出露形态是不同的。在多数情况下，特别是在进行大比例尺地质测量时，必须考虑到地形的影响。

水平岩层具有如下特征：

（1）在地形地质图上，岩层面的出露界线与地形等高线平行或重合。在山顶或孤立山丘上的地质界线呈封闭的曲线；在沟谷中呈尖齿状条带，其尖端指向上游（图2-5）。

（2）岩层出露宽度是其上层面与下层面出露界线间的水平距离。同一厚度的岩层，其出露宽度取决于地面的坡度。坡度愈缓，出露宽度愈大。当地面坡度一致时，厚度大的岩层出露宽度大，厚度小的岩层出露宽度小（图2-6）。

（3）在岩层层序正常的情况下，地质时代较新的岩层叠置在较老的岩层之上。若地形切割轻微，地面只出露最新

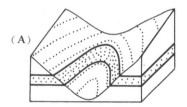

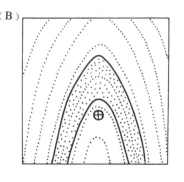

图 2-5 水平岩层的出露分布特征
（据 D.M. 拉根，1973）
（A）立体图；（B）地质图

的地层；如地形切割强烈、沟谷发育，则在低洼处出露较老的地层，自谷底至山顶地层时代逐渐变新（图2-6）。

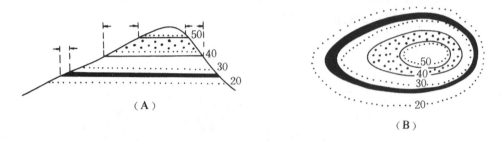

图2-6 水平岩层出露宽度与地面坡度和岩层厚度的关系
(A)剖面图；(B)平面图

（4）岩层顶、底面之间的垂直距离为岩层的厚度。水平岩层的厚度即其顶、底面间的标高差（图2-6），岩层厚度在较大范围内基本一致，有时会向侧方变薄或尖灭，呈楔状或透镜状。

第三节 倾斜岩层

原始水平岩层因构造作用而改变其水平产状，则形成倾斜岩层，它是变形岩层和构造中最基本的一种。倾斜岩层可以展布很广，成为区域性构造，但更常常是某种构造的一个组成部分，如大褶皱的一翼或大断裂的一盘。

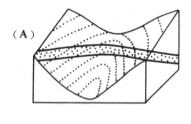

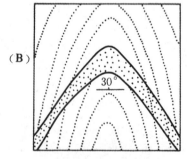

图2-7 岩层倾向与地面坡向相反时，在沟谷中倾斜岩层出露界线的形态
（据D.M.拉根，1973）
(A)立体图；(B)地质图

倾斜岩层在地表的出露界线或地质界线常以一定规律展布。穿越沟谷和山脊的地质界线的平面投影均呈"V"字形态，这种规律叫"V"字形法则。其在地形地质图上的特征为：

（1）当倾斜岩层的地质界线与沟谷或山脊直交或大角度相交时，形成"V"字形。通过沟谷时，在大多数情况下，地质界线凸出的"V"字形尖端指向岩层的倾斜方向。当地质界线与等高线的突出方向一致时，地质界线的紧闭程度比等高线的紧闭程度开阔（图2-7、2-8）。只有一种情况比较特殊，即当在沟谷中岩层向下游倾斜，岩层倾向与地面坡向一致，且岩层倾角小于地面坡角时，则地质界线的"V"字形尖端指向上游，与岩层倾向相反，此时地质界线"V"字的形态较等高线的形态更紧闭，如图2-9（A）所示。图2-9（B）是一种极特殊的情况，即岩层倾向与地面坡向相同，且岩层倾角与沟谷坡角一致。

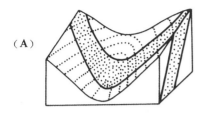
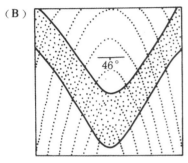
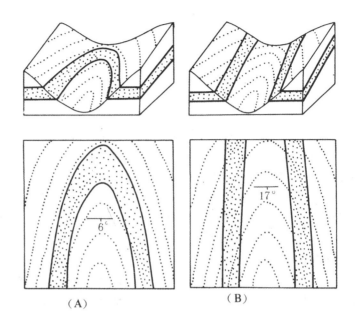

图 2-8 岩层倾向与地面坡向一致，岩层倾角大于地面坡角时，倾斜岩层在沟谷中出露界线的形态
（据 D. M. 拉根，1973）
（A）立体图；（B）地质图

图 2-9 岩层倾向与地面坡向一致时，倾斜岩层出露界线的形态
（据 D. M. 拉根，1973）
（A）岩层倾角小于地面坡角，上图为立体图，下图为地质图；
（B）岩层倾角与地面坡角相同，上图为立体图，下图为地质图

（2）当倾斜岩层（或其它倾斜的地质界面）的走向与沟谷或山脊大体垂直时，地质界线的"V"字的形态大体对称；若斜交时，则"V"字的形态是不对称的。若岩层走向与沟谷或山脊延伸方向一致时，"V"字形法则不适用。

（3）"V"字形法则对野外地质填图工作有很重要的指导意义。在读图或填图时，要对地形和岩层产状的关系进行全面的分析，这样才能正确地了解地质界面的几何形态或在地质图上正确地表达地质界面的几何形态。

岩层露头的宽度是指在垂直岩层走向的方向上岩层顶、底面出露界线间在地面或地质图上的距离。岩层露头的宽度取决于岩层的厚度和产状及地面的坡向和坡角几个因素。

当岩层直立时，岩层出露界线是沿岩层走向所切的一条上下起伏的地形轮廓线。这条空间曲线的投影是一条直线，不受地形的影响，沿岩层走向呈直线延伸（图 2-10）。岩层顶、底面出露界线间的距离即岩层厚度。

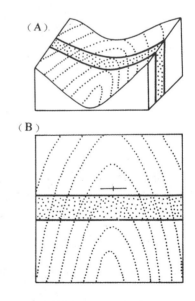

图 2-10 直立岩层的出露界线形态
（据 D. M. 拉根，1973）
（A）立体图；（B）地质图

第四节 岩层的沉积接触关系

地层间的沉积关系是构造运动和地质发展史的记录。沉积接触关系基本上可分为整合接触和不整合接触两大类型。

一、整合接触和不整合接触

(一) 整合接触

当一个地区较长时期处于地壳运动相对稳定的条件下，即沉积盆地缓慢下降，或虽处于上升、但未超过沉积基准面以上，或地壳升降与沉积处于相对平衡的状态时，沉积物一层层地连续堆积，没有沉积间断，这样一套相互平行或近于平行的、连续沉积的新老地层之间的接触关系，称为整合接触。

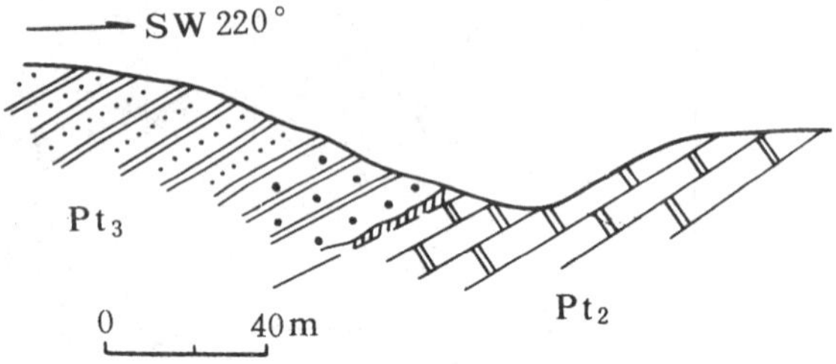

(二) 不整合接触

不整合接触是指呈沉积接触关系的上下两套地层之间有明显的沉积间断，或两套地层之间有明显的地层缺失。不整合面出露界线为不整合线，是重要的地质界线之一。

上下两套地层的沉积间断期是地质历史中的一段时间间隔。在此期间，或是由于所在区域上升没有接受沉积，或是那部分地层因区域上升而被侵蚀。

不整合接触的类型有两种，即平行不整合接触和角度不整合接触。

1. 平行不整合接触

平行不整合接触又称假整合接触，主要表现是不整合面上下两套地层的产状彼此平行（图 2-11）。

2. 角度不整合接触

角度不整合接触主要表现为不整合面上下两套地层产状不同、以角度相交（图 2-12）。当两者相交的角度很微小时（<10°），可称为微角度不整合接触。

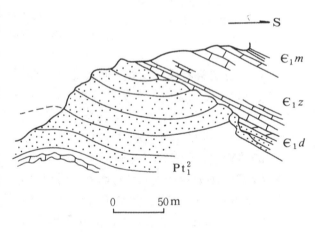

图 2-11 北京西山上元古界与中元古界之间的平行不整合接触
（据谭应佳等，1987）

图 2-12 河南登封下寒武统与嵩山群之角度不整合接触
（据马杏垣等，1981）

二、不整合接触在地质图和剖面图上的表现

(一) 平行不整合接触

由于不整合面上下两套地层产状彼此平行、且不整合面因长期受风化剥蚀，故常被夷平为较平坦的面，因此，在地质图和剖面图上，不整合面与其上下两套地层产状一致，即倾向、倾角相同，不整合线及地质界线与整合的地质界线相似（图 2-11、2-13）。

（二）角度不整合接触

不整合面上下两套岩层除产状不一致外，并且常见两套地层的褶皱型式和变形强弱程度不同、断裂构造的发育程度和方向不同、上下两套地层的构造线方向截然不同及变质程度不同等。

在地质图和剖面图上，角度不整合接触表现为上覆一套较新地层的底面地质界线，即不整合线截切下伏较老地层不同层位的地质界线。通常以上覆地层的底面代表不整合面（图2-12、2-13）。

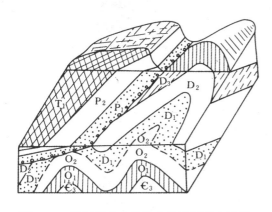

图 2-13 平行不整合接触和角度不整合接触立体示意图

D_1 与 O_2 之间为平行不整合接触，P_1 与 D_3 之间为角度不整合接触

当不整合面被剥蚀得局部起伏不平时，后来新的造岩物质堆积、充填在低凹部位，因而在不整合面的局部会产生上覆新地层和下伏老地层均与不整合面呈交截的现象。这种新沉积物充填于侵蚀凹地之中，如同新地层嵌于下伏地层中的现象，叫嵌入不整合接触（图2-14 A 处）。不整合面起伏不平引起局部新岩层在横向上与不整合面呈截切的现象，叫毗连不整合接触（图2-14 B 处），这种不整合接触现象可见于断陷盆地边缘。

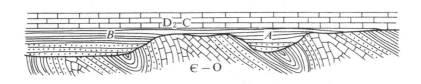

图 2-14 嵌入不整合接触和毗连不整合接触

以上所述是两种不整合接触基本类型的典型特征。自然界中不整合接触的形态是多种多样的，它们在时间关系上和空间展布上都很复杂，会出现互相过渡、转化等错综复杂的关系。例如，上下两套地层呈角度不整合接触关系，在部分露头上或小范围内，彼此产状也可能是平行的。但是，通过区域地质调查和填图就会发现，上覆地层在不同地方会与下伏不同层位的老地层接触。这就说明，从局部地区的表征来看是平行不整合接触，而从较大区域来看却是角度不整合接触。这种不整合接触现象称为地理不整合接触或区域不整合接触（图2-15）。

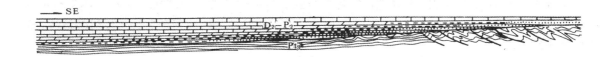

图 2-15 地理不整合接触（区域不整合接触）

大范围为角度不整合接触，仅 NW 段为平行不整合接触

由于沉积区的范围和位置的变化，可能造成盆地边缘区特殊的沉积接触关系。当新沉积物的展布面积超过早先的盆地边界而覆盖在原为剥蚀区的更老的基底之上时，使先沉积的地层产生尖灭现象，这种现象叫超覆。如图 2-16 所示，T_1 与 J_2 间有沉积间断，这两套地层的接触关系为角度不整合接触；而 J_2 与 J_3 为连续沉积，则二者间为整合接触。由于 J_3 沉积范围扩大，不仅盖在与其整合接触的 J_2 之上，也盖在更老的 T_1、P_2 和 P_1 之上，J_3 底面的地质界线截切了 J_2 底面及 P_2、P_1 的地质界线。在这种情况下，J_3 与 J_2 间地质界线的截切现象是因 J_3 超覆而造成的。

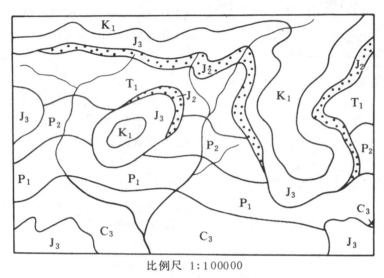

比例尺 1:100000

图 2-16 地质图上的超覆现象

J_3 与 J_2 是超覆关系

三、不整合接触的观察

（一）不整合接触的研究意义

不整合接触从一个方面记录了地壳运动的演化历史，不仅体现了岩层在空间上的相互关系，也反映了在时间上的发生顺序。平行不整合接触的形成过程为：下降、沉积→上升、沉积间断、遭受剥蚀→再下降、沉积。角度不整合接触的形成过程为：下降、沉积→褶皱、断裂、变质作用或岩浆侵入、不均匀隆起、沉积间断并遭受剥蚀→再下降、沉积。因而，地层不整合接触关系是研究地质发展历史、鉴定地壳运动特征和时期的一个重要依据。

在岩石地层学上，不整合接触是划分地层单位的依据之一，不整合线是地质填图的一个重要地质界线。对不整合接触在空间上的分布及其类型变化的研究，有助于了解古地理环境的变化。

在不整合面上及邻近的岩层中，常可形成铁、锰、磷和铝土矿等沉积矿产。不整合面是一个构造软弱带，宜于岩浆和含矿溶液活动，故常可形成各种热液型矿床，也有利于石油、天然气和地下水的储集。

（二）不整合接触的研究方法

1. 确定不整合接触存在的标志

首先，据地层古生物方面的标志确定有沉积间断，据沉积方面的标志（如风化壳、残积物和底砾岩等）确定不整合面的位置，进而对不整合面上下两套地层的构造特点进行研究。由于它们经历了不同的地壳发展历史,故在构造上有不同的特点,如两套地层产状不一致,构造线方向截然不同,褶皱样式和强弱有明显的区别,节理和断层的发育程度、类型、产状不同。同时,不同的地壳运动历史也必然造成岩浆活动的类型和特点及变质程度的差异,但要注意将断层作用所造成的两套不同地层的接触与沉积不整合接触区分开来。

2. 不整合接触时代的确定

不整合接触形成的时代通常相当于呈不整合接触的上下两套地层之间所缺失的那部分地层的时代。角度不整合接触的时代是构造运动相对强烈的时期(即构造幕)。当缺失地层较少时,不整合接触形成的时代较为确切;若上下两套地层时间间隔很大,不整合接触形成的时代就不易准确判定了,且这期间也可能发生多次运动。

要正确地鉴定不整合接触所代表的地壳运动的时期,还必须对较大区域进行地层对比和区域地质构造发展的综合研究,以便确定地层是"缺",即当时就没有沉积;还是"失",即原有的地层被剥蚀掉了。

实习一 认识和阅读地质图

一、目的要求

(1) 初步建立地质图的概念,了解地质图的图式规格和阅读地质图的一般步骤及方法。
(2) 读水平岩层及倾斜岩层地质图,掌握各种产状岩层的出露特征。

二、说明

(一) 地质图的概念及图式规格

1. 地质图

地质图是用一定的符号、色谱和花纹将某一地区地表出露的各种地质体和地质现象(如各时代地层、岩体、地质构造、矿床等)按一定比例尺概括地投影到地形图(平面图)上的一种图件。

一般正规的地质图应有图名、比例尺、图例和责任表(包括编图单位或人员、编图日期及资料来源等)。

图名表明图幅所在地区和图的类型。一般采用图内主要市镇、居民点、山岭等名称。如果比例尺较大,图幅面积较小,地名不为人们所知,则在地名前要写上所属的省(区)、市或县名,如北京市门头沟区地质图、周口店第四纪地质图和湖北大冶黄荆山水文地质图等。

地质图的比例尺与地形图或地图的比例尺一样,有数字比例尺和线条比例尺。

图例是地质图上各种地质现象的符号和标记,用各种规定的符号和色调来表明地层、岩体的时代和性质(附录Ⅰ和附录Ⅱ)。图例要按一定顺序排列,地层图例在前,次为岩石图例,构造图例一般排在最后。

地层图例的安排从上到下由新到老;如横排,一般从左到右由新到老。已确定时代的喷出岩、变质岩可按其时代排列在地层图例相应的位置上。岩浆岩体的图例放在地层图例之后,已确定时代的岩体可按新老排列,同时代各岩类按酸性到基性顺序排列。

构造图例,如地质界线、断层应区分是实测的还是推断的。地形图的图例一般不列于地质图图例中。

2. 图切地质剖面图

正规地质图均附有一幅或几幅切过图区主要地层、构造的剖面图。如单独绘制剖面图时，则要标明剖面图图名，如周口店（图幅所在地区）太平山—升平山地质剖面图。如为图切剖面图并附在地质图下面，则以剖面标号表示，如 $I—I'$ 地质剖面图或 $A—A'$ 地质剖面图。剖面在地质图上的位置，用细线标出，两端注上剖面代号，如 $I—I'$ 或 $A—A'$ 等。在相应剖面图的两端，也应注上同一代号。

剖面图的比例尺应与地质图的比例尺一致。剖面图垂直比例尺表示在剖面两端竖立的直线上，**按海拔高度标示**。剖面图垂直比例尺与水平比例尺应一致。如放大，则应注明。

在剖面图两端的同一高度上注明剖面方向。剖面所经过的山岭、河流、城镇应在剖面图上方所在位置标明。最好把方向、地名排在同一水平位置上。剖面位置一般南左北右、西左东右。

剖面图与地质图所用的地层符号、色谱应该一致。如剖面图和地质图在一幅图上，则地层图例可以省去（图2-17）。

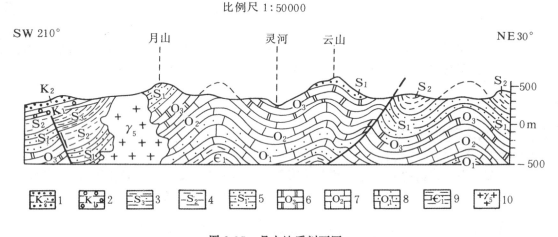

图2-17 月山地质剖面图

1. 粗砂岩；2. 砾岩；3. 泥页岩；4. 泥岩；5. 砂岩；6. 白云岩；7. 灰岩；8. 鲕状灰岩；9. 泥灰岩；10. 花岗岩

（二）读地质图的步骤和方法

读地质图要先看图名、比例尺、图例和责任表。从图名和图幅代号、经纬度可了解图的类型和图幅的地理位置；从比例尺可以了解图上线段长度、面积大小和地质体大小及地质现象的详略程度；图例是指示读图的基础，从图例可以了解图区出露的地层及其时代、顺序、地层间有无间断及岩石类型、时代等；从责任表可了解编制年月、编制单位、资料来源。

在阅读地质内容之前，应先分析一下图区的地形特征。在地形地质图上，从等高线可了解地形；在无等高线的地质图上，可根据水系、山峰和标高的分布认识地形。

一幅地质图反映了该区各方面地质情况。读图时，一般要分析地层时代、层序和岩石类型、性质，以及岩层、岩体的产状、分布及其相互关系。读图分析时，可以边阅读，边记录，边绘示意剖面图或构造纲要图。有关各种构造的具体分析方法，将在后面各实习中分别介绍。

（三）读水平岩层地质图

水平岩层在地质图上出露的特征是：

（1）地质界线与地形等高线平行或重合（图2-18）。

（2）老岩层出露在地形低处，新岩层分布在高处（图2-18）。

（3）岩层出露宽度取决于岩层厚度和地面坡度。

（4）岩层的厚度是其顶、底面的高差。

（四）读倾斜岩层地质图

倾斜岩层在大比例尺地质图上表现为岩层界线在沟谷和山脊处成"V"字形态，其特征如下：

（1）当岩层倾向与坡向相反时，沟谷处形成尖端指向上游的"V"字形，山脊处形成尖端指向下游的"V"字形。

（2）当岩层倾向与坡向一致时，岩层倾角大于坡角，沟谷中形成尖端指向下游的"V"字形，山脊处形成尖端指向上游的"V"字形。

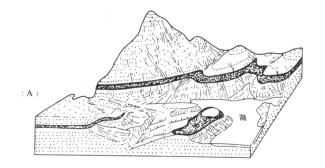

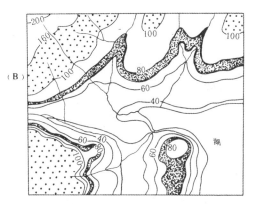

图2-18 水平岩层的露头分布特征
(A)立体图；(B)地质图

（3）当岩层倾向与坡向一致，但岩层倾角小于坡角时，沟谷中形成尖端指向上游的"V"字形，山脊处形成尖端指向下游的"V"字形，地质界线弯曲的紧闭度大于等高线弯曲的紧闭度。

三、作业

读孔雀山地形地质图（附图1）和红坝地形地质图（附图2），独立总结出水平岩层和倾斜岩层的出露特征及红坝地区地层产状。

四、复习自测题

1. 根据以下各观测点资料编绘出鹰岩地质图（附图3），并回答下列问题：

（1）在鹰岩顶三角点布置钻孔，该打多深才能见到山西组 P_1^1、太原组上段 C_3^2 和太原组下段 C_3^1 中的各个可采煤层？

（2）在牛角岭的山顶布置钻孔，能见到哪几个可采煤层？在望鹰顶布置钻孔，能见到哪几个可采煤层？为什么？

鹰岩地区岩层的产状都是水平的，在自雁落坡向鹰岩攀登的沿途各个观察点上可以见到下列地层情况：

观察点1 为本溪组 C_2 最顶部的页岩层与太原组下段 C_3^1 最底部的灰白色石英砂岩层的

分界。

观察点 2　为太原组下段 C_3^1 最顶部的炭质页岩层与太原组上段 C_3^2 最底部的灰白色粗粒砂岩层的分界。在太原组下段 C_3^1 中部见有一层 4m 厚的可采煤层，其顶面距太原组下段 C_3^1 顶界 10m。

观察点 3　在太原组上段 C_3^2 最顶部发育有一层 2m 厚的可采煤层，它直接与山西组 P_1^1 最底部的砂岩层接触。

观察点 4　为山西组 P_1^1 最顶部的黄绿色砂质泥岩层与下石盒子组下段 P_1^{2-1} 最底部的黄绿色中粒砂岩层的分界。在山西组 P_1^1 中见有一层 1m 厚的可采煤层，其顶面距山西组 P_1^1 顶面 1.5m。

观察点 5　为下石盒子组下段 P_1^{2-1} 最顶部的杂色砂质页岩层与下石盒子组上段 P_1^{2-2} 最底部的含砾粗砂岩层的分界。

2. 按以下要求完成附图 4 岩层产状作业。

已知该图剖面上所示的各种产状的岩层均出露于 B 点，请在地形图上示意绘出 a、b、c、d、e 五种不同产状岩层的出露界线。

实习二　用间接方法确定岩层产状要素

一、目的要求

(1) 在地形地质图上求岩层产状要素。
(2) 用三点法求岩层产状要素。

二、说明

1. 在地形地质图上求岩层产状要素的方法

此法适用于大比例尺地形地质图，但在测定范围内，岩层产状必须稳定，其求解原理如下：按走向线的定义，在图 2-19（A）的立体透视图中，某砂岩层的上层面与 100m 和 150m

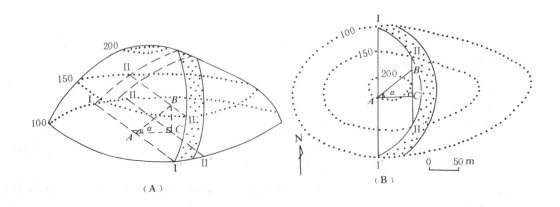

图 2-19　在地形地质图上求岩层产状示意图
(A) 透视图；(B) 平面图（地形地质图）
（注：其它面状构造，如断层面产状等，也可用此方法求得。）

高程的两个水平面相交得ⅠⅠ′和ⅡⅡ′两条走向线，沿层面作它们的垂线 AB 为倾斜线，AB 与其水平投影 AC 的夹角 α 为岩层的倾角，$\vec{CA}$ 方向为倾向。在直角三角形 ABC 中，BC 为两条走向线的高差。因此，只要能作出同一层面的不同高程且相邻的两条平行的走向线，再根据其高程和水平距，即可求出岩层在该处的产状要素，其求解步骤如下[图 2-19（B）]：

（1）连接砂岩层的上层面界线与 100m 和 150m 的两条等高线的交点Ⅰ、Ⅰ′和Ⅱ、Ⅱ′，得 100m 高程的走向线ⅠⅠ′和 150m 高程的走向线ⅡⅡ′。

（2）从高的一条走向线ⅡⅡ′上任一点 C 作一垂线与低的一条走向线ⅠⅠ′交于 A 点，则 $\vec{CA}$ 代表倾向。两走向线间高差为 50m，按地质图比例尺取线段 BC（BC 长度相当于 50m），得直角三角形 ABC。

（3）用量角器量出 $\angle BAC$ 的角度，即为岩层倾角（α）；量出 $\vec{CA}$ 的方位角，即为岩层的倾向（W270°）。

2. 三点法求岩层产状要素

当岩层产状平缓，不易用罗盘准确测定产状时或当岩层被覆盖时，可根据层面标高资料或钻探得到的层面标高资料求岩层产状，即为三点法。

应用三点法求岩层产状的前提是：①三点要位于同一层面上，且不在一条直线上；②已知三点的位置和标高，且三点相距不宜太远；③在三点范围内，岩层面平整，产状无变化。其具体作法如下：

从图 2-20（A）中可以看出，只要在最高点 A 和最低点 C 间的连线上找到与中等高程的 B 点等高的一点 D，就可作出走向线 DB，过 C 点或 A 点作出与 DB 平行的另一高程的走向线，再根据两走向线各自的高程和水平距离，用方法1求出倾向和倾角[图 2-20（B）]，其求解方法如下：

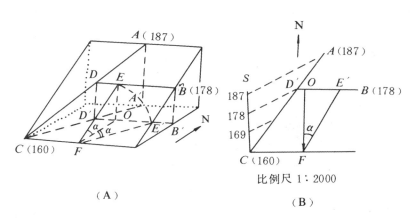

图 2-20 三点法求产状

（1）求等高点：从最低点 C 作任一辅助线 CS，根据 A、C 点间高差及 B 点高程，用等比例线段法将 CS 等分，在 AC 线上得到与 B 点等高的 D' 点。

（2）求倾向：连接 $D'B$，即为 178m 高的走向线，过 C 点作其平行线，即为 160m 高程走向线，在 $D'B$ 线上取任一点 O，作其垂直线 OF，即为倾向线，由高的一条走向线向低的走向线的方向，即箭头所示方向为倾向，用量角器量其方位角值即为倾向（S180°）。

（3）求倾角：在 B 点所在的 178m 走向线上，根据 B、C 点间高差，按平面图比例尺取一

线段 OE'，连 $E'F$，则 $\angle E'FO$（α）代表倾角，用量角器量其值（α 为 30°）。

三、作业

（1）在周家坡地质图（附图 5）上，求 A 顶面或底面的产状。

（2）在南望山地形图（附图 6）上，①已知某赤铁矿层为一倾斜矿层，产状稳定，有三个钻孔见矿深度为 $ZK_1$100m、$ZK_2$400m、$ZK_3$300m，用三点法求该矿层产状。②在设计钻孔 ZK_4 处，预计打多深可达该赤铁矿层顶面？（提示：钻孔中赤铁矿层顶面标高等于钻孔地面高程减去见矿深度。）③铁矿层能在地表出露吗？

（3）在凌河地质图（附图 7）上，求 C_1 底面及 D_1—P_2 任一界面的产状。

注：埋深也可据倾角和距离依附录 Ⅳ 埋藏深度换算尺寸求出。

实习三　读不整合接触地质图并作图切地质剖面图

一、目的要求

（1）读不整合接触关系的地质图，掌握不整合接触在地质图上的表现。
（2）编绘图切地质剖面图。

二、说明

（一）不整合接触在地质图上的表现

1. 平行不整合接触

不整合面上下两套地层的地质界线一致，倾向、倾角相同 [图 2-21（A）]，但两套地层间缺失一套地层。

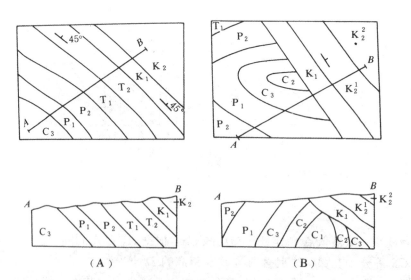

图 2-21　不整合接触在地质图和剖面图上的表现
(A) 平行不整合接触，上图为平面图，下图为剖面图；(B) 角度不整合接触，上图为平面图，下图为剖面图

2. 角度不整合接触

上覆的一套较新地层的底面界线截切下伏较老地层不同层位的地质界线［图 2-21（B）］。

（二）绘制图切地质剖面图（图 2-22）

剖面图绘制方法和步骤如下：

（1）选择剖面位置。在分析图区地形特征、地层的出露、分布和产状变化以及构造特点的基础上，要使所作的剖面图通过地层较全的图区主要构造部位，其方向尽量垂直于区内主要构造的地层走向，或者选在阅读地质图所需要作剖面的地方。选定后，将剖面线标定在地质图上。

（2）绘地形剖面。在方格纸上定出剖面基线，两端画上垂直线条比例尺，并标明标高。基线标高一般取比剖面所通过的最低等高线高度要低 1—1.5cm。然后，将地质图上的剖面线与地形等高线相交的各点逐一投影到相应标高的位置，按实际地形用曲线连接相邻点，即得地形剖面（图 2-23）。

（3）完成地质剖面。将地质图上的剖面线与地质界线（地层分层界线、不整合线、断层线等）的各个交点投影到地形剖面曲线上，按各点附近的地层倾向和

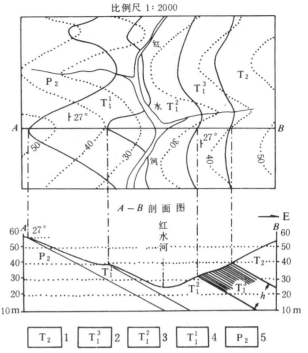

图 2-22 倾斜岩层剖面图绘制方法示意图

1. 灰岩；2. 页岩；3. 泥灰岩；4. 薄层灰岩；5. 砂岩；

h 为 T_1^2 真厚度

倾角绘出分层界线。如剖面线与地层走向线斜交时，则应按剖面方向的视倾角绘分层界线。视倾角可依附录Ⅴ求出。

（4）各层应按其岩性绘上岩性花纹，并注明地层代号。岩性花纹有时要附图例。常见岩性花纹图例见附录Ⅲ。

（5）按实习一地质剖面图格式要求进行整饰剖面图。

三、作业

（1）读凌河地质图（附图 7），认识不同类型地层接触关系在地质图上的表现。

（2）绘制凌河地质图中 $A—B$ 剖面图，并求出 D_2 厚度。

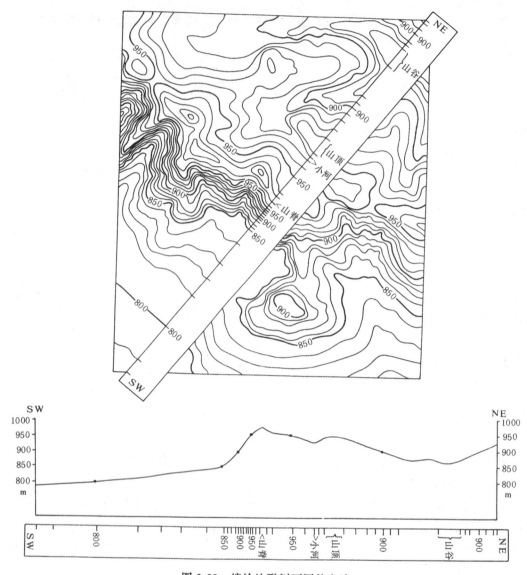

图 2-23 编绘地形剖面图的方法

实习四 根据岩层产状编制倾斜岩层地质图

一、目的要求

根据平整的岩层（或矿层、断层）界面在某一点的产状，用几何作图法在地形图上绘出该层的界线分布，加深理解地质界线与岩层产状和地形的关系。

二、说明

（一）原理

在一个层理平整、产状稳定的倾斜岩层层面上，作出一系列相同等高距的不同高度的走向线，这一系列走向线投影在水平面上是间距相等的一系列平行线（图2-24），这些投影线间的水平距叫放线距（a）。在同比例尺图上，放线距与岩层倾角成反比。倾角小，放线距大；倾

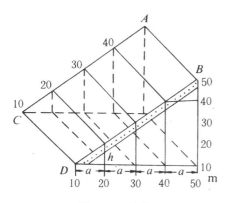

图 2-24 放线距

图中 ABCD 为一倾斜岩层面，其上以 10m 的等高距画一系列走向线，a 为各走向线间的水平投影平距（放线距），h 为等高距，α 为倾角，故 $a = h \cdot \cot\alpha$

角大，放线距小。

某一岩层界线与同一高度等高线交点相连的直线，即为该岩层面这一高程的走向线。某一岩层界面上不同高度的走向线与其相等高度的地形等高线的交点，就是该界面的出露点。把这些出露点依次由低到高或由高到低用平滑曲线连接起来，就是该界面的出露线，即地质界线。这个方法对填绘被浮土掩盖的局部地段的地质界线或阅读分析地质图和选定布置探槽工程位置都有实际意义。

（二）作图的方法和步骤

1. 已知条件

在地形图上，已知岩层界面一露头点 A 的产状（图 2-25）。

2. 求放线距

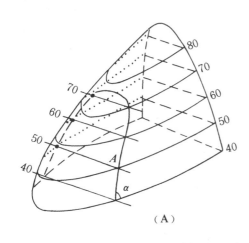

（A）

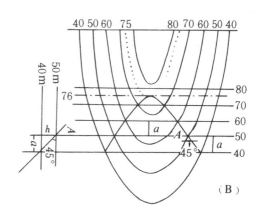

（B）

图 2-25 求放线距和编联地质界线
(A) 立体图；(B) 平面图

按已知的产状求放线距有两种方法：

(1) 计算法：可根据放线距与等高距和岩层倾角之间关系求出放线距，如图 2-24 及图 2-25（B），$a = h \cdot \cot\alpha$，式中 h 为等高距，α 为岩层倾角，得出放线距 a 是实地水平距离，应按地形图比例尺折算成图上的平距。如等高线距 $h=10$m，$\alpha=45°$，则 $a=10$m。若按 1：2000 比例尺，则 a 在图上的平距为 0.5cm。

(2) 图解法：如图 2-26，直接从图上已知点 A 作走向线 AA′，并延长到图框外 A″。垂直此走向线作一直线，并在此直线一端注上出露点 A 的高度（80m）。然后，以此线为基线，按比例尺以等高线高差为间距画一系列与之平行的直线，并以露头 A 点走向线高程（80m）为准，按顺序注上高程，如 90m、70m、60m 等。过图框外 A″点，以 80m 线为基准，按岩层倾向（NE）和倾角（30°）作 CD 线，其与各高程平行线分别交于 Ⅰ、Ⅱ、Ⅲ 点。然后，过各交点作 A′A″走向线的平行线，如 Ⅰ Ⅰ′、Ⅱ Ⅱ′、Ⅲ Ⅲ′等，这些平行线之间的间距即为放线距（a）。

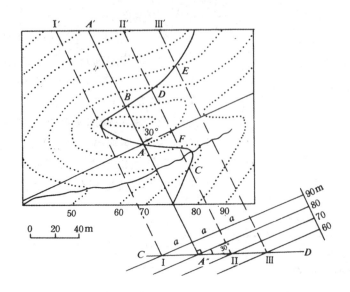

图 2-26 图解法求放线距、绘制倾斜岩层界线

3. 作图

如图 2-25（B）和图 2-26，过 A 点，根据岩层面在该点的产状作一走向线，注明其标高。然后，分别标出各走向线和相同高程的地形等高线的交点，把这些交点由低到高或由高到低依次用平滑曲线连接起来，此曲线即为该岩层界面的地质界线。当连线通过沟谷或山脊处，地质界线应发生"V"字形转折。为了较准确画出界线的转折，可用插入法作出辅助等高线和相应走向线，如图 2-25（B）上 75m 的等高线和走向线，两者相交的一点即为界线转折点。

三、作业

用黑石沟地形图（附图 8），按下列条件作图。

A 点为煤层上层面出露点，煤层产状 S180°∠10°，煤层厚 20m。其上为砂岩，其下为页岩。请标绘出煤层顶、底面出露界线，并以不同颜色图例标出砂岩、煤层及页岩的分布区。

第三章 褶皱的几何分析

本章要点：褶皱的基本类型；褶皱要素；褶皱的几何形态分析和描述；褶皱的位态分类和等斜线分类；圆柱状褶皱和圆锥状褶皱；平行褶皱和相似褶皱；褶皱的组合类型；叠加褶皱的基本型式；褶皱的形成时代。

褶皱是地壳上最基本的构造型式，是地壳构造中最引人注目的地质现象。褶皱是由岩石中的各种面（如层面、面理面等）的弯曲而显示出的变形，它形象地反映出岩石发生了塑性变形（图3-1）。

褶皱的形态千姿百态、复杂多变。褶皱的规模差别极大，小至手标本或显微镜下的微型褶皱，大至上千公里的褶皱系。研究褶皱的形态、分布、组合及其形成机制等，对揭示一个地区的地质构造及其形成和发展具有重要的意义。褶皱与生产实践的关系极为密切，许多矿产的形成及其产状和分布受褶皱的控制，甚至有些矿体本身就是褶皱层。同样，褶

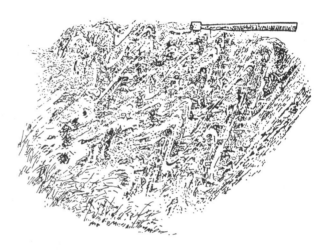

图 3-1 河南方城震旦系硅质条带状大理岩中的相似褶皱

皱构造还程度不同地影响水文地质和工程地质条件。因此，研究褶皱具有重要的理论和实践意义。

第一节 褶皱和褶皱要素

一、褶皱的基本类型

褶皱形态虽然多种多样，但从单一褶皱面的弯曲看，基本形态有两种，即背形和向形。背形是指两侧相背倾斜的上凸弯曲 [图3-2（A）]；向形是指两侧相向倾斜的下凹弯曲 [图3-2（B）]。也有一些褶皱面不上凸，也不下凹，而是凸向旁侧，这类褶皱称作中性褶皱 [图3-2（C）]。这种术语适用于任何褶皱面的弯

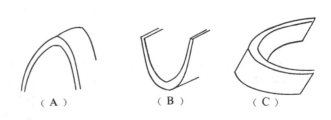

图 3-2 褶皱面的弯曲形态类型
（A）背形；（B）向形；（C）中性褶皱

曲，特别是当褶皱岩层的层序不清楚时，只能采用这种术语对褶皱的基本形态进行命名。

根据组成褶皱的地层关系，将褶皱分为两种基本类型，即背斜和向斜。背斜是指老地层为核，新地层为翼的褶皱；向斜是指新地层为核，老地层为翼的褶皱（图3-3）。

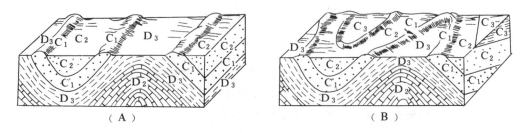

图3-3 背斜和向斜在平面上和剖面上的表征
(A)、(B) 两图中左侧是向斜，右侧是背斜

多数情况下，背斜的形态为背形，称为背形背斜（简称背斜），是指岩层向上弯曲而凸向地层变新的方向，较老地层为核的褶皱[图3-3、3-4（A）]；向斜的形态为向形，称为向形向斜（简称向斜），是指岩层向下弯曲而凸向地层变老的方向，较新地层为核的褶皱（图3-3）。但在有些复杂情况下，背斜的形态可以是向形，称为向形背斜，是指地层向下弯曲而凸向地层变新的方向，但核部仍为老地层的褶皱[图3-4（C）中的X]；向斜的形态可以是背形，称为背形向斜，是指地层向上弯曲而凸向地层变老的方向，但核部仍为新地层的褶皱[图3-4（B）、3-4（C）中的Y]。

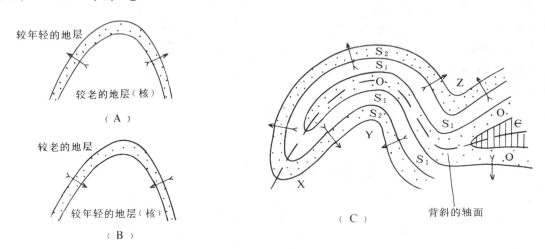

图3-4 褶皱的类型
（据 R.G.Park，1983，略修改）

(A) 背形背斜；(B) 背形向斜；(C) 重褶皱的平卧褶皱（剖面图），X是向形背斜，Y是背形向斜，Z是向形向斜，↗指向地层变新方向

二、褶皱要素

褶皱要素是指褶皱的各组成部分，主要有（图3-5）：

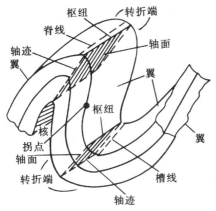

图 3-5 褶皱要素示意图

图 3-6 圆弧形褶皱的翼间角

1. 核

泛指褶皱中心部位的岩层。

2. 翼

泛指褶皱两侧部位的岩层,或指褶皱面比较平直的部分。

3. 拐点

相邻背形和向形的共用翼上,褶皱面常呈 S 形弯曲,褶皱面不同凸向的转折点称作拐点。如果翼平直,则取其中点作为拐点。

4. 翼间角

指两翼相交的二面角(图 3-6)。翼间角的大小可以是在褶皱的正交剖面上量得的两翼切线间的夹角。

5. 转折端

指褶皱面从一翼过渡到另一翼的弯曲部分。

6. 枢纽

指同一褶皱面上最大弯曲点的联线。

7. 脊、脊线和槽、槽线

背形的同一褶皱面上的最高点为脊,它们的连线为脊线;向形的同一褶皱面上的最低点为槽,它们的连线为槽线。脊线或槽线沿着自身的延伸方向,可以有起伏变化。脊线中最高点表示褶皱隆起部位,称为轴隆或高点;脊线中最低部位称为轴陷。

8. 轴面

各相邻褶皱面的枢纽连成的面称为轴面(图 3-5、3-7)。轴面是一个设想的标志面,它可以是平直面[图 3-7(A)],也可以是曲面[图 3-7(B)、(C)]。轴面与地面或其它任何面的交线称轴迹(图 3-5)。

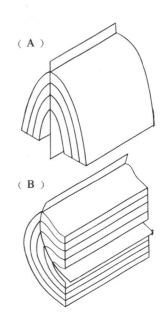

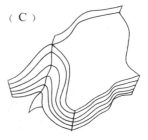

图 3-7 褶皱轴面的形态
(A)平面状;(B)曲面状;(C)不规则曲面状

第二节 褶皱的描述

正确地描述褶皱形态是研究褶皱的基础。只有分析描述褶皱要素的特征，并测量其产状，才能准确、形象地恢复褶皱形态。褶皱的剖面形态是表现褶皱形态的重要方式。常用的剖面有水平剖面（地面）、铅直剖面（直立剖面）和正交剖面（横截面）（图3-8）。

铅直剖面是垂直水平面的剖面；正交剖面是指与枢纽相垂直的剖面。图3-8表示出褶皱在水平剖面、铅直剖面和正交剖面上的空间关系。从图3-8中可见，只有在正交剖面上，才能表示褶皱在剖面上的真实形态。因此，褶皱形态的描述常从正交剖面上的褶皱形态分析入手。褶皱形态的描述内容如下：

一、转折端的形态

1. 圆弧褶皱

转折端呈圆弧形弯曲的褶皱［图3-9（A）］。

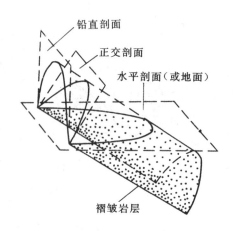

图3-8 褶皱的水平剖面、铅直剖面和正交剖面

图3-9 转折端形态不同的几种褶皱
（A）圆弧褶皱；（B）尖棱褶皱；（C）箱状褶皱；（D）挠曲

2. 尖棱褶皱

转折端为尖顶状，常由平直的两翼相交而成［图3-9（B）、3-10］。具有狭窄的棱角状的转折端和平直翼的褶皱叫做锯齿状或手风琴式褶皱。

3. 箱状褶皱

转折端宽阔、平直，两翼产状较陡，形如箱状［图3-9（C）］。箱状褶皱有两个枢纽和两个轴面，如果箱状由两个共轭的轴面组成，则称为共轭的箱状褶皱。

4. 挠曲

在平缓岩层中，一段岩层突然变陡而表现出的褶皱面呈膝状弯曲［图3-9（D）］。

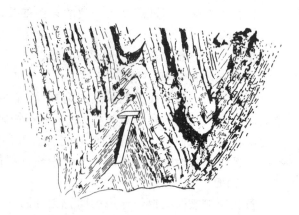

图3-10 河北下花园震旦系硅质板岩中的尖棱褶皱

二、翼间角和褶皱的紧闭度

根据翼间角的大小,可将褶皱描述为(图 3-11):

1. 平缓褶皱

翼间角小于180°、大于120°的褶皱。

2. 开阔褶皱

翼间角小于120°、大于70°的褶皱。

3. 中常褶皱

翼间角小于70°、大于30°的褶皱。

4. 紧闭褶皱

翼间角小于30°、大于5°的褶皱。

5. 等斜褶皱

翼间角在5°—0°之间的褶皱。

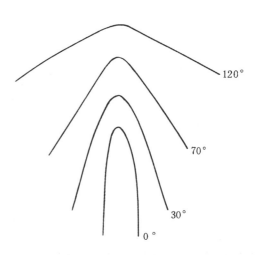

图 3-11 翼间角不同的褶皱

翼间角的大小反映褶皱的紧闭程度,亦反映了褶皱变形的强度,是描述褶皱形态的一个重要方面。

在出露良好、近于正交剖面的褶皱露头或照片上,翼间角可以直接测量。一般只需测量褶皱两翼的代表性产状,利用赤平投影的方法求出翼间角。

三、褶皱的波长和波幅

褶皱波长是指一个周期波的长度,即等于两个相间拐点之间的距离。波幅是指中间线(在正交剖面上连接各褶皱面拐点的线)与枢纽点之间的距离(图 3-12)。波长和波幅是描述褶皱大小的参数之一。在正交剖面上才能较准确地测量出波长和波幅的大小。

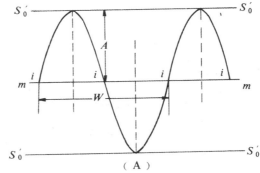

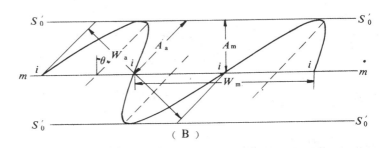

图 3-12 褶皱的波长和波幅
(据 J.G.Ramsay,1967)

(A) 对称褶皱波长 (W) 和波幅 (A);(B) 不对称褶皱波长 (W_m, W_a) 和波幅 (A_m, A_a);S'_0 为包络面,mm 为中间面,θ 为轴面与中间面相交的余角

四、褶皱的对称性

两翼等长的褶皱称作对称褶皱[图 3-12(A)];两翼不等长的褶皱称为不对称褶皱[图 3-12(B)]。不对称褶皱两翼分别称长翼和短翼。对于一系列连续发育的不对称褶皱来说,

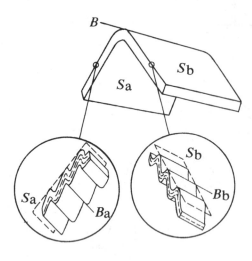

图 3-13 大褶皱翼部的次级褶皱

左翼为 Z 型,右翼为 S 型,S_a、S_b 为次级褶皱的包络面,B 为褶皱枢纽,B_a、B_b 为次级褶皱枢纽

如顺其枢纽的倾伏方向来观察,则可将褶皱面的形态从长翼到短翼的变化描述为 S 型和 Z 型(图 3-13)。需要指出,S 型和 Z 型是顺枢纽倾伏方向观察而定的。如果从相反方向观察,Z 型即为 S 型,S 型即为 Z 型。地质调查中,为了更好地确定不对称褶皱的特征,常采用褶皱的倒向。倒向是指褶皱轴面自直立转为倾斜的旋转方向。不管从哪个方向观察不对称褶皱的倒向均是不变的。

大型褶皱中常发育有同构造的次级从属小型褶皱。两翼的从属褶皱为 S 型或 Z 型,转折端处的则为对称的 M 型(图 3-14),总体构成 SMZ 型。因此,小型褶皱的对称性研究是识别大型褶皱的各翼和转折端的重要手段。

五、枢纽的产状

枢纽可以是直线,也可以是曲线。枢纽的产状包括指向(倾伏向)和倾伏角。指向一般代表褶皱在空

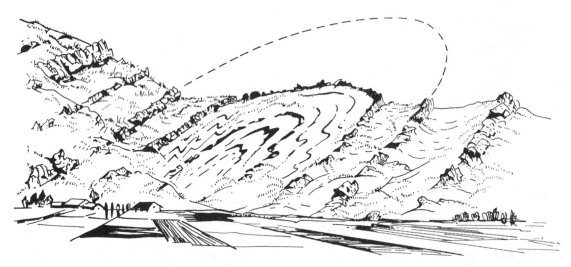

图 3-14 桂林甲山倒转褶皱及其中的从属褶皱

(据兰琪峰等,1979)

间的延伸方向。倾伏角可以从水平(0°)到直立(90°)。一般把枢纽倾伏角在 0°—10°、10°—70° 和 70°—90° 的褶皱分别称为水平褶皱、倾伏褶皱和倾竖褶皱。

水平褶皱在水平面上,其同一褶皱面的两翼迹线互相平行[图 3-3(A),图 3-15(A)]。如果地面起伏不平,同一褶皱的两翼迹线也可以因地形影响而相互汇拢或相交[图 3-15(B)]。倾伏褶皱的同一褶皱面的两翼在平面上汇合[图 3-3(B)],汇合部称为倾伏端。背斜倾伏端的岩层产状表现为围绕倾伏端向外倾斜,描述为外倾转折[图 3-16(A)];向斜的倾伏端则表现为内倾转折[图 3-16(B)]。倾伏端的平面轮廓一般反映转折端的形态。

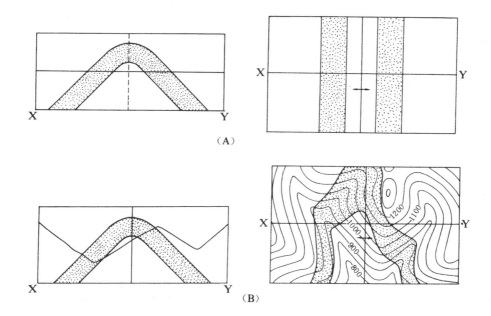

图 3-15 枢纽水平的褶皱在正交剖面 [（A）、（B）中的左图] 和地面的形态 [（A）、（B）中的右图]
（据 D. M. Ragan，1978）
（A）水平地面上的图形；（B）起伏不平地面上的图形；注意地质界线的闭合

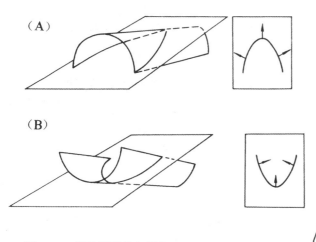

图 3-16 倾伏端的外倾转折（A）和内倾转折（B）

出露良好的小褶皱，可用罗盘直接测量枢纽的指向和倾伏角。大多数枢纽的产状是在测量两翼产状的基础上，用赤平投影的方法求出。一般采用 π 图解和 β 图解。在地质图上如何分析枢纽产状见本章实习部分，在此从略。

六、轴面产状及其与两翼产状的关系

轴面的位态取决于多层褶皱中相邻褶皱面的

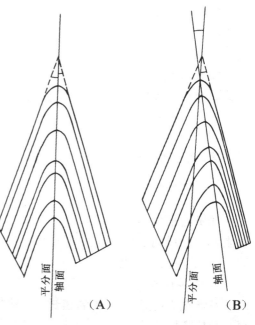

图 3-17 翼间角的平分面与轴面的关系
（据 F. J. Turner 和 L. W. Weiss，1963）
（A）翼间角的平分面与轴面一致；
（B）翼间角的平分面与轴面不一致

枢纽产状和两翼产状的关系。同一褶皱层两翼厚度基本相等的褶皱，其轴面与翼间角的平分面近于重合［图 3-17（A）］。否则，不能将翼间角的平分面简单地当作轴面［图 3-17（B）］。轴面产状和任何构造面产状一样，用走向、倾向和倾角来表示。在测得两翼代表性产状的基础上，翼间角的平分面可利用赤平投影求出。多数轴面与翼间角平分面是不相当的。此时，轴面的确定要在实地的露头上（如大采壁面上）或地质图中测出同一褶皱在不同平面上的两个以上的轴迹方位，再用赤平投影方法求出轴面产状（详细步骤见本章实习部分）。

根据轴面产状和两翼产状的关系，将褶皱描述为：

1. 直立褶皱

两翼倾向相反、倾角近相等和轴面近直立的褶皱［图 3-18（A）］。

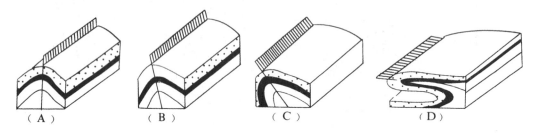

图 3-18　轴面和两翼产状不同关系的几种褶皱
(A) 直立褶皱；(B) 斜歪褶皱；(C) 倒转褶皱；(D) 平卧褶皱

2. 斜歪褶皱

两翼倾向相反、倾角不等和轴面倾斜的褶皱［图 3-18（B）］。在背斜中轴面向倾角较小的一翼倾斜；在向斜中则相反。

3. 倒转褶皱

两翼向同一方向倾斜、一翼地层倒转和轴面倾斜的褶皱［图 3-18（C）］。

4. 平卧褶皱

轴面与两翼近水平、一翼地层正常及另一翼地层倒转的褶皱［图 3-18（D）］。

七、褶皱的平面形态

褶皱的平面形态常用褶皱中同一褶皱面上露出的纵向长度和横向宽度之比来描述。据此将褶皱分别称为：

1. 等轴褶皱

长与宽之比近于 1∶1 的褶皱。等轴背斜又称穹隆构造［图 13-19（A）］，褶皱面从中心向周缘倾斜，常无法确定枢纽。等轴向斜又称构造盆地［图 3-19（B）］，褶皱面从周缘向中心倾斜。

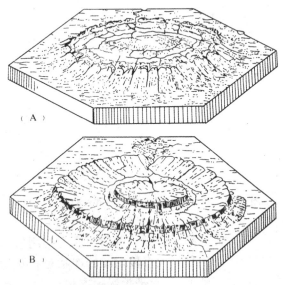

图 3-19　穹隆构造（A）和构造盆地（B）

2. 短轴褶皱

一般在地质图上可见两端倾伏，长与宽之比约为 3∶1 的褶皱［图 3-20（A）的右侧］。

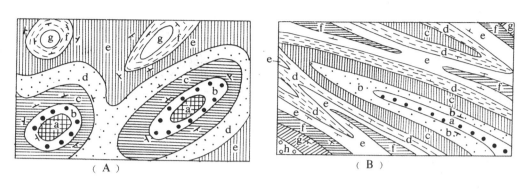

图 3-20 平面上不同形态的几种褶皱
(A) 短轴褶皱 (右侧) 和等轴褶皱 (左侧); (B) 线状褶皱; a、b、c…h 等代表地层层序

3. 线状褶皱

长度远大于宽度的各种狭长的褶皱 [图 3-20 (B)]。

第三节 褶皱的分类

长期以来，有众多的褶皱分类方法，但总体上可以归纳为两种基本分类系统。一种是借助外部参考坐标的位态分类；另一种是根据褶皱面的几何形态和相邻褶皱面之间的几何关系的形态分类。

一、褶皱的位态分类

褶皱在空间的位态取决于轴面和枢纽产状。以纵坐标表示枢纽倾伏角，横坐标表示轴面倾角，可将褶皱分成七种类型（图 3-21）。各种褶皱的名称及其轴面倾角和枢纽倾伏角的变化范围列于表 3-1 之中。

前三类褶皱轴面直立，表示褶皱两翼倾向相反、倾角相等；第Ⅳ、Ⅴ两类褶皱轴面倾斜，表示褶皱两翼倾角不相等；第Ⅵ类平卧褶皱和第Ⅶ类斜卧褶皱中的一翼地层的面向下。斜卧褶皱的特征是枢纽和轴面两者的倾向及倾角基本一致，轴面倾角 20°—80°，枢纽倾伏角 10°—70°，但枢纽在轴面上的侧伏角为 80°—90°。各类褶皱的 π 图解和 β 图解见图 3-21 中。

表 3-1 褶皱位态分类表

褶皱类型 枢纽倾角	轴面倾角 近直立 （90°—80°）	倾斜的 （80°—20°）	近水平的 （20°—0°）
近水平（0°—10°）	Ⅰ．直立水平褶皱	Ⅳ．斜歪水平褶皱	Ⅵ．平卧褶皱
倾伏（10°—70°）	Ⅱ．直立倾伏褶皱	Ⅴ．斜歪倾伏褶皱 Ⅶ．斜卧褶皱	
近直立（70°—90°）	Ⅲ．倾竖褶皱		

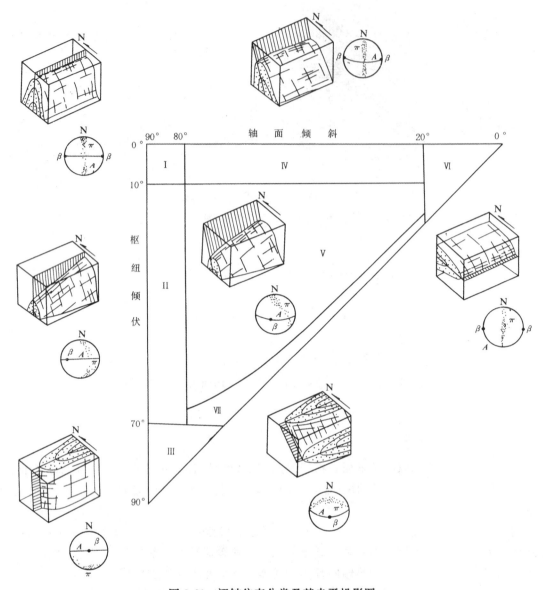

图 3-21 褶皱位态分类及其赤平投影图
(据 M. J. Fleuty, 1964; D. M. Ragan, 1973; B. E. Hobbs 等, 1976, 综合编绘)
Ⅰ—Ⅶ为褶皱产状类型分区赤平投影图, β为枢纽极点, A为轴面投影大圆, π为褶皱面的π圆 (环带)

二、褶皱的理想几何形态分类

从几何学观点看，褶皱的理想几何形态的基本类型有圆柱状褶皱和非圆柱状褶皱。转折端成圆弧状的褶皱面，可看作是一条直线在空间平行自身移动而构成的一个曲面（图 3-22），这种褶皱称作圆柱状褶皱，这条直线称作褶皱轴。褶皱轴是一个纯几何学的概念，它并不是指褶皱面上任一特定直线，但在圆柱状褶皱中，褶皱轴的产状可由枢纽来代表。圆柱状褶皱面可以是单一圆柱面的一部分 [图 3-23（A）]，但在更多的情况下是由许多不同直径的圆柱面共轴排列所构成的切面 [图 3-23（B）]。总之，只要是圆柱状褶皱，在其面的所有各点上都能找出平行枢纽方向的线。凡不具有以上特征的褶皱是非圆柱状褶皱。非圆柱状褶皱中的一种

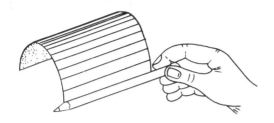

图 3-22 圆柱状褶皱

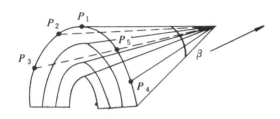

图 3-24 圆锥状褶皱

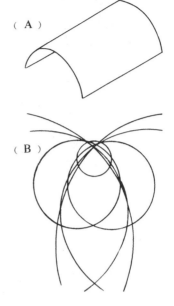

图 3-23 两种圆柱状褶皱面
(据 G. H. Davis, 1984)

特殊形态是圆锥状褶皱（图 3-24），其褶皱面可以看成是将一直线的一端固定，而另一端在空间旋转移动所形成的轨迹。地壳中的大多数褶皱从整体上看都是非圆柱状褶皱，即褶皱的枢纽并不都呈直线，而在褶皱延伸一定距离之后，其方位和形态都可能发生变化，甚至消失。为了分析褶皱的形态和轴面产状的变化，可以将褶皱划分成若干均匀区段，使每一区段内的形态近似圆柱状褶皱，然后再将各区段的资料进行综合分析，就可了解整个褶皱的几何形态和变化规律了。

三、等斜线的褶皱分类

褶皱形态的变化主要反映在各褶皱面形态的变化或褶皱层的厚度变化上。兰姆赛（J. G. Ramsay, 1967）根据褶皱层上、下界面的相对曲率及其变化，按等斜线的排列型式，提出形态的系统分类，这种分类目前已被广泛采用。

相邻褶皱面的曲率变化可用等斜线来表示，等斜线是褶皱在正交剖面上褶皱层的上、下界面的相同倾斜点的连线（图 3-25）。

等斜线的作法如下：

（1）在褶皱的正交剖面上或在相应的照片上，用透明纸描绘出各褶皱面的迹线。

（2）在枢纽处，平行岩层的方向作零度基准线。

（3）在褶皱层上、下界面上作出与基准线方

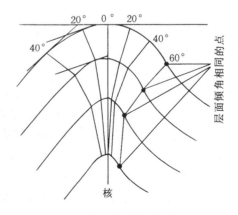

图 3-25 等斜线的制作
(据 J. G. Ramsay, 1967)

向成 α 角的切线（如图 3-25 中成 20°的切线），将这两切点连线，即为 α 角的等斜线。

（4）按一定角度间隔（如每隔 10°或 20°）作出等斜线，如图 3-25 所示，作出与基准线成 20°、40°和 60°的等斜线。

兰姆赛根据一个褶皱的等斜线型式，把褶皱分成三类五型（图 3-26）：

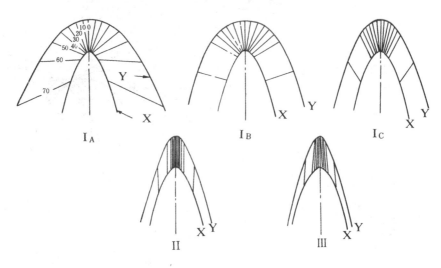

图 3-26 按等斜线的褶皱分类
（据 J. G. Ramsay，1967）

Ⅰ类：褶皱的等斜线向内弧收敛，内弧曲率总是比外弧大。根据等斜线的收敛程度，又细分为三个亚型：I_A 型，等斜线向内弧呈强烈收敛，各线长短差别极大，内弧曲率远比外弧大，为典型的顶薄褶皱；I_B 型，等斜线向内弧收敛，并与褶皱面垂直，各线长短大致相等，褶皱各层的真厚度不变，为典型的平行褶皱；I_C 型，等斜线向内弧轻微收敛，转折端处的等斜线略长于两翼上的等斜线，反映两翼厚度有变薄的趋势，内弧曲率略大于外弧，这是 I_B 型平行褶皱向Ⅰ类相似褶皱过渡的型式。

Ⅱ类：等斜线互相平行且等长，褶皱层的内弧和外弧的曲率相等，为典型的相似褶皱。

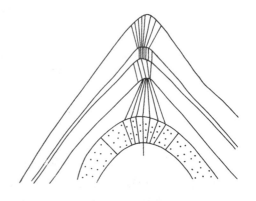

图 3-27 褶皱等斜线折射的现象
（据《地质构造形迹图册》，1978）

Ⅲ类：等斜线向外弧顶收敛，向内弧撒开，外弧曲率大于内弧，为典型的顶厚褶皱。

在不同岩层组成的褶皱中，各褶皱层常具有不同的褶皱形态，从而在剖面上出现等斜线折射的现象（图 3-27）。

自然界中，多数褶皱都可归属于上述基本类型之中，但也存在着更为复杂的褶皱类型。如图 3-28，邻近枢纽的等斜线是撒开的，属Ⅲ类，翼部的等斜线是收敛的，属Ⅰ类，曲率也不符合上述三种基本类型，因此，不能将这一褶皱简单地归入某一类。

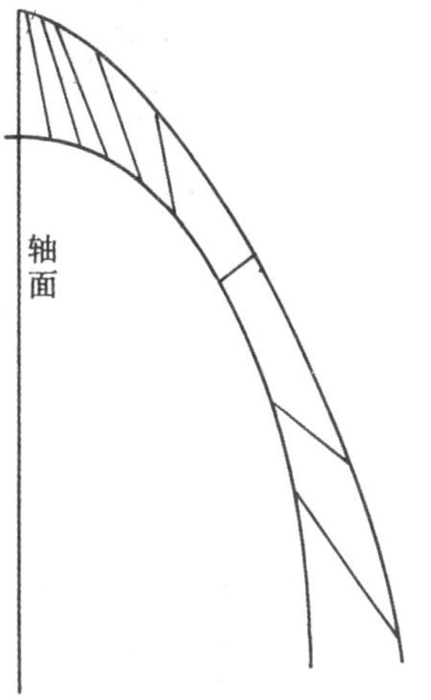

四、根据组成褶皱的各褶皱层的厚度变化分类

范海斯（C.R.Vanhise，1896）根据褶皱层的厚度变化及各层之间的几何关系，将褶皱分为平行褶皱和相似褶皱两种典型的几何类型。这两种类型即相当于兰姆赛的褶皱分类中的 I_B 型和 II 类。在自然界中这样理想的褶皱虽然并不普遍，但是它们所反映的某些规律，对研究自然界中的褶皱是非常有用的。

1. 平行褶皱

典型的平行褶皱的几何特点是褶皱作平行弯曲（图3-29）。同一褶皱层的厚度在褶皱各部分一致，故称为等厚褶皱。各层的弯曲具有同一曲率中心，故又称同心褶皱。由中心向外，褶皱面的曲率半径逐渐增大，曲率变小，岩层平缓；向核部方向曲率变大。例如一个圆弧形直立背斜，因要保持褶皱层的厚度不变，褶皱面的几何形态必须随深度而调整。顺其轴面向下，褶皱面的弯曲越来越紧闭，甚至变为尖棱状背斜，或者其中薄层软弱岩层发生复杂小褶皱和逆冲断层；顺轴面向上，情况相反，褶皱面越来越平缓，直至变平，褶皱消失。平行褶皱通常发育于岩性较一致的强岩层和地壳的较浅构造层次中。

2. 相似褶皱

典型的相似褶皱的几何特点是各褶皱面作相似的弯曲（图3-30），各褶皱面的曲率相同，但没有共同的曲率中心，所以褶皱的形态随着深度的变化仍保持一致。各褶皱层的厚度发生有规律的变化，两翼薄，转折端加厚，平行轴面量出的距离（轴面厚度）在褶皱各部位都相同。相似褶皱常发育于较软弱岩层和中深及较深构造层次中。

图 3-29 平行褶皱
（据 G.H.Davis，1984）

图 3-28 一复杂褶皱层的正交剖面及其等斜线
（据 J.G.Ramsay，1967）

图 3-30 相似褶皱
（据 J.G.Ramsay，1967）

五、根据组成褶皱的各褶皱面之间的几何关系分类

根据褶皱面中各层的弯曲形态的相互关系，褶皱可分为：

1. 协调褶皱

褶皱中各弯曲形态保持一致或呈有规律的渐变过渡关系，其间没有明显的不协调的突变现象，例如相似褶皱和平行褶皱，称为协调褶皱。

2. 不协调褶皱

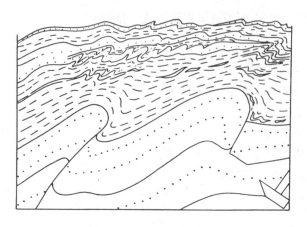

图 3-31 河南嵩山五指岭组石英岩和千枚岩中的不协调褶皱

褶皱的各层弯曲形态彼此明显突变，各层褶皱的大小、形态各异，致使各层的褶皱不具几何规律，称为不协调褶皱。如河南嵩山五指岭组岩层的褶皱（图 3-31），其中石英岩因其厚度较大形成简单开阔的褶皱，而上面夹在千枚岩中的薄层石英岩形成复杂的小褶皱。在有些情况下，因各褶皱层之间出现滑脱层，使褶皱形态发生改变，形成不协调褶皱（图 3-32）。褶皱的不协调现象是很普遍的，只要褶皱岩石的物理-力学性质差异较大，均易形成不协调褶皱。

图 3-32 河南卢氏陶湾组条带大理岩中的不协调褶皱在箱状背斜的底部和上部各有滑脱面，使其上、下层的褶皱形态不一致

第四节 褶皱的组合型式

地壳一定范围内不同形态、不同规模和不同级次的褶皱常以一定的组合型式展布。在同一构造运动时期和同一构造应力作用下，成因上有联系的一系列背斜和向斜组成的具有一定几何规律的褶皱的总体样式，称为褶皱的组合型式。一般由挤压形成的褶皱，其轴面垂直于压缩方向，相当于主压扁面（XY 面），所以褶皱的组合型式反映了区域应变场特征，从而可以进一步探讨褶皱的形成及地壳运动的性质等。不同的褶皱组合特征，无疑反映了不同地区地质构造发育的不同背景。各种褶皱组合中，最基本的可以概括为下列三类：

一、全形褶皱

全形褶皱的主要特征表现为：呈带状分布，所有褶皱的走向基本上与带的延伸方向一致，并随带的方向变化而变化。整个带内褶皱连续发育，布满全区，多数呈线型褶皱。背斜、向斜同等发育，不同级别的褶皱往往组合成巨大的复背斜和复向斜。复背斜是在它的中央地带的次级褶皱的核部地层老于两侧的次级褶皱的核部地层（图 3-33）；反之，则为复向斜（图 3-34）。

组成复背斜和复向斜的次级褶皱大都是较紧闭和斜歪或倒转褶皱，甚至是等斜褶皱，但也有比较宽缓的箱状或圆弧褶皱，它们的轴面一般向该复背斜或复向斜的核部收敛（图3-35）。

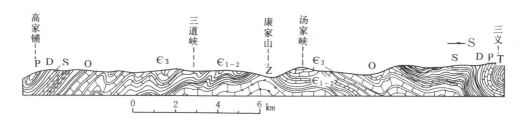

图 3-33　湖北汤池峡复背斜剖面图

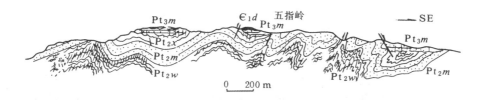

图 3-34　河南嵩山五指岭复向斜剖面图
（据《嵩山构造变形》，1981）

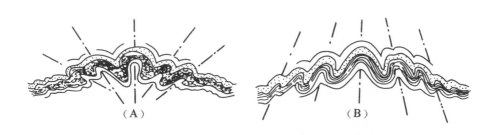

图 3-35　扇形复背斜（A）和倒扇形复向斜（B）
（据俞鸿年、芦华复，1986）

但由于经历了长期、多次构造变形，以致次级褶皱的形态和产状极为复杂。这些次级褶皱的枢纽常蜿蜒起伏，顺褶皱系的总体延伸方向成平行或雁行，甚至会因相邻次级褶皱的枢纽起伏、交错或消失，从而出现褶皱的分叉和合并现象。

全形褶皱形成于地壳运动强烈地带，如我国天山、喜马拉雅山和欧洲的阿尔卑斯山、北美的阿巴拉契亚山等褶皱造山带都有这类褶皱产出。

二、断续褶皱

断续褶皱的组合特征主要表现为：在多数情况下，背斜和向斜不同等发育，而是常以背斜为主。相邻的两个背斜之间的向斜构造常不明显，其形态完全取决于背斜的形状和分布情况。断续褶皱的形态多为地层产状非常平缓的大型开阔褶皱，以穹隆构造和构造盆地为主。此外，还有短轴褶皱以及非常低缓的长圆形隆起的长垣，其翼部倾角仅几度，但延伸可达数十甚至上百公里。在上述各种背斜隆起的翼部，有时发育构造阶梯或挠曲，或自主体伸出形成

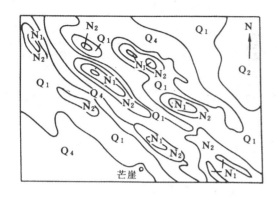

图 3-36　青海芒崖地区的斜列式褶皱

鼻状突出，称为构造鼻。

这种组合类型的褶皱，在有些地区可能成群分布，也可能以单个褶皱独立产出。在有些地区，这类褶皱呈有规律的定向排列，如呈雁列分布（图3-36），但在有些地区，这类褶皱没有一定的方向性。断续褶皱大多数发育在基底刚性较高、构造活动性小的地台盖层中，如扬子地台的盖层和华北地台某些地段的盖层中。

三、过渡型褶皱

过渡型（或中间型）褶皱的组合特征介于全形褶皱和断续褶皱之间。它是由一系列互相平行的背斜和向斜相间排列而成，有一定的延伸方向，但其中背斜、向斜的形态特征和发育程度各不相同。一类是背斜形态完整、窄而紧闭，而其间隔的向斜比较平缓开阔的褶皱，称为隔档式褶皱（图3-37）；另一类与上述相反，向斜紧闭且形态完整，而其间隔的背斜则平缓开阔、

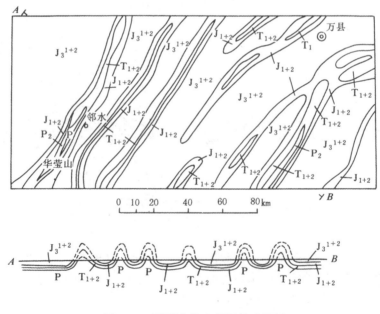

图 3-37　四川盆地东部隔档式褶皱
（据中华人民共和国地质图简化，1973）

或呈箱状的褶皱，称为隔槽式褶皱（图3-38）。这两类褶皱组合型式的共同特点是：背斜和向斜的变形强度不同，较紧闭的褶皱和较开阔的褶皱相间排列。这类褶皱，尤其是隔档式褶皱，在欧洲侏罗山发育完美，故称侏罗山式褶皱（图3-39）。其成因一般认为是沉积盖层沿刚性基底滑脱而形成。我国川东典型的隔档式褶皱，自川东向东南至川黔湘鄂一带，又转变为隔槽式褶皱。

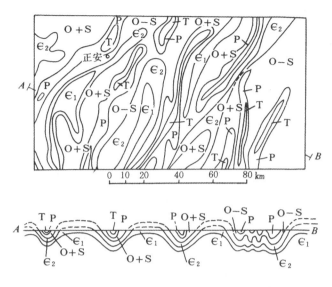

图 3-38 贵州正安及川东地区隔槽式褶皱
(据中华人民共和国地质图简化，1973)

图 3-39 侏罗山构造剖面
(据 A.Buxtorf，转引自 E.W.Spencer，1977)

第五节 叠加褶皱

  叠加褶皱，又称重褶皱，是指已经褶皱的岩层在后期变形过程中又发生弯曲变形而形成的褶皱。叠加褶皱的形成，可以是两个或两个以上不同构造旋回的褶皱变形叠加复合而成的，也可以是同一构造旋回不同的构造幕的褶皱叠加的结果，甚至还可以是同一期递进变形过程中由于增量应变方位和性质改变而形成的叠加变形。总之，叠加褶皱变形是有先后顺序的演化过程。

  叠加褶皱的几何学特征是多次褶皱作用的几何效应相互复合或干扰的结果。因褶皱类型较多，褶皱位态多变，形成叠加褶皱的干扰格式繁多，甚至形成非常复杂的干扰图形，故兰姆赛（1967，1983）以规模近似的两期褶皱叠加为例，根据两期褶皱以不同的相对方位叠加造成的干扰格式，将其概括为三种基本型式（图 3-40）:

  (1) 两期褶皱皆为直立褶皱，轴向大角度相交或垂直，即第二期褶皱横交叠加于第一期直立水平褶皱之上，使第一期褶皱的变形面重复变形，形成所谓"穹-盆构造"[图 3-40（A）]。两期背形叠加处形成穹隆构造；两期向形叠加处形成构造盆地；当晚期背形横过早期向形时，

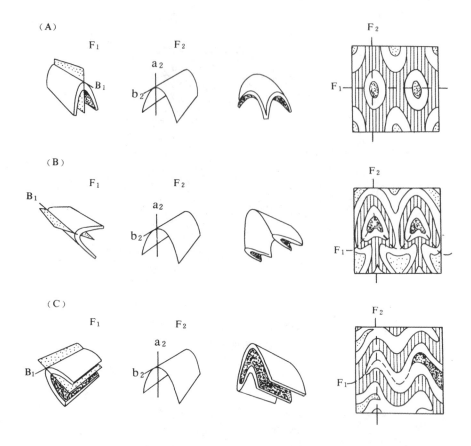

图 3-40 叠加褶皱的三种基本干涉型式
(据宋鸿林，1983)
右边为平面图，其中 F_1、F_2 分别为两期褶皱的轴迹

背形枢纽发生倾伏；而向形枢纽发生扬起，形成鞍状构造。这种类型的干扰格式相当于"横跨褶皱"。如果将各穹隆顶端或各构造盆地的槽部相连，可以大体上恢复两期褶皱的方向和规模。湖南邵阳涟源一带的地质构造就是这种叠加褶皱的例子（图 3-41）。早期东西向的褶皱被晚期北北东向的褶皱所叠加。中部以泥盆系及前泥盆系为核心，总体看来为一东西向的背斜，但被晚期褶皱改造成一系列北北东向的短轴背斜或穹隆。当南北两侧石炭—三叠系中近北北东向的褶皱接近早期东西向的背斜时，其枢纽一致扬起，形成短轴的向斜盆地。

（2）早期褶皱为等斜或平卧褶皱，晚期为直立褶皱，两者枢纽大角度相交。当晚期褶皱作用时，早期褶皱的轴面、两翼和枢纽一起褶皱，从而在水平切面上形成复杂的新月形、蘑菇形等图型 [图 3-40 (B)]。由于剥蚀深度不同，同一类型的褶皱在平面上可呈现纷繁多姿的形态。

（3）早期褶皱与晚期褶皱枢纽近平行。这种类型称为"共轴叠加褶皱"。早期的褶皱轴面和两翼共同卷入后期褶皱，但枢纽不受干扰，在平面或剖面上呈现双重转折、钩状闭合等 [图 3-40 (C)]。图 3-42 是根据航空照片判释的叠加褶皱构造。

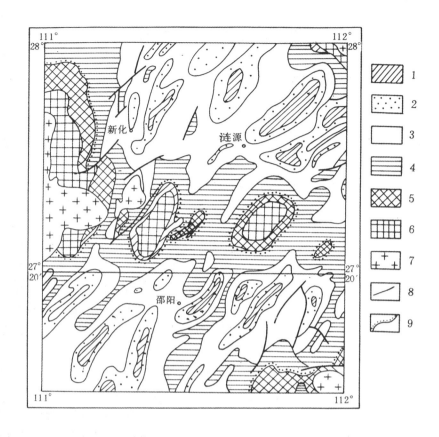

图 3-41 湖南邵阳涟源一带地质略图
1. 三叠系；2. 二叠系；3. 石炭系；4. 泥盆系；5. 志留—寒武系；6. 元古宙；7. 花岗岩；8. 断层；9. 不整合线

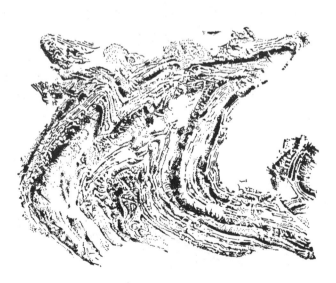

图 3-42 甘肃某地具双重闭合重褶的钩状叠加褶皱
(据宋姚生航空照片素描,1978)

第六节 褶皱形成时代的确定

大多数褶皱是岩层受力变形而成的,其形成时期总是与某个时期的构造运动相联系,其形成的时代主要根据角度不整合接触进行分析。

在一个地区,不整合面以下的一套地层均褶皱,其上的地层未褶皱,则褶皱形成时代通常看作与角度不整合接触所代表的时代一致,即褶皱形成于不整合面下伏褶皱中最新地层之后,上覆最老地层之前,这便是角度不整合接触分析法。如果不整合面上、下地层均褶皱,但褶皱形态互不相同,则至少发生过两次褶皱运动。如果一个地区存在两个角度不整合接触,且两个不整合接触面上、下的地层均褶皱,而褶皱形态又不一样,则该区至少发生过三次褶皱运动(图 3-43)。例如,江西上饶东田大坟山地质剖面图上产出两个不整合面(图 3-44),其中下二叠统和上二叠统之间的不整合接触时间可以确定为东吴运动。侏罗系与上二叠统之间的角度不整合接触时距相当长,但根据大区域地层对比得知,这一带二叠系和三叠系是连续沉积,而三叠纪晚期的印支运动对本区影响较广泛,所以可以确定上二叠统地层褶皱是印支运动形成的,而侏罗系及其不整合面已倾斜,显然也褶皱过,可能是燕山运动造成的,因此,本区曾发生过三次褶皱变动。

此外,褶皱形成时代还可根据与褶皱相接触的岩浆岩体的同位素年龄来加以间接确定;也可根据褶皱的重叠变形关系,分析褶皱的存在及各期褶皱的相对先后顺序。

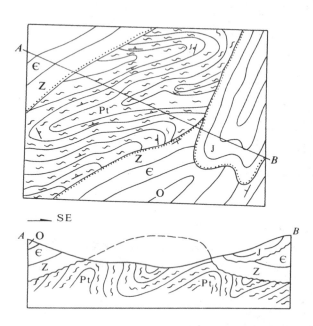

图 3-43 两个不整合面上、下的三套地层都已褶皱,说明发生了三次或三次以上的褶皱运动

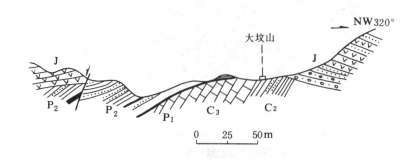

图 3-44 江西上饶东田大坟山地质剖面图

实习一 读褶皱区地质图

一、目的要求

(1) 初步掌握阅读褶皱区地质图的步骤和方法。
(2) 学会从地质图上认识和分析褶皱形态、组合特征及形成时代。

二、说明

读褶皱区地质图与读一般地质图的方法一样,首先从地质图的图例或地层柱状图上了解图区出露的地层的时代、层序和接触关系,然后概略地了解图区新、老地层的分布和延展情况,并分析地形特征。

从地质图上认识和分析褶皱及其特征,常先从单个褶皱的分析入手,进而再分析褶皱的组合及形成时代。

(一) 对单个褶皱形态的认识和分析

分析时,可以按照本章第二节褶皱的描述中所述的各项内容一一进行分析。对褶皱形态的分析力求建立起三度空间的形态。一般来说,分析步骤如下:

(1) 区分背斜和向斜。先从一个老地层或新地层着手,横过地层总的延伸方向观察,如老地层两侧依次对称地分布着新地层,则为背斜;反之,则为向斜。

(2) 确定两翼产状。褶皱两翼产状及其变化,主要从地质图上标绘的地层产状符号直接来认识和分析。如在大比例尺地形地质图上,岩层产状常据地质界线的"V"字形法则来判断产状或利用作图法求出两翼地层产状。分析两翼产状是分析褶皱形态的基础。

(3) 判断轴面产状。在地质图上,从两翼产状大致判断出轴面产状。如两翼倾向相反,倾角大致相等,则轴面直立[图3-18(A)];如两翼倾向、倾角基本相同,则轴面产状也与两翼产状基本一致(即为等斜褶皱)。对于两翼产状不等或一翼倒转的褶皱,若为背斜,其轴面大致是与倾角较小的一翼的倾斜方向近于一致。除平卧褶皱和等斜褶皱外,轴面倾角一般大于缓翼倾角而小于陡翼倾角[图3-18(B)、(C)]。据轴面产状与两翼产状的关系可描述褶皱。

(4) 确定枢纽产状和轴迹。枢纽水平的褶皱,其两翼地层的走近于平行。如两翼岩层走向不平行,或两翼同一岩层界线

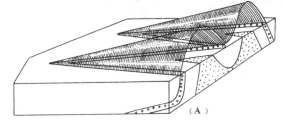

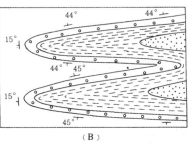

图 3-45 直立倾伏褶皱
(A) 立体图;(B) 平面图

呈交合或弧形转折弯曲,可认为褶皱枢纽是倾伏的。倾伏背斜的倾伏端两翼地质界线交会成"V"形或弧形,"V"形的尖端或弧形的凸侧指向枢纽倾伏方向;向斜则反之。另外,沿褶皱

延伸方向核部地层出露的宽窄变化也能反映出枢纽的产状。核部变窄或闭合的方向是背斜枢纽倾伏方向或向斜枢纽扬起方向（图 3-45）。通过褶皱各层界线转折端点的连线，即为轴迹。上述确定枢纽产状和轴迹的方法只适用于轴面直立或陡倾斜的倾伏褶皱及地形比较平缓的情况。对于轴面呈中等或缓倾斜的倾伏褶皱或地形起伏复杂的情况，在大、中比例尺地质图上，褶皱岩层界线弯曲转折端点的连线既不能代表枢纽倾伏方向，也不一定是轴迹。因此，在阅读褶皱区地质图时，主要是分析两翼产状及其变化，这样才能对褶皱形态有正确的认识。

（5）认识转折端形态。在地形较平缓的情况下，轴面直立或陡倾的倾伏褶皱，在地质图上褶皱倾伏端的地层界线弯曲形态大致可以反映褶皱在剖面上的转折端形态（图 3-46）。

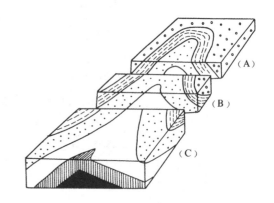

图 3-46 褶皱转折端形态
(A) 箱状背斜；(B) 圆弧背斜；(C) 尖棱背斜

（6）判断翼间角大小和褶皱紧闭程度。据两翼地层的倾角大致地判断翼间角的大小，可以描述褶皱紧闭程度（利用赤平投影或几何作图法可较准确地确定翼间角）。

（7）分析褶皱平面形态。在地质图上，褶皱两翼同一岩层的出露线沿轴迹方向的长度与垂直轴迹方向的宽度之比即褶皱的长宽比。按长宽比可将褶皱分为线型、短轴和等轴三种类型。

褶皱的波幅和波长要在正交剖面上分析。褶皱的理想几何形态的确定需要测量大量的褶皱面产状后，利用 π 图解和 β 图解来分析。

在以上各项分析的基础上，对褶皱形态进行描述，描述内容一般包括：褶皱名称（地名加褶皱类型）；地理位置及延伸情况；核部位置及组成地层，两翼地层；两翼产状及其变化；轴面、枢纽产状；转折端形态；褶皱的紧闭程度；褶皱的平面类型；褶皱的位态分类；次级褶皱的分布及褶皱被断层或岩浆岩体破坏的情况；褶皱形成时代。

（二）褶皱组合型式的认识

在逐个分析了图区的背斜、向斜之后，再对同一时期形成的褶皱在空间上的排列和在剖面上的组合特征进行分析。如属穹-盆构造和雁列式排列，一般为断续褶皱；发育隔档式和隔槽式，一般为过渡型褶皱；以复背斜、复向斜为主，一般为全形褶皱。

（三）确定褶皱形成时代

主要根据地层间的角度不整合接触关系来确定褶皱形成时代。如图 3-47 所示，褶皱形成于中志留世之后，中泥盆世之前。

三、作业

（1）分析唐柳峪地区地形地质图（附

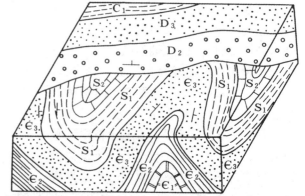

图 3-47 根据不整合接触确定褶皱形成时代

图9）中的褶皱形态特征。（提示：先用作图法求出两翼产状。）

（2）分析暮云岭地区地形地质图（附图10）和武华镇地质图（附图11）中的褶皱形态特征及形成时代。

（3）对图区内一褶皱进行文字描述。

实习二　绘制褶皱区剖面图

一、目的要求

学会在褶皱区地质图上绘制图切剖面图（铅直剖面图和正交剖面图）的方法。

二、说明

褶皱的图切剖面有两种：一种是铅直剖面图，一般横切褶皱延伸方向，这是常用的剖面图，它可以反映与图面（水平面）垂直的面上的褶皱形态；另一种是垂直于枢纽的正交剖面图，它能较真实地反映褶皱在剖面上的形态。下面分别说明这两种剖面图的绘制方法。

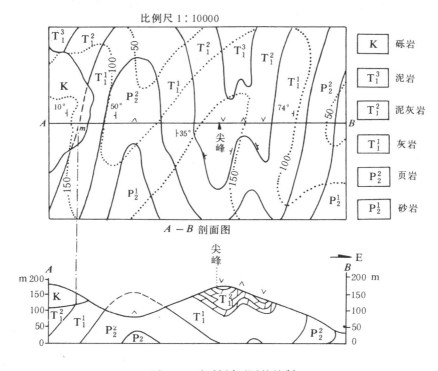

图 3-48　褶皱剖面图的绘制

（一）褶皱地区铅直剖面图的绘制方法（图 3-48）

（1）分析图区地形和褶皱特征。分析时，应注意地层界线的弯曲是与岩层产状和地形的影响有关，还是与次级褶皱有关。如是次级褶皱，应在剖面上反映出来。

（2）选定剖面位置。剖面线应尽可能垂直褶皱轴迹延伸方向，且能通过全区主要褶皱。剖面线应标绘在地质图上。

(3) 用与地质图相同的比例尺绘出地形剖面图。

(4) 在剖面线上和地形剖面上用铅笔标出背斜（如"∧"）和向斜（如"∨"）的位置。除标出明显的褶皱外，对剖面附近可能隐伏延展到剖面切过处的次级褶皱，也应将其轴迹线延到与剖面线相交处，并在剖面线和地形剖面上标出相应位置（图3-48）。

(5) 绘出褶皱形态。将剖面线切过的地层界线的交点和褶皱（包括次级褶皱）的转折端位置均投影到地形剖面上。在绘褶皱时，应注意以下几点：①剖面切过不整合界线时，应先画不整合面以上的地层和构造，然后再画不整合面以下的地层和构造，被不整合面所掩盖的地质界线和构造，可顺其延伸趋势延至剖面线上（图3-48中的 m 点），再将该点投影到不整合面，从此点绘出不整合面以下的地层界线和构造；②剖面切过断层时，先画断层，然后再画断层两侧的地层和构造；③绘褶皱时，应先从褶皱核部地层界线开始，然后逐次绘出两翼，并要注意表现出次级褶皱；④剖面线与地层走向斜交时，应先将地层倾角换算成剖面方向上的视倾角后再画入剖面，如剖面切过的地点无岩层产状数值，可按同一翼最邻近的产状数据来画；⑤褶皱同一翼的相邻岩层的倾角相差较大，上下岩层又是整合接触关系，这可能是岩

图 3-49　根据同一岩层厚度不变校正同翼岩层产状
(A) 校正前；(B) 校正后

层倾角局部变陡或变缓的表现，可据两翼同一岩层厚度基本不变的前提，在地表处的岩层倾角按所测值绘，向深处则加以适当修正，使之逐渐与主要产状协调一致（图3-49）；⑥轴面直立或近于直立的褶皱转折端的形态与它在平面上的倾伏端露头形态大致相似，在绘转折端形态时，也可根据枢纽倾伏角作纵向切面，先求出到所作剖面处核部地层枢纽的深度，然后再结合该层两翼倾角及枢纽位置绘成圆弧（图3-50）。

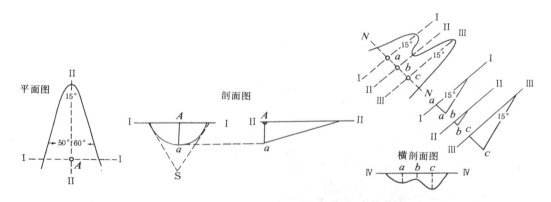

图 3-50　绘制褶皱转折端的方法

(6) 整饰地质剖面图。

（二）褶皱地区正交剖面图的绘制方法

褶皱正交剖面图是在垂直于褶皱枢纽的截面上投影而成的。这种图将地质图转动到便于

图 3-51　正交剖面投影原理
(据 E.S.Hills,1972)

顺着褶皱枢纽倾伏方向进行观察的位置,顺着枢纽倾伏方向观察产生缩短视线的"侧瞰构造"效应(图 3-51)。这种图是从地质图上用正投影方法绘制的。因此,一张反映褶皱形态出露较完整、标明有枢纽产状的、良好的地质图是绘制正交剖面图的基础。正交剖面图绘制方法和步骤如下:

(1) 在地质图上画等间距方格。其纵坐标与褶皱枢纽倾伏方向平行,横坐标与之垂直[图 3-52(A)中 1、2、3…及 a、b、c…]。

(2) 作正交剖面图上的网格。正交剖面图垂直于纵坐标,基线与横坐标平行并等长。垂直枢纽方向的横坐标[图 3-52(A)、(C)中的 1、2、3…]之间的间距保持不变,而平行枢纽的纵坐标(图 3-52(A)中的 a、b、c…)之间

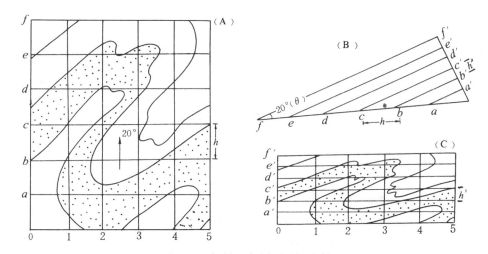

图 3-52　褶皱正交剖面图的绘制
(A) 地质图上画上等间距方格;(B) 计算正交剖面上横坐标间距缩短;(C) 正交剖面图;h 为原来的方格间距,h' 为缩短后的新间距,θ 为枢纽倾伏角

的间距则按 $h'=h \cdot \sin\theta$ 公式计算缩短(公式中 h 为原来坐标间距,θ 为枢纽倾伏角),或用作图法求出[图 3-52(B)],然后画出正交剖面图上的网格,其中 a'、b'、c'…是按缩短后的间距画的。

(3) 将平面图上的褶皱层界线与纵、横坐标的交点按在方格网上的位置标绘到正交剖面图坐标投影网格上的相应位置,并根据平面图上褶皱的露头形态将相邻的点连成线[图 3-52(C)],即得出顺枢纽倾伏方向观察的褶皱形象。

上述作图方法是以地面平坦为前提。如在地形起伏较大的地区作正交剖面图时,则应根据地形等高线进行地形校正,其方法较繁琐,在此不赘述。

三、作业

(1) 绘制暮云岭地形地质图(附图 10)A—B 剖面。

(2) 图 3-53 为某地平面地质图,图区的褶皱枢纽向正北倾伏,其倾伏角为 30°,试绘制该图区的横截面图。

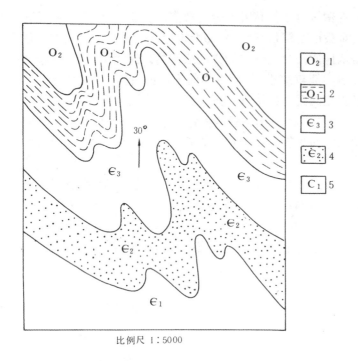

比例尺 1:5000

图 3-53 某地平面地质图
1. 白云岩；2. 炭质千枚岩；3. 泥质板岩；4. 硅质板岩；5. 石英片岩

实习三 编绘和分析构造等高线图

一、目的要求

（1）学会根据岩层标高（或埋藏深度）资料编绘构造等高线图。

（2）学会认识构造等高线所反映的构造形态。

二、说明

构造等高线图是用等高线来反映一特定岩层的顶面或底面（或某一构造面）的起伏形态的一种构造图，又称构造等值线图。这种图定量地、醒目地反映了地下构造，特别是褶皱的形态，是油气田、煤田和一些层状矿床的勘探和开采中经常要编绘的一种重要图件。

本次实习以钻孔资料为例介绍构造等高线图的编绘方法。

（一）构造等高线图的编绘方法

（1）换算目的层层面标高。所谓目的层是指选定用来反映地下构造的一个特定的岩层或矿层。要绘目的层面的等高线，就必须测定或换算出它在各处的标高。如图 3-54 所示，每个钻孔孔口地面标高减去到达目的层面的孔深，即得出每个钻孔处的目的层的层面标高，如钻孔 A 地面标高是 350m，到目的层面的孔深是 325m，则目的层 A 点标高为 25m。

（2）将计算结果标在地形图各个点上。如图 3-55 中"○(5/55)"，"○"为钻孔位置，"5"为孔号，"55"为该点目的层层面标高。

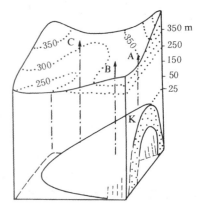

图 3-54 换算目的层层面标高示意图

（3）分析目的层层面高程的变化规律。找出目的层层面的最高点或最低点及高程突变位置（往往是可能存在断层的显示），分析层面高程变化趋势，初步确定构造形态类型和枢纽或脊线、槽线方位。如图 3-56，以 11 号孔为中心，附近各点高程的变化是，朝北西和南东方向变低，向北东方向也逐渐变低，故可以判断其是一个枢纽向北东倾伏的背斜，沿 11—9—7 的连线应大致是背斜枢纽或脊线的位置。

（4）连三角网。从估计的脊线最高点（或槽线最低点）开始，向相邻点连线，构成三角网（图 3-56）。连线时，应尽量垂直岩层走向，即在距离近、高差较大的方向上连线，避免将

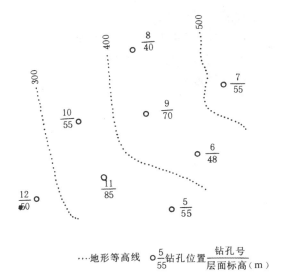
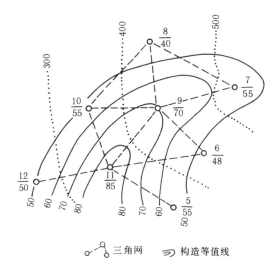

图 3-55　分析目的层层面高程变化的特点　　图 3-56　以图 3-55 的资料连三角网并绘等高线

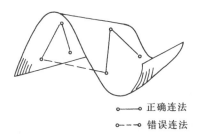

图 3-57　三角网连法示意图

不同翼上的点相连,以免歪曲构造形态(图 3-57)。

(5) 用插入法求等高线点。用透明方格纸作高程差线网,按所规定的等高线距,在三角网各边线上用内插法求出等高距点。高程差线网用法如图 3-58 所示,2 号孔层面标高为 65m,3 号孔层面标高为 82m,两者高差 17m。按等高线间距为 10m,应在两孔之间线段上求出 70m 和 80m 两高程点位置。将差线网盖在图上,

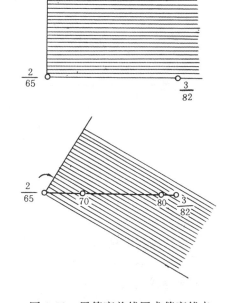

图 3-58　用等高差线网求等高线点

使其一基线与 2 号孔吻合,此基线即为 65m。用大头钉固定 2 号孔,转动高程差线网,使自基线起算与 3 号孔标高相等的网上的一条线与 3 号孔重合,则等高差线网中相对应的 70m 和 80m 线与 2—3 连线的交点即为所求的等高线点。

(6) 绘等高线。以平滑曲线连接等高点即得出等高线(图 3-59)。连线时,应从最高(或最低)线向外依次完成。绘等高线时,要注意相邻等高线的形态与之协调,也要注意高程的

突变，以免遗漏断层。

(二) 分析构造等高线图

类似于用地形等高线图分析认识地形起伏形态，用构造等高线图可以认识和分析由目的层面的起伏形态所反映的构造特征。

(1) 分析构造类型。如图 3-59，从等高线圈闭形状和高程变化，可直接定量地表现出背斜、向斜和一些褶皱形态变化的细节。若出现等高线的错开或重叠等异常现象，则为断层（图 3-60）。

(2) 分析构造的产状变化。等高线延伸方向表现岩层走向及其变化。等高线

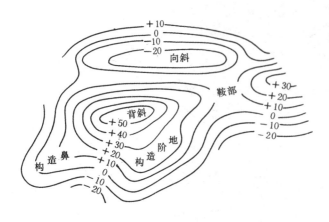

图 3-59 褶皱形态在构造等高线图上的表现

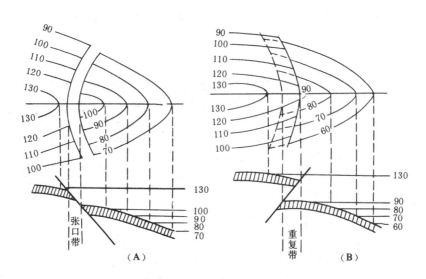

图 3-60 断层在构造等高线图上的表现
(A) 正断层；(B) 逆断层

的疏密反映了岩层倾角的陡缓。用作图法可在构造等高线图上求出层面各点的产状。用实线和虚线的重叠表示出岩层倒转（图 3-61）。沿轴向等高线的疏密及高程变化反映了枢纽或脊线、槽线的纵向起伏变化。

(3) 分析构造组合。在较大区域的构造等高线图上，可以看到地下的褶皱及褶皱与断层的组合关系。在资料较丰富、编绘较精细的构造图上，还可以反映出次级构造形态。

三、作业

(1) 编制凉风垭地区（附图 12）中侏罗统介壳灰岩顶面等值线图。①根据表 3-2 中的凉风垭地区由钻孔资料所得的中侏罗统介壳灰岩顶面标高资料，在凉风垭地形图上绘制该层顶面构造等值线图（等高线间距为 10m 或 5m）。所有钻孔和编号以及大部分目的层标高已标注在地形图上，部分未注出标高的钻孔，根据钻孔地面高程和钻孔深度，换算出该点标高，并

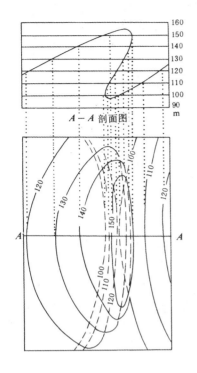

图 3-61 倒转褶皱在构造等高线图上的表现

表 3-2 凉风垭地区 J_2 介壳灰岩深度及顶面标高数据

钻孔号	深度(m)	目的层标高(m)	钻孔号	深度(m)	目的层标高(m)
1	180	70	16	220	90
2	195	80	17	200	100
3	235	60	18	240	70
4	305	40	19	205	95
5	249		20	196	
6	210		21	207	
7	170	100	22	178	
8	190	70	23	198	
9	200	70	24	195	
10	170	100	25	220	80
11	190		26	200	80
12	233	60	27	207	
13	207	70	28	175	70
14	223	60	29	155	
15	220	70			

填入表内和标注在图上相应孔位上。②分析所绘出的构造等高线图上的构造形态，并作简要描述。

(2) 编制黄庄地区白垩系灰岩顶面构造等值线图。①附图 13 是黄庄白垩系灰岩顶面的标高资料，据此资料编制构造等值线图。②分析描述所编制出的构造等值线图上的构造形态。③在图上标出脊线和槽线，求出 P、Q 两处的产状。

第四章 断层的几何分析

本章要点：断层的几何要素、断距、正断层、逆断层及平移断层的特征和组合型式、断层岩、断层的识别和位移方向的确定。

岩石受力而破裂的现象称断裂。岩石在破裂变形阶段产生的构造称断裂构造。断裂构造使岩石的连续性和完整性遭到破坏，并可使破裂面两侧岩块沿破裂面发生位移。凡破裂面两侧的岩石沿破裂面没有发生明显的相对位移或仅有微量位移的断裂构造，称为节理；若破裂面两侧的岩石沿破裂面发生了较大和明显的相对位移的断裂构造，则称为断层。断裂构造是地表上发育最广泛、最常见的一种地质构造。

第一节 断层的要素和命名

断层与节理均为地壳浅层中发育的断裂构造，其区别是人为的，只取决于观测的尺度。断层为沿破裂面发生明显位移的断裂构造。断层是发育广泛、具有重要意义的构造。大型断层不仅控制区域地质的结构和演化，也控制和影响区域成矿作用；一些中小型断层可决定矿床和矿体的产状。活动性断层会直接影响水文工程建筑，甚至引发地震。因此，断层的研究具有重要的理论意义和实际意义。

地壳表层岩石一般为脆性，随着向地下深处温度和压力的增高，岩石转变为韧性。因此，地壳岩石中的断裂表现出层次性，即浅层次为脆性断裂，形成脆性断层，或简称断层；在较深或深层次则形成韧性断层或称韧性剪切带，两者之间还存在过渡层次。

一、断层的几何要素和位移

（一）断层的几何要素

断层是一个破裂面或破碎带，沿此破裂面或破碎带两侧的岩块已发生过明显的位移。

断层是一种面状构造，为了观察和描述断层的空间形态，首先需要明确断层的几何要素，即断层面和断盘。

1. 断层面

断层面是一个将岩块或岩石断开成两部分并藉以滑动的破裂面。它的空间位置由其走向、倾向、倾角来确定。断层面往往不是一个平直的、产状稳定的面，沿其走向或倾向均可发生变化，甚至形成曲面。

大型断层一般不是一个简单的面，而是由一系列破裂面或次级断层组成的带，即断层（裂）带。断裂带内夹有（或伴生）被搓碎的岩块、岩片及各种断层岩。断层规模越大，则断层带越宽、越复杂,并常呈现分带性。

断层面与地面的交线称断层线,即断层的出露线。断层线的形态取决于断层面的产状、地面起伏及断层面的弯曲度。

2. 断盘

断盘是断层面两侧沿断层面发生相对位移的岩块。若断层面是倾斜的,位于断层面上侧的岩块为上盘,位于下侧的岩块称下盘;如果断层面直立,则按断盘相对于断层走向的方位描述,如东盘、西盘,或北东盘、南西盘;若两盘相对滑动,相对上升的一盘叫上升盘,相对下降的一盘叫下降盘。

(二)位移

断层两盘的相对运动可分为直移运动和旋转运动。直移运动为两盘相对平直滑移,两断盘上未错断前的平行直线在运动后仍然平行;旋转运动是两盘以断层面法线为轴相对转动滑移,两断盘上未错动前的平行直线在运动后不再平行。多数断层常兼具有直移和旋转两种运动。

断层位移的方向和大小是断层研究中的重要问题。位移的测定因受多种因素的影响出现各种划分方案和繁多的术语,下面介绍一些较通用的术语。

1. 滑距

滑距是指断层两盘实际的位移距离,即错动前的一点在错动后分成的两个对应点之间的实际距离。两个对应点之间的真正位移距离称为总滑距〔图 4-1(A)之 ab〕。

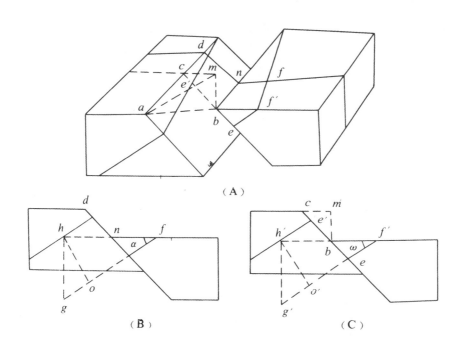

图 4-1 断层的滑距和断距

(A)断层位移立体图;(B)垂直于被错断岩层走向的剖面图;(C)垂直于断层走向的剖面图

走向滑距〔图 4-1(A)之 ac〕 是总滑距在断层面走向线上的分量。走向滑距与总滑距之间的锐夹角（∠cab）是总滑距（或擦痕）在断层面上的侧伏角。

倾斜滑距 [图 4-1（A）之 cb] 是总滑距在断层面倾斜线上的分量。

水平滑距 [图 4-1（A）之 am] 是总滑距在水平面上的投影长度。

总滑距、走向滑距、倾斜滑距在断层面上构成直角三角形关系。

2. 断距

断距是指被错断岩层在断层两盘产状未改变的条件下其对应层之间的相对距离。在不同方位的剖面上，断距值是不同的，下面仅将垂直于岩层走向和垂直于断层走向的剖面上各种断距分述之。

(1) 在垂直于被错断的岩层走向的剖面上 [图 4-1（B）]，可测得的断距有：

地层断距是断层两盘上对应层之间的垂直距离 [图 4-1（B）之 ho]。

铅直地层断距是断层两盘上对应层之间的铅直距离 [图 4-1（B）之 hg]。

水平地层断距是断层两盘上对应层之间的水平距离 [图 4-1（B）之 hf]。

以上三种断距构成一定直角三角形关系，即图 4-1（B）之 $\triangle hof$，其中 α 为岩层倾角。若已知岩层倾角和上述三种断距中的任一种断距，即可求出其它两种断距。

(2) 在垂直于断层走向的剖面上 [图 4-12（C）]，可测得与垂直于岩层走向剖面上相当的各种断距，即图 4-1（C）中之 $h'o'$、$h'g'$、$h'f'$。当岩层走向与断层走向不一致时，除铅直地层断距在两个剖面上相等外，在垂直于岩层走向剖面上测定的地层断距和水平地层断距都小于在垂直于断层走向的剖面上测得的数值。在图 4-1（B）、（C）中，因 $\alpha > \omega$（倾角大于视倾角），故在 $\triangle hog$、$\triangle hof$ 与 $\triangle h'o'g'$、$\triangle h'o'f'$ 中，仅 $hg = h'g'$，而 $ho < h'o'$，$hf < h'f'$。其中，$h'o'$ 称视地层断距，$h'f'$ 称视水平地层断距。

在矿山开采中，为设计竖井和平巷的长度，还常常采用平错和落差一类断距术语。如图 4-2，在垂直岩层走向的剖面上，$\triangle XYZ$ 为直角三角形，XY 为落差，YZ 为平错。

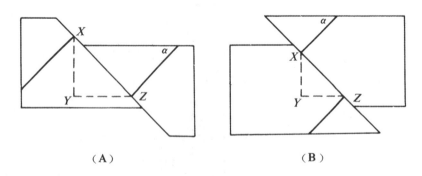

（A）　　　　　　　　　　（B）

图 4-2 断层平错和落差

α 为岩层倾角

二、断层的基本类型

断层分类涉及较多因素，如地质背景、运动方式、力学机制和各种几何关系等方面。因此，有各种不同的断层分类，现仅对目前常用的分类加以介绍。

（一）按断层与有关构造的几何关系分类

1. 根据断层走向与岩层走向的关系划分

(1) 走向断层：断层走向与岩层走向基本一致。
(2) 倾向断层：断层走向与岩层走向基本直交。
(3) 斜向断层：断层走向与岩层走向斜交。
(4) 顺层断层：断层面与岩层层理面基本一致。

2. 根据断层走向与褶皱轴向（或区域构造线）之间的几何关系划分

(1) 纵断层：断层走向与褶皱轴向一致或断层走向与区域构造线方向基本一致。
(2) 横断层：断层走向与褶皱轴向直交或断层走向与区域构造线基本直交。
(3) 斜断层：断层走向与褶皱轴向斜交或断层走向与区域构造线斜交。

（二）按断层两盘相对运动分类

根据断层两盘的相对运动，可将断层分为正断层、逆断层和平移断层几类（图4-3）。

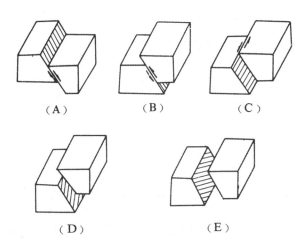

图 4-3 按断层两盘相对运动划分的断层和组合性命名断层

(A) 正断层；(B) 逆断层；(C) 平移断层；(D) 逆-平移断层
(E) 正-平移断层；断层面上的线条代表滑动方向

1. 正断层

正断层的上盘沿断层面相对向下滑动，下盘相对向上滑动[图 4-3（A）]。正断层倾角一般较陡，大多在 45°以上，常大于 60°。近年研究发现，也有一些正断层的倾角很低缓，尤其是某些大型正断层陡直的断层面，向地下深处常常变缓。

在伸展地区浅部的高角度正断层，向深处常呈铲形变缓，最后若干个高角度正断层联合成一个较大规模的低角度正断层，这类断层称为剥离断层。剥离断层常造成浅层次年轻地层直接覆盖在深层次的老地层之上（图 4-4）。

通常中小型正断层带内岩石破碎相对不太强烈，角砾岩中之角砾多带棱角，超碎裂岩较不发育，一般没有强烈挤压形成的复杂小褶皱。

图 4-4 伸展构造及相伴产生的正断层

(据马杏垣，1984)

2. 逆断层

逆断层的上盘沿断层面相对向上滑动，下盘相对向下滑动[图 4-3（B）]。根据断层面倾角大小，可分为高角度逆断层和低角度逆断层。高角度逆断层面倾斜陡峻，倾角大于45°，常常在正断层发育区产生，所以有些学者将高角度逆断层与正断层统一归属于高角度断层；倾角小于45°（一般多在30°左右或更小）的逆断层，称为低角度逆断层。逆冲断层是位移量很大的低角度逆断层，倾角一般在30°左右或更小，位移量一般在数公里（通常指5km以上）（图4-5）。

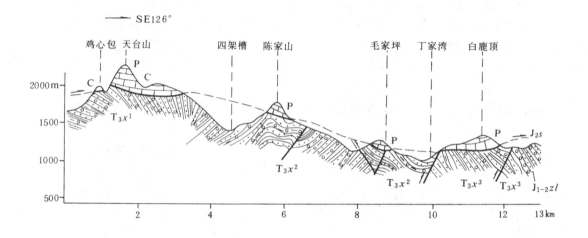

图 4-5 四川彭县逆冲推覆构造
（据四川区测二队，1979）

逆冲断层常常显示出强烈的挤压破碎现象，如断层带常形成角砾岩、碎粒岩和超碎裂岩等断层岩，以及反映强烈挤压的揉皱和劈理化等现象。

大型逆冲断层的上盘因是从远处推移而来的，故称其为外来岩块（体）；下盘则因相对未动而称为原地岩块（体）。推覆体是指外来岩块（体），因其总体呈平板状，又称逆冲岩席。逆冲断层与推覆体共同构成逆冲推覆构造（或称推覆构造）。

逆冲推覆构造形成后，该地区遭受强烈侵蚀切割，将部分外来岩块剥掉而露出下伏原地岩块，表现为在一片外来岩块中露出一小片由断层圈闭的原地岩块，常常是较老地层中出现一小片由断层圈闭的较年轻地层，这种被断层圈闭的地质体为构造窗（图4-6）；如果剥蚀强烈，在大片原地岩块上地势较高的地方仅残留小片孤零零的外来岩块，表现为在原地岩块中残留一小片由断层圈闭的外来岩块，常常是较年轻的地层中出现一小片由断层圈闭的较老的地层，这种被断层圈闭的地质体为飞来峰（图4-6）。如图4-5所示，石炭、二叠系组成的飞来峰叠于较新的中生代地层之上。

3. 平移断层

平移断层是断层两盘顺断层面走向相对移动的断层［图4-3（C）］。规模巨大的平移断层常称为走向滑动断层（简称走滑断层）。根据两盘相对滑动的方向，又可进一步命名为右行平移断层和左行平移断层。左行或右行是指垂直断层走向观察断层时，对盘向右滑动还是向左滑动。向右滑为右行，向左滑为左行。平移断层面一般陡立，甚至直立。

4. 顺层断层

顺层断层是顺着层面、不整合面等先存面滑动的断层。当层间滑动达到一定的规模并具有明显的断层特征时,则形成顺层断层。顺层断层一般顺软弱层发育,断层面与原生面基本一致,很少见切层现象。

断层两盘往往不是完全顺断层面的倾向或走向相对滑动,而是沿与其呈斜交的方向滑动,于是断层常具有正、逆与平移的过渡性质。这类断层一般采用组合命名,称之为平移-逆断层、逆-平移断层、平移-正断层和正-平移断层。根据习惯,组合命名的后者表示主要运动分量[图 4-3(D)、(E)]。

图 4-7 是一条断层的下盘,两条虚线分别代表断层面的走向线和倾斜线,MM 和 NN 分别代表与断层走向线和倾斜线呈 45°的斜线,箭头示上盘滑动方向。凡断层滑动线的侧伏角在 80°以上的断层,属正(或逆)断层,如图 4-7 中 OA—OB 范围内的断层;凡侧伏角在 10°以下的断层,属平移断层,如图 4-7 中 OE—OF 范围内的断层;凡侧伏角在 45°—80°之间的断层,属平移-正(或逆)断层,如图 4-7 中 OB—OM 或 OA—ON 范围内的断层;凡侧伏角在 10°—45°之间的断层,属正(或逆)-平移断层,如图 4-7 中 OE—OM 或 OF—ON 范围内的断层。

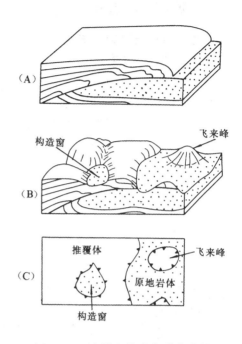

图 4-6 飞来峰和构造窗形成过程
(据 M. Mattauer,1980)
(A)、(B)为立体图;(C)为平面图

正、逆、平移断层的两盘相对运动都是直移运动,事实上有许多断层常常有一定程度的旋转运动。断盘的旋转有两种情况:一种是旋转轴位于断层的一端,表现为在横切断层走向的各个剖面上的位移量不等[图 4-8(A)];一种是旋转轴不位于断层的端点,表现为旋转轴两侧的相对位移方向不同,如一侧为上盘上升,另一侧则为上盘下降[图 4-8(B)]。两种旋转均使两盘中岩层产状不一致。旋转量比较大的断层,可称为枢纽断层(图 4-8)。

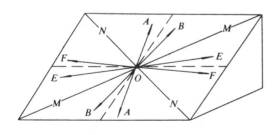

图 4-7 根据断层两盘滑动线的侧伏角的断层命名

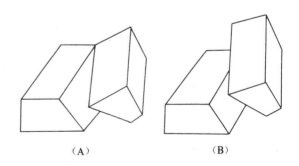

图 4-8 两种旋转的枢纽断层

以两条走滑断层或一组雁列走滑断层为边界形成的断陷盆地称拉分盆地。盆地常呈菱形,其长边是走滑断层,短边是正断层。

三、断层的组合型式

断层可以单条发育，但在一定范围内和一定地质背景条件下往往成群出现并呈有规律的组合型式，现将各类断层的组合型式概述如下：

（一）正断层的组合型式

1. 阶梯状断层

阶梯状断层是由若干条产状基本一致的正断层组成，各条断层上盘依次向同一方向降落，构成阶梯状（图 4-9）。

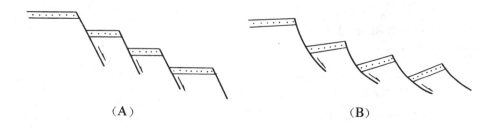

图 4-9 阶梯状断层（A）和抬斜断块（B）

阶梯状断层在区域性抬升过程中，断盘常沿弧形的断层面发生一定的旋转而构成阶梯状抬斜断块〔图 4-9（B）〕。在地形上表现为单面山或山谷间列的景观。一些在地质历史中发育的阶梯状抬斜断块，在地形上已不明显，反映在断陷沉积上为一系列平行的箕状构造（图 4-10）。这类箕状构造在我国东部中、新生代盆地中十分发育。

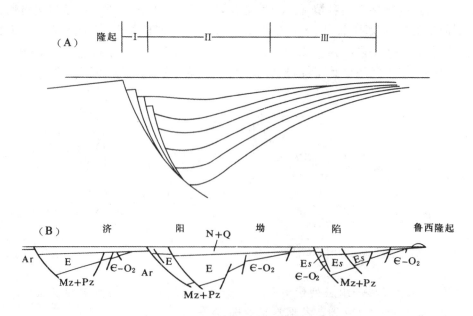

图 4-10 山东济阳断坳中的箕状构造
（据石油工业部，1980）

（A）箕状断陷构造结构示意图，其中 I 为断阶带，II 为深凹带，III 为斜坡带；（B）山东济阳断坳中的箕状断陷构造

2. 地堑和地垒

地堑主要由两条走向基本一致、相向倾斜的正断层组成,两条正断层之间有一个共同的下降盘[图4-11(A)]。地垒则主要由两条走向基本一致、倾斜方向相反的正断层构成,两条正断层之间有一个共同的上升盘[图4-11(B)]。组成地堑和地垒两侧的正断层可以单条产出,也可由数条产状相近的正断层组成,形成两个依次降落的阶梯状断层带。从区域地质构造看,地堑比地垒发育更广泛,具有更重要的地质意义。

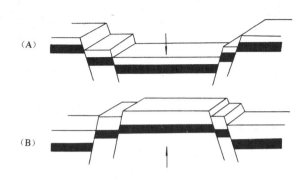

图 4-11 地堑(A)和地垒(B)

3. 环状断层和放射状断层

若干条弧形或半环状断层围绕着一个中心成同心圆状排列,称环状断层。若干条断层自一个中心成辐射状排列,即构成放射状断层。两者可以在同一构造上产出,也可以单独发育(图4-12)。

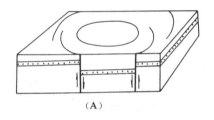 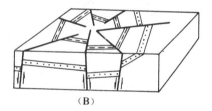

图 4-12 环状断层(A)和放射状断层(B)

4. 雁列式断层和块断型断层

由若干条呈斜向错列展布的正断层构成雁列式断层(图4-13)。两组方向不同的大中型正断层相互切割时,构成方格状或菱形断块或方格网式组合,称为块断型断层。

在正断层广泛发育的地区,可由一种型式的组合为主,也可由各种类型相互结合或相互过渡共同构成区域构造格局。

(二)逆断层的组合型式

1. 叠瓦式逆冲断层

这是逆冲断层最主要、最常见的组合型式。由一系列产状相近的逆冲断层上盘依次向上逆冲组成,在剖面上构成叠瓦状(图4-14)。

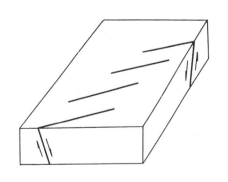

图 4-13 雁列式断层

叠瓦状构造常表现为前(上)陡后(下)缓,成凹向上方的弧形。叠瓦式逆冲断层的各

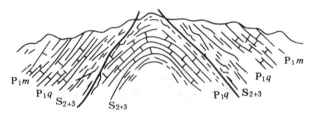

图 4-14 单冲叠瓦式逆冲断层系（扇）

条断层向下常汇拢成一条主干断层，其总体呈帚状。

2. 对冲式断层和背冲式断层

对冲式断层是由两条相反倾斜、相对逆冲的逆冲断层组成。小型对冲式断层常与背斜构造伴生（图 4-15）；大型对冲式断层则产出于拗陷带边缘，自两侧隆起分别向拗陷带内逆冲。背冲式逆冲断层是由两条或两组相向倾斜的逆冲断层组成，自一个中心分别向两个相反方向逆冲，一般自背斜核部向外撒开逆冲（图 4-16）。

图 4-15 四川广元月明峡背斜对冲式断层
（据四川第二区测队，1979）

图 4-16 背冲式逆冲断层

3. 楔冲式断层

老岩系一侧逆冲于新地层之上，另一侧则与新地层呈正断层接触，形成上宽下窄的楔形断

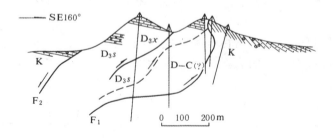

图 4-17 湖南衡阳谭子山楔状冲断体

片，称楔冲式断层或楔状冲断体构造。这种冲断体本身又可由次级叠瓦式断层组成（图 4-17）。

第二节　断层的识别和断层岩

野外观测是断层研究的基础，识别断层并确定断层类型的主要方式是野外观测。

一、断层的识别

断层活动总会在产出地段的有关地层、构造、岩石或地貌等方面反映出来，即形成了所谓的断层标志，这些标志是识别断层的主要依据。

（一）地貌标志

断层活动及其存在常常在地貌上有明显的表现，这些由断层引起的地貌现象是识别断层的直接标志。

1. 断层崖和断层三角面

由于正断层两盘的相对滑动，特别是在差异性升降变动中，上升盘的断层面在地貌上常形成陡立的峭壁，称之为断层崖。

断层崖受到与崖面垂直方向的水流侵蚀、切割被改造成沿断层走向分布的一系列三角形陡崖，这种三角形陡崖即为断层三角面（图 4-18）。

图 4-18　河南偃师五佛山断层形成的断层三角面
（据马杏垣等，1980）

2. 山脊错断和水系改向

错断的山脊往往是断层两盘相对位移所致。横切山岭走向的平原与山岭的接触带往往是一条较大的断层。断层的存在常常影响水系的发育，引起河流遇断层急剧转向，甚至河谷错断。

3. 串珠状湖泊和洼地与带状分布的泉水

由断层活动引起的断陷常形成串珠状的湖泊和洼地，如云南沿小江断裂带形成一系列呈南北向串珠状展布的湖泊和盆地。

泉水呈带状分布亦为断层存在的标志，沿现代活动断层还会分布一系列温泉。

（二）构造标志

断层活动引起的构造现象是断层存在的重要依据。

1. 构造线和地质体的不连续

地层、矿层、岩脉、岩体、不整合面、片理或相带、岩体与围岩的接触带、在平面或剖面上褶皱的轴迹等突然中断或被错开，是断层存在的直接标志（图 4-19）。

2. 构造强化带

构造强化现象包括岩层产状急剧变化、节理化带、劈理化带的突然出现，小褶皱急剧增加以及岩石挤压破碎、构造透镜体和各种擦痕等（图4-20）。

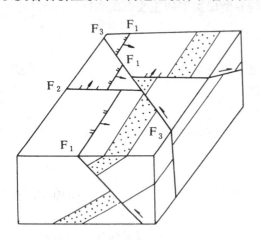

图4-19 断层引起的构造不连续现象
F_1为走向断层，F_2为倾向断层，F_3为斜向断层

（三）地层标志

一套顺序排列的地层，由于走向断层的影响，常常造成一层或部分地层的重复或缺失，即当断层走向和岩层走向一致，且经剥蚀夷平作用使两盘地层处于同一水平地面上时，会使原来顺序排列的地层部分或全部重复[图4-21（A）、(C)、(E)]，在另一些情况下则会造成一层或数层地层缺失[图4-21（B）、(D)、(F)]。

图4-20 西藏雅鲁藏布江断裂带内透镜化
和片理化岩石
（据宋鸿林摄，范崇彦素描，1978）
1为石英绿泥石片岩，2为绿泥石片岩，3为透镜体化石英脉

由于断层性质（即正断层或逆断层）不同，断层与岩层的倾向、倾角不同，会造成六种基本的重复和缺失情况[图4-21与表4-1中的（A）、(B)、(C)、(D)、(E)、(F)是相互对应的]。

表4-1 走向断层造成的地层重复和缺失

断层性质	断层倾斜与地层倾斜的关系		
	二者倾向相反	二者倾向相同	
		断层倾角大于岩层倾角	断层倾角小于岩层倾角
正断层	重复（A）	缺失（B）	重复（C）
逆断层	缺失（D）	重复（E）	缺失（F）
断层两盘相对动向	下降盘出现新地层	下降盘出现新地层	上升盘出现新地层

（四）其它标志

1. 岩浆活动和矿化作用

大断层，尤其是切割深度很大的断层，常常是岩浆和热液运移的通道和储集场所，常造

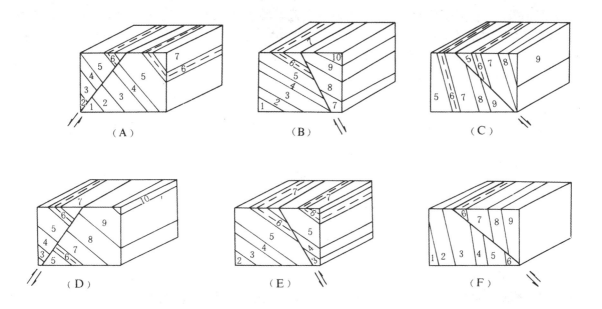

图 4-21 走向断层造成的地层重复 [(A)、(C)、(E)] 和缺失 [(B)、(D)、(F)]

成沿一条线断续分布的矿化带、硅化带或热液蚀变带等。这类现象常指示大断层或断裂带的存在。放射状、环状岩墙群也指示断裂的存在。

2. 岩相或厚度的变化

当某一地区沉积岩相和厚度沿一条线发生急剧的变化时,即可能是断层活动的结果。或是由于断层远距离的推移,使岩相和厚度相差甚远的同时代地层相接触;或是由于同沉积断层的活动使断层两盘因断层活动控制了沉积作用,使同时代地层的岩相和厚度在断层两盘发生显著差异。

二、断层面产状的测定

在观测和研究断层时,应尽可能测定断面产状。断层面有时显露于地表,可以直接测定;有时没有出露,只能间接测定。如果断层面比较平直、地形切割强烈且断层线出露良好,可以根据断层线的"V"字形来判定断层面的产状。

隐伏断层的产状主要是根据钻孔资料,用三点法予以测定。利用物探资料也可判定断层产状。

断层伴生和派生的小构造也有助于判定断层产状,如断层伴生的剪节理带和劈理带,一般与断层面近一致,而断层派生的同斜紧闭揉褶带、片理化断层岩的面理以及定向排列的构造透镜体带等,常与断层面成小角度相交。这些小构造变形愈强烈、愈压紧,说明其与断层面愈接近。需要指出的是,这些小构造的产状常常是易变的,应大量测量并进行统计分析方能确定其代表性的产状,然后加以利用。

在确定断层面产状时,要充分考虑到断层产状沿走向和倾向可能发生的变化。许多断层,尤其是逆冲断层的断层面,常成波状起伏或台阶式。对于这种波状性的原因和解释是多样的:一种可能是岩石沿两组交叉剪切面发生破裂,在断层发育过程中经进一步的挤压和摩擦而形成波状弯曲;另一种可能是大断层形成前由分散的初始小断裂逐渐联合而形成的,由于联合的方式不同，可以有折线状、正弦曲线状或花冠状等（图4-22）。至于台阶式，主要是逆冲断层中断坪与断坡交替变化的结果。台阶式可以在进一步变形发展中改变为波状或更复杂的形

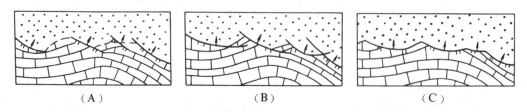

图 4-22　花冠状走向大断裂形成示意图
（据 МВГзовский，1978，略修改）
(A)、(B)、(C) 表示大断裂形成过程

态。此外，各套岩系的岩性差异、不同深度物理条件对断裂的影响以及多期变形等，也都影响断层产状及产状的变化。区域性逆冲断层以及一些正断层，常表现为上陡下缓的犁式。总之，不要简单地把局部产状作为一条较大断裂的总的产状，也不能认为某类断层一定具有某种固定形态。至于切割很深的大断裂，其产状总是具有一定的变化，如隆起边缘的大断层，地表常为低角度逆冲断层，向深处倾角可逐渐变大，甚至直立（图4-23）。

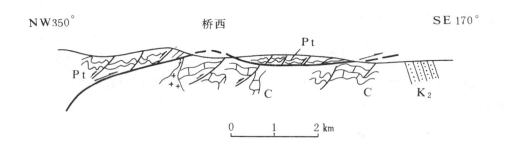

图 4-23　江西宜丰九岭隆起南缘逆冲断层向地下变为高角度断层

三、断层岩

断层岩是断层带中或断层两盘岩石在断层作用中被改造形成的，是具有特征性结构、构造和矿物成分的岩石。

断层从产出的构造层次上分为脆性断层和韧性断层，断层岩也相应地分为与浅层次脆性断层伴生的碎裂岩系列及与深层次或者中深层次韧性断层伴生的糜棱岩系列。对于长英质岩石，糜棱岩形成深度为 10—15km，相当于低级绿片岩相的温、压条件。

断层岩的研究可以提供有关断层的大量信息。近年来，随着断层研究的深入，对断层岩的研究，尤其是糜棱岩的研究，已成为当前构造地质学领域中一个引人注目的课题。

断层岩的研究是研究断层的一个重要方面，因为：①断层岩是断层存在的良好标志；②断层岩的属性（是碎裂岩系还是糜棱岩系）可以指示断层的属性（是脆性断层还是韧性断层）；③利用断层岩可以测定断层形成时的温度和压力条件，为分析断层形成深度和形成环境

的温、压状态提供基本依据；④断层岩发育程度和展布状况以及各类断层岩的交织叠加和改造情况可以提供有关断层规模、活动史、活动深度的变化等有关信息；⑤断层岩的结构可以为分析研究断层两盘的相对运动方向提供依据。

近年来，断层岩研究的重要进展是将断层岩划分为两大系列。过去把断层岩均作为岩石在脆性状态下断层两盘挫动研磨的结果，其随着研磨作用的增强而细粒化，进而根据碎块颗粒的大小分为断层角砾岩、碎裂岩、糜棱岩、片理化岩等。现在已经确证，对于碎裂岩系列，细粒化程度决定于脆性变形下岩石破碎的程度；对于糜棱岩系列，细粒化取决于塑性变形状态和重结晶程度。

碎裂岩系列一般包括断层角砾岩、碎粒岩或碎斑岩、碎粉岩、假玄武玻璃和断层泥等。

1. 断层角砾岩

断层角砾岩是由保持原岩特点的岩石碎块组成。角砾胶结物为磨碎的岩屑、岩粉以及岩石压溶物质和外源物质。断层角砾岩中角砾的棱角常被磨蚀，因此，角砾多成透镜状、椭圆状。角砾常具有定向排列，有时排成雁列式（图4-20、4-24）。胶结物有时也显示定向排列的特点，围绕角砾排列，甚至发育成劈理（图4-20）。也有一些断层角砾岩中的角砾是带棱角的，这类角砾岩中的角砾形状多不规则，大小不一，杂乱无章。角砾岩中的角砾一般在2mm以上。

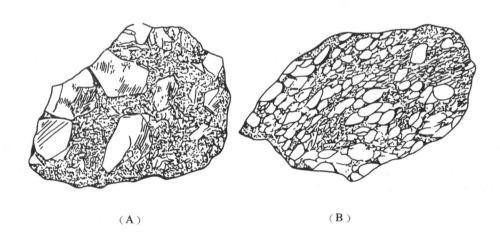

图 4-24 苏州逆冲断层中的断层角砾岩

（据孙岩、韩克从，1982）

（A）角砾呈尖棱角状，排列无序；（B）角砾呈透镜状，定向排列

角砾岩的种类很多，如不整合面上的底砾岩、火山角砾岩、同生角砾岩、膏盐角砾岩、岩溶角砾岩等，在野外工作中应注意区分。

断层角砾岩与其它角砾岩区分的主要标志是看角砾与围岩是否有同源关系，是否顺层发育，是否有磨擦搓碎现象等。

2. 碎粒岩或碎斑岩

碎粒岩是被断层两盘研磨得更细的断层岩，碎粒岩是由原岩的岩粉或细粒或原岩的矿物碎粒组成的。在偏光显微镜下，岩石具有压碎结构。碎粒岩中如残留一些较大矿物颗粒，则构成碎斑结构，这种岩石可称为碎斑岩。碎粒岩的颗粒一般在0.1—2mm。

3. 碎粉岩

碎粉岩的岩石颗粒被研磨得极细，粒度比较均匀，一般在 0.1mm 以下，这种岩石也可称为超碎裂岩。

4. 假玄武玻璃

如果岩石在强烈研磨和错动过程中局部发生熔融，而后又迅速冷却，会形成外貌似黑色玻璃质的岩石，称为玻化岩，或称假玄武玻璃。玻化岩往往成细脉分布于其它断层岩中。

5. 断层泥

如果岩石在强烈研磨中成为泥状，单个颗粒一般不易分辨，仅含少量较大碎粒，这种未固结的断层岩可称为断层泥。对比原岩成分与断层泥成分，发现两者不尽相同，这说明断层泥的细粒化不仅有研磨作用，而且有压溶作用等。

第三节 断层位移方向的确定

断层类型的划分是依据断层两盘相对位移的方向来确定的。根据岩层被断层错动后在平面和剖面上的出露位置，可以判定断层类型，但某些断层，如倾向正（逆）断层和倾向平移断层，它们在平面和剖面上出露的特点是相似的。因此，必须依据断层活动留下的遗迹或伴生现象等，才能准确地判定断层两盘相对位移的方向。

一、断层效应

广义的断层效应是泛指断层引起的所有现象，这里讨论的断层效应主要是指斜向断层和横向断层引起标志层的视错动。由于岩层与断层复杂的交切关系以及两盘滑动引起的标志层在平面和剖面上的视错动，常常难于从标志层的相对视错动上正确判定两盘的相对滑动或断层的性质。例如倾向正断层，在平面上可能造成平移滑动的错觉。产生错觉的主要原因在于未能从主体和实际位移诸因素来全面分析两盘的错动。如图 4-25 是一个被一条横向平移为主的断层切断的背斜，但在两翼的纵剖面上却分别显示正断层和逆断层的错觉。下面我们从几个不同的方面，对这个问题加以讨论。

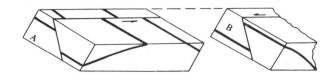

图 4-25 横向平移为主的断层在背斜两翼的纵剖面上分别显示正断层和逆断层的效应
（据 Gill，1935，略修改）

（一）正（逆）断层引起的效应

当倾向断层的两盘沿断层倾斜方向滑动时，侵蚀夷平后在水平面上两盘岩层表现为水平错移，给人以平移断层的假象（图 4-26）。从图 4-26（B）可以看到，在水平面上显示上升盘的岩层界线向岩层倾斜方向错动，其水平地层断距的大小决定于总滑距和被错断岩层的倾角。当总滑距愈大、岩层倾角愈小时，水平地层断距越大。

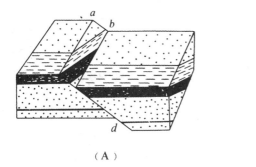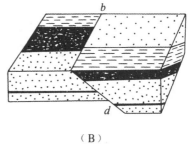

图 4-26 倾向正断层（A）在水平面上引起的平移断层的假象（B）
（据 M.B.Billings，1956）

（二）平移断层引起的效应

倾向断层顺断层面走向滑动时，剖面上会表现为正（逆）断层。如图 4-27 向岩层倾向平移错动的一盘在剖面上表现为上升盘，铅直地层断距的大小决定于总滑距和岩层的倾角。若总滑距愈大、岩层倾角越大，则铅直地层断距也愈大。

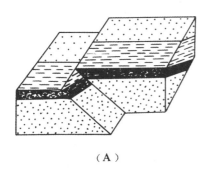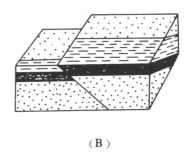

图 4-27 倾向平移断层（A）在剖面上引起的逆断层的假象（B）
（据 M.B.Billings，1956）

上述情况说明倾向正（逆）断层和倾向平移断层引起的平面和剖面效应是相似的。因此，在野外观察断层时，不能仅从水平面或剖面上的岩层错移判断断层类型。

（三）平移-正（逆）断层或正（逆）-平移断层引起的效应

当倾向断层的上盘沿断层面斜向下滑时，会出现三种效应：①当滑移线与岩层在断层面上的交迹线平行时，不论总滑距大小，在平面或剖面上岩层好象没有错移（图 4-28）；②当滑移线位于岩层在断层面上交迹线的下侧时，在剖面上表现为正断层，而在平面上则表现为平移断层；③如果滑移线位于岩层在断层面上交迹线的上侧，则在剖面上表现为逆断层，在平面上表现为平移断层（图 4-29）。

（四）横断层错断褶皱引起的效应

褶皱被横断层切断后，在平面上有两种表现，一是断层两盘中褶皱核部宽度的变化，另一是褶皱轴迹的错移。

如果横断层完全沿断层走向滑动，则核部在两盘的宽度相等，但核部错开。如果两盘沿断层倾斜方向滑动，则两盘中褶皱核部宽度不等。若为背斜，上升盘核部变宽[图 4-30（A）]；

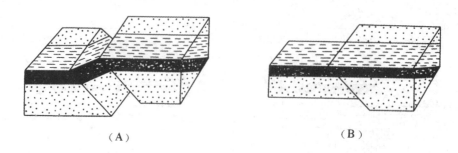

图 4-28 滑移线与岩层在断层面上的交迹线平行,在剖面(A)和在平面(B)上岩层好象未被错动
(据 M.B.Billings, 1956)

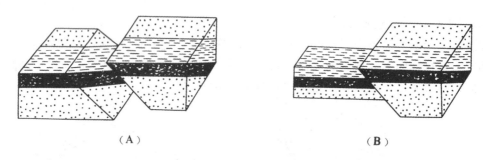

图 4-29 滑移线位于岩层在断层面上交迹的上侧,在剖面上表现为逆断层(A),在平面上表现为平移断层(B)

若为向斜,则上升盘核部变窄[图 4-30(B)]。如果沿断层面斜向滑动,不仅褶皱核部宽度发生变化,而且被错开。

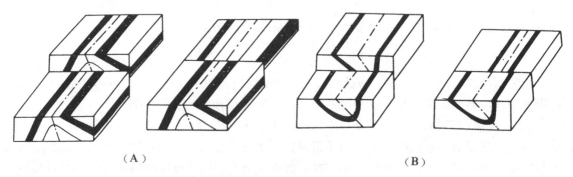

图 4-30 褶皱被横断层切断后两盘核部宽度的变化和轴迹的错移

断层是否具有平移性质,主要依据褶皱轴迹在平面上的错移情况来判断。被横断层切断的直立褶皱,若两盘褶皱轴迹在一直线上,则无平移滑动;反之,表明有平移分量。如果褶皱是斜歪的或倒转的,倾斜的轴面被横断层切断,若沿断层面倾斜滑动,被夷平后两盘在平面上表现出轴迹错移(图 4-30)。轴迹在两盘被错开的距离决定于轴面的倾角和位移大小。倾角越大,错位距离越小。如果轴面倾斜的褶皱被横断层切断并夷平后,在平面上两盘轴迹仍在一直线上,表明断层两盘沿着轴面在断层面上的迹线滑动既有顺断层面走向滑动的分量,又

有顺断层面倾斜滑动的分量。

总之，断层两盘位移分量的大小和方向、两盘倾斜滑动分量的大小、褶皱轴面倾角这三个变量及其相互关系，决定褶皱轴迹是否错移及错移方向和距离。因此，在分析断层时，应从断层、褶皱及其相互关系的整体并结合有关构造进行分析。

由于岩层和断层都不是几何平面，而且还要受地形的影响。因此，在分析断层时，既要考虑到三维空间的主体形象（断面产状、两盘位移、岩层和褶皱的产状及其相互关系等），又要考虑到地形的影响。

二、断层两盘相对运动方向的确定

断层运动是复杂的，一定规模的断层常常经历了多次脉冲式滑动。例如一条正断层，在各次微量滑动中，虽然上盘以沿倾斜下滑为主，但是也包含多次斜向滑动、甚至向上的滑动。对一些现代活动断层的观测，已初步绘出两盘相对滑动的曲线。因此，在分析并确定两盘相对运动时，应充分考虑其复杂多变性。不过，一条断层的活动性质或一定阶段的活动性质常常又具有相对稳定性，如上盘顺倾斜下滑或斜滑下降。这种运动总会在断层面上或其两盘留下一定的痕迹，如擦痕等。这些遗迹或伴生现象是分析判断两盘相对运动的主要依据。

（一）两盘地层的新、老关系

断层两盘地层的新、老关系是判断断层相对升降的重要依据。对于走向断层，通常老地层出露的一盘是上升盘［图4-21之（A）、（B）、（D）、（E）］。但当地层层序倒转，或断层面与岩层面倾向相同且断层倾角小于岩层倾角时，则新地层出露的一盘是上升盘［图4-21之（C）、（F）］。如果是横断层切过褶皱，断层两盘地层的新、老关系则如图4-30所说明的，即背斜上升盘核部变宽，而向斜上升盘核部变窄。

（二）断层面（带）的构造特征

1. 擦痕和阶步

擦痕和阶步都是断层两盘岩块相对错动时在断层面上因摩擦和碎屑刻划留下的痕迹。据此可判断断层的存在和断盘的相对运动方向。擦痕表现为一组彼此平行且比较均匀、细密的相间排列的脊和槽。有时还可见到擦痕的一端粗而深，另一端细而浅。由粗而深的一端向细而浅的一端的指向为对盘运动方向。在硬而脆的岩石中，有的擦面被摩擦得光滑如镜，称摩擦镜面。在两盘相对错动过程中，相邻两盘逐渐分开时生长的纤维状矿物晶体，如纤维状石英、方解石、绿泥石、叶腊石等，称为擦抹晶体。实质上，很多擦痕就是十分细微的擦抹晶体。

阶步是在断层面上与擦痕直交的细微陡坎。阶步的陡坎一般面向对盘的运动方向。在断层面暴露时，擦抹晶体常被横张裂隙断开而形成一系列微小阶梯状断口，陡坎指示对盘运动的方向（图4-31）。在野外观察到的阶步大都是正阶步。在断层面形成初期，由于微剪切羽列横断，也会形成一系列小陡坎，这些小陡坎的倾斜方向指示断层本盘运动的方向，称为反阶步。但随着断层两盘的相对运动，反阶步大都被磨掉，因而保留在断层面上的陡坎主要是断层发育晚期形成的正阶步。

断层常常是长期、多次活动的，所以断层面上保留的往往是最后一次运动所造成的擦痕。即使一次活动中，断层两盘也不一定保持稳定不变的方向和方位。因此，不能仅以擦痕和阶步来确定断层运动的总方向，还要结合其它标志进行综合分析。

2. 牵引构造

牵引构造是断层两盘沿断层面作相对滑动时，断层附近的岩层因受断层面摩擦力拖曳而产生的弧形弯曲现象，或是岩层先产生弯曲而后断裂，使岩层的弯曲形态进一步变形而成。这种弯曲叫牵引褶皱，褶皱的弧形弯曲突出方向指示本盘的运动方向（图4-32）。一般说来，变形越强烈，牵引褶皱越紧闭。为了准确地利用牵引褶皱，应在平面和剖面上同时观察。

在水平岩层或缓倾斜岩层中的正断层下降盘，还可发育一种逆（或反）牵引构造，多以背斜形式出现，岩层弧形弯曲突出方向指示对盘的运动方向（图4-33）。逆牵引褶皱是由于正断层面是一个凹的曲面，断层上盘沿断层面下滑时，因向下断面倾角

图 4-31 北京西山奥陶系石灰岩断层面上的擦痕和阶步

（据李东旭摄，杨光荣素描，1984）

擦痕和阶步由方解石纤维状晶体构成，陡坎示对盘运动方向

图 4-32 断层带中的牵引褶皱及其指示的两盘滑动方向

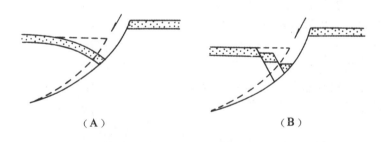

（A） （B）

图 4-33 逆牵引构造（A）和反向断层（B）

（据 W.K.Hamblin，1965）

变小而在上部出现裂口，为弥合这个空间，上盘下降的拖力使岩层弯曲，从而形成逆（或反）牵引构造［图4-33（A）］。如果岩层呈脆性，则会使岩层破裂而形成反向断层［图4-33（B）］。

3. 羽状节理和两侧小褶皱

在断层两盘相对运动过程中，断层的一盘或两盘的岩石常常产生羽状排列的张节理和剪节理，这些派生的节理与主断面斜交。羽状张节理面与主断面所夹的锐角二面角指示其所在

盘的运动方向（图 4-34 中之 T、图 4-35 之断层下盘）。羽状剪节理有两组（图 4-34 中之 S_1、S_2），其中，S_1 组剪节理面与主断面夹角较小，一般在 15°左右，其锐角二面角指示本盘运动方向。

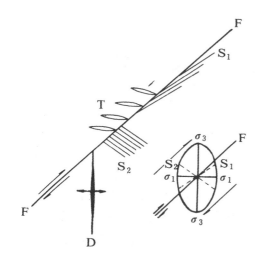

图 4-34　断层及其派生节理和褶皱关系示意图
F 为主断层，S_1、S_2 为剪节理，T 为张节理，D 为褶皱轴面

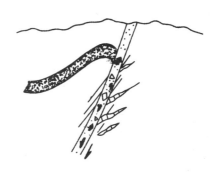

图 4-35　根据断层带中标志层角砾的分布推断两盘相对动向

断层两盘相对错动，有时使其两盘岩层形成复杂的紧闭小褶皱。这些小褶皱的轴面与主断面常成小角度相交，所交锐角二面角指示对盘运动方向（图 4-34 中之 D）。

4. 断层角砾岩

断层切断并挫碎某一标志性岩层或矿层时，根据其角砾在断层破碎带中或断层岩中的分布，可以推断两盘相对位移方向（图 4-35）。有时断层角砾成规律性排列，这些角砾的压扁面与断层面所夹锐角二面角指示对盘运动方向。

断层运动是复杂、多变的，常常是多期、多次的，先期活动留下的各种现象，常被后期活动所磨失、破坏、叠加和改造，最后留下的只是改造变动过的最后一期活动的遗迹。因此，对上述标志要进行统计分析并互相印证。

第四节　断层作用的时间性

断层作用的时间性涉及断层形成和活动时间以及长期活动断层诸方面。

一、断层活动时间的确定

对于基本上在一次构造运动中形成的断层，可利用与其同期变形的地层、褶皱等的相互关系确定其形成时期。如一条断层切断一套较老的地层，而被另一套较新的地层以角度不整合接触所覆盖，则据此可确定断层形成的时间是在不整合面下伏的最新地层形成以后和上覆地层中最老的地层形成之前这一时间区间内，即下伏地层强烈变形的时期。如断层被岩脉、岩墙充填，且岩脉、岩墙有错断迹象，则岩体侵入于断层形成或活动时期。利用放射性同位素法可以测定岩体时代，从而可确定出断层的形成时代或活动时代。如果断层被岩体切断，断层则形成于岩体之前；若断层切断岩体，则断层活动晚于岩体。如果断层与被其切断的褶皱成有规律的几何关系,很可能两者是在同一次构造运动中形成的,查明这次构造作用的时期,也就确定了断层的形成时期。断层一般形成于某一构造运动时期,也可与某一沉积盆地的沉积作用同时活动,而重力滑动断层则可以在地质发展的任一阶段形成和发育。因此,研究时,应对具体断层进行具体分析。

二、断层长期活动的分析

一些区域性的大断裂是长期活动的,常常经历了一个以上的构造旋回。即使在一个构造旋回中,不仅在激化时期活动,而且在相对宁静期也有活动;也可以活动一个时期后静止,以后又再活动。大断裂的长期、多次活动主要根据断裂控制下发育的地层及其厚度和岩相变化来确定,断层两盘几个时期的地层、厚度、岩相可能发生显著变化。

大型走滑断层会引起两侧地层对应性水平错开,时代愈老的地层水平错开的距离愈大。控制沉积盆地边缘的大型正断层,常与沉积盆地同时活动,即为同沉积断层。

岩浆活动也是分析断层是否有长期活动的依据。长期、多次活动的大断裂往往成为多期岩浆活动带,其岩性也在一定程度上反映断层切割深度的变化。伴随长期、多次岩浆活动,常形成复杂的多期金属成矿带。

三、同沉积断层

同沉积断层,又称生长断层,主要发育于沉积盆地的边缘。在沉积盆地形成发育的过程中,盆地边缘断层不断活动,盆地不断沉降,沉积不断进行,盆地外侧不断隆起。同沉积断层主要发育于大中型沉积盆地的边缘,在大盆地内部也常有次级同沉积断层。

同沉积断层规模不一,以大中型为主,主要发生在中、新生代,很可能与中、新生代断陷盆地的广泛发育有关。其主要特点是:

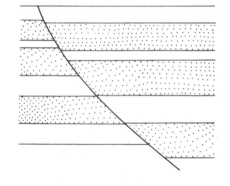

图 4-36　简单生长断层的示意剖面图
(据 R.E. 查普曼,1983)

(1) 一般为走向正断层,断层面上陡下缓,常成凹面向上的铲状。

(2) 下降盘地层明显增厚。

(3) 断距随深度增大,地层时代愈老,断距愈大(图 4-36)。

(4) 上盘常发育逆牵引构造,一般构成背斜,背斜的延伸方向与断层走向一致(图 4-33)。

实习一　读断层地区地质图并求断距

一、目的要求

(1) 在地质图上分析断层。
(2) 在地形地质图上求断层产状及断距。

二、说明

（一）断层发育区地质特征的概略分析

分析该区出露的地层，建立地层层序；判定不整合接触的时代；研究新、老地层分布及产状；确定区内褶皱形态和轴向以及断层发育状况。

（二）断层性质的分析

1. 断层面产状的判定

断层线是断层面在地面的出露线。因此，它和倾斜岩层的露头线一样，可根据其在地形地质图上的"V"字形，用作图法求出断层面的产状。图 4-37 中断层线在河谷中成指向下游的"V"字形，说明断层倾向南西，通过作图求得断层产状是 SW230°∠40°。

2. 两盘相对位移的判定

断层两盘相对升降、平移并经侵蚀夷平后，如两盘处于等高的平面上，则露头和地质图上一般表现出以下规律：

（1）走向断层或纵断层，一般是地层较老的一盘为上升盘。但当断层倾向与岩层倾向一致、且断层倾角小于岩层倾角，或地层倒转时，则新地层的一盘是上升盘。

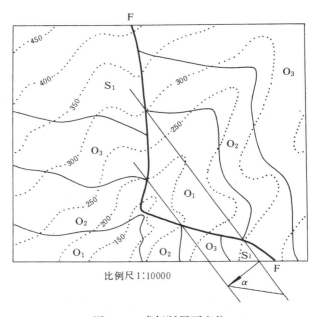

图 4-37　求解断层面产状

（2）横向或倾向正（或逆）断层切过褶皱时，背斜核部变宽或向斜核部变窄的一盘为上升盘。如为平移断层，则两盘核部宽窄基本不变。

（3）倾斜岩层或斜歪褶皱被横断层切断时，如果地质图上地层界线或褶皱轴迹发生错动，那么，它既可以是正（或逆）断层造成的，也可以是平移断层造成的，这时应参考其它特征来确定其相对位移方向。若是由正（或逆）断层造成的地质界线错移，则岩层界线向该岩层倾向方向移动的一盘为上升盘。若是褶皱，则向轴面倾斜方向移动的一盘为上升盘。

确定了断层面产状和断层相对位移方向，就可确定断层的性质。如图 4-37 中，断层的走向与被断地层的走向一致，为走向断层。断层面倾向西南，与被断地层倾向相反，西南盘（上盘）地层相对较新，为下降盘，所以是一条上盘下降的正断层。

（三）断距的测定

在大比例尺地形地质图上，如果两盘岩层产状稳定，且两盘地层产状未变，在垂直岩层走向方向上可以求出以下各种断距。

（1）测定铅直地层断距。断层两盘同一层面的铅直距离即铅直地层断距（图 4-38 的 hg）。在地质图上求铅直地层断距时，只要在断层任一盘上作某一层面某一高程的走向线，延长穿过断层线与另一盘的同一层面相交，此交点的标高与该走向线之间的标高差即为铅直地层断距。如图 4-39，在断层东南盘泥盆系顶面作 300m 高程走向线 AB，延长过断层线，使之与另一盘同一层面相交于 G 点，G 点标高为 250m，AG 代表断层西盘泥盆系顶面 250m 高程的走向线，与东盘 300m 走向线 AB 间高差为 50m，即为断层的铅直地层断距。

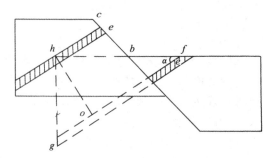

(2) 测定水平地层断距。如图 4-38 在垂直岩层走向的剖面上，过断层两盘同一层面上等高的 h、f 两点间的水平距离（hf）即为水平地层断距。在地质图的断层两盘分别绘出同一层面等高的两条走向线，两走向线间的垂直距离即为水平地层断距。如图 4-39 地形地质图上，断层上盘泥盆系

图 4-38 垂直地层走向剖面图

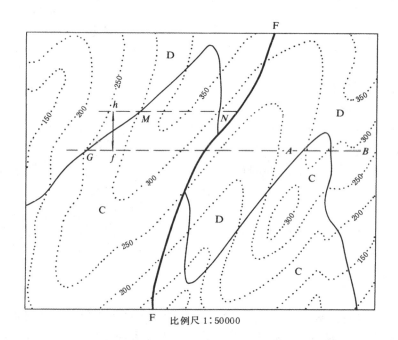

图 4-39 在地形地质图上求断距

顶面 300m 走向线与下盘泥盆系顶面 300m 高程走向线之间的垂直距离为 1cm，按该图比例尺（1∶50000）计算出该断层的水平地层断距为 500m。

(3) 求地层断距。如图 4-38 地层断距 $ho=hg\cdot\cos\alpha$ 或 $ho=hf\cdot\sin\alpha$，用作图法求得 hg 或 hf 之后，可按上式计算求出地层断距。

上述断距的测定，是以岩层被错断后两盘的岩层产状未变为前提条件，即以沿断层面没有发生旋转为条件。

（四）断层时代的确定

(1) 根据角度不整合接触关系确定断层时代。断层一般发生在被其错断的最新地层之后，而在未被错断的上覆不整合面以上的最老地层之前。

(2) 根据与岩体或其它构造的切割关系确定断层时代。被切割者的时代相对较老。

（五）断层的描述

一条断层的描述内容一般包括：断层名称（地名＋断层类型，或断层编号）、位置、延伸方向、通过的主要地点、延伸长度、断层面产状、断层两盘出露的地层及其产状，以及地层重复、缺失和地质界线错开等特征；两盘相对位移方向和断距的大小；断层与其它构造的关系；断层的形成时代及力学成因等。

现以金山镇地区地质图西部的纵断层为例，描述如下：

"奇峰-雨峰纵向逆冲断层位于奇峰和雨峰之东侧近山脊处，断层走向北东—南西，两端分别延出图外，图内全长约18km。断层面倾向北西，倾角20°—30°。上盘（即上升盘）为组成奇峰-雨峰背斜的石炭系各统地层；下盘（即下降盘）为下二叠统和上石炭统地层构成不完整向斜。上升盘的石炭系各统地层逆冲于下二叠统和上石炭统地层之上。地层断距约800m。断层走向与褶皱轴向一致，为一纵向断层。断层中部为两个较晚期的横断层所错断。断层形成时代与同方向、同性质的桑园-五里河逆冲断层等相同，即在晚三叠世（T_3）之后，早白垩世（K_1）之前。两条断层构成叠瓦式"。

三、作业

（1）分析望洋岗地形地质图（附图14），并判别断层性质。
（2）求断层面产状和断距。
（3）确定断层形成时代。

实习二　分析断层地区地质图

一、目的要求

运用断层的几何分析一章所学的知识，分析地质图上断层的类型和相对活动时代。

二、读图要点

1. 分析星岗地区地形地质图（附图15）
（1）确定区内不整合接触的类型和形成时代。
（2）求出 F_1、F_2、F_3、F_4 断层面产状，并确定其类型。
（3）F_2、F_3 为何是逆断层？
（4）判定各条断层活动的时间，并排出其活动顺序。

2. 分析飞云山地质图（附图16）
（1）分析飞云山一带水平岩层的构造特征。
（2）求出徐家SW及NE—T—J地层的产状，并分析其构造特点。
（3）确定逆冲断层线（在图上用红笔标出）及断层面产状。
（4）绘制过刘村NE27°方向的构造剖面图。

三、复习自测题

1. 分析窑坡地区地质图（图4-40）。（注：图内岩层为正常层序。）
（1）求出褶皱两翼岩层的产状，并判断地层顺序和褶皱的位态类型。

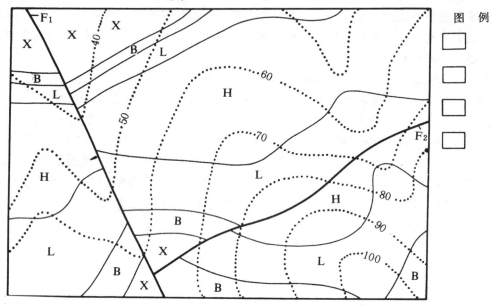

图 4-40 窑坡地区地质图

(2) 判定 F_1、F_2 断层两盘运动方向及断层类型。

(3) 求 F_1 的铅直地层断距及 F_2 的水平地层断距。

(4) 确定 F_1、F_2 断层的相对形成顺序。

2. 认识金山镇地质图（附图17）和杨柳市地质图（附图18）中的飞来峰构造。

第五章 应力与应变

本章要点：应力、正应力和剪应力；单向和双向受力状态下的二维应力分析；应力莫尔圆的基本性质及应用；应力状态；构造应力场和应力轨迹。

应变、线应变（e、s、λ）和剪应变（ψ、γ）；应变椭球体的概念及其应用；均匀变形与非均匀变形；旋转变形与非旋转变形；共轴递进变形与非共轴递进变形；岩石有限应变测量。

地壳中的各种构造变形都是岩石在力的作用下形成的。因此，要了解各种构造的形态、组合及其成因等，首先必须了解有关岩石受力变形的基本理论，并借以分析岩石变形的特征和规律。

第一节 应力分析

一、力和应力

（一）外力和内力

从外部施加于一个物体的力称为外力。外力分为两种：①面力，是通过接触作用于物体表面的力，如挤压和拉伸；②体力，是不必通过直接接触就可从外部连续作用在物体内各质点上的力，如重力和惯性力。这两种力是与岩石变形有关的重要的体力。

内力是同一物体内部各部分之间的相互作用力。物体是由无数质点所组成的，质点间存在着相互作用力，使质点处于相对平衡状态，并保持一定的形状，这种力称为物体的固有内力。当物体受外力作用时，其内部质点间的相对位置要发生变化，并引起质点间相互作用力的改变，力图恢复其原来形状，这种在外力作用下所引起物体内部内力的改变量称为附加内力，或简称内力。体力虽然也作用于物体内各质点，但它不是内力而是外力。

（二）应力

内力的强度以应力来表示。应力是指单位面积所受的内力。当外力作用于物体时，物体内便产生与外力相抗衡的内力。如果将这个物体中沿包含 M 点的截面切开（图 5-1），M 点的微面积 ΔA 所受的内力为 Δp。在内力均匀分布的情况下，包含 M 点截面上的合应力 σ_f 为：

$$\sigma_f = \Delta p / \Delta A \qquad (5-1)$$

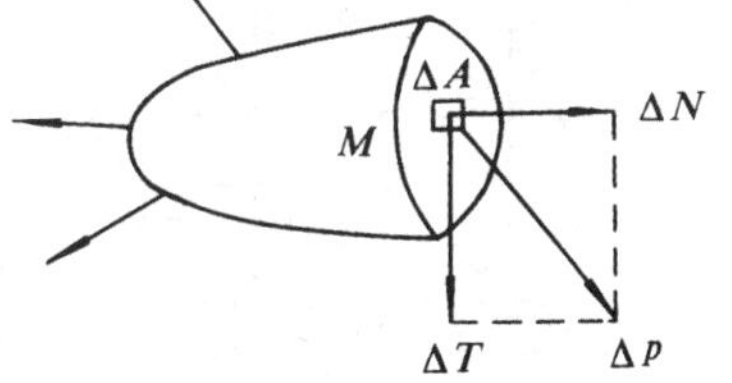

如果内力 Δp 与截面 ΔA 不相垂直，根据平行四边形法则，可将内力 Δp 分解为垂直于截面 ΔA 的分力 ΔN 和平行于截面 ΔA 的分力 ΔT（图 5-1）。相应的垂直于截面 ΔA 的应力 σ 叫正应力，或称直应力：

图 5-1 M 点微面积上的内力特征

$$\sigma = \Delta N / \Delta A$$

平行于截面 ΔA 的应力 τ 称为剪应力,又叫切应力:

$$\tau = \Delta T / \Delta A$$

正应力 σ 可以是挤压力,也可以是拉张力。地质上习惯以压应力为正,张应力为负。但材料力学中常规定张应力为正,压应力为负。剪应力 τ 的作用是使质点沿截面发生相对剪切滑移。习惯规定使物体有逆时针转动趋势的剪应力为正,使物体有顺时针转动趋势的剪应力为负。

当内力在平面上分布不均匀时,则应力应取微面积 ΔA 趋于零时内力 Δp 的极限值,并可得合应力 σ_f 的微分表达式:

$$\sigma_f = \lim_{\Delta A \to 0} (\Delta p / \Delta A) = dp/dA$$

应力的国际单位为帕斯卡(Pascal),简称帕(Pa),即 N/m^2,其含意为每平方米面积上所受牛顿力的大小。

二、任意截面上的应力分析

物体受力作用可以是一个方向或多个方向。当分析物体内某一点的受力作用状态时,总是与该点在某一方向截面的应力分量有关。过同一点取不同方向的截面,各截面方向上的正应力和剪应力是不同的。过该点所有截面上应力的总体称为该点的应力状态。二维平面内的应力分析是以一点应力状态分析为基础。单向受力状态下的二维应力分析是最简单的应力分析。

(一) 单向受力状态下的二维应力分析

设作用于物体的外力为 p,内力为 p_a(图 5-2),那么垂直于内力 p_a 的截面 mo 的单位面积 A_o 上的应力 σ_1 为:

$$\sigma_1 = p_a / A_o$$

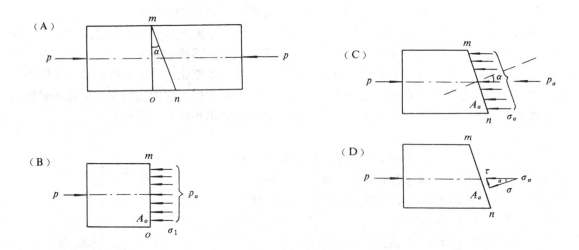

图 5-2 单向受力状态下的应力分析

与内力 p_a 斜交的任意截面 mn 的面积 A_a 上的合应力 σ_a 为:

$$\sigma_a = p_a / A_a$$

设斜截面 mn 与垂直截面 mo 的交角为 α[图 5-2(A)],此角亦等于斜截面 mn 的法线与合应力 σ_a 的交角[图 5-2(C)]。斜截面 mn 的面积 A_a 与垂直截面 mo 的面积 A_o 关系为:

$$A_a = A_o/\cos\alpha$$

在斜截面 A_a 上的正应力 σ 和剪应力 τ 分别为:

$$\sigma = \sigma_a \cdot \cos\alpha = (p_a/A_a)\cos\alpha = (p_a/A_o)\cos^2\alpha = \sigma_1 \cdot \cos^2\alpha$$

$$\tau = \sigma_a \cdot \sin\alpha = (p_a/A_a)\sin\alpha = (p_a/A_o)\cos\alpha\sin\alpha = \sigma_1 \cdot \cos\alpha\sin\alpha$$

用二倍角代换,可将上两式改写为:

$$\sigma = \frac{\sigma_1}{2}(1 + \cos 2\alpha) \tag{5-2}$$

$$\tau = \frac{\sigma_1}{2}\sin 2\alpha \tag{5-3}$$

式 5-2 和式 5-3 是在单向压缩时各种应力的关系式。在拉伸情况下,张应力则为负号。上两关系式可表明如下特点:

(1) 在式 5-2 中,当 $\alpha = 0°$ 时,$\cos 2\alpha = 1$,则 $\sigma = \sigma_1$;当 $0 < \alpha < 90°$ 时,$0 < |\cos 2\alpha| < 1$,则 $\sigma < \sigma_1$,这表明在与挤压方向垂直的截面上正应力值最大。

(2) 在 5-3 式中,当 $\alpha = 0$ 或 $\alpha = 90°$ 时,$\sin 2\alpha = 0$,则 $\tau = 0$,即与挤压方向垂直的截面上无剪应力存在;当 $\alpha = 45°$ 时,$\sin 2\alpha = 1$,则剪应力 $\tau = \sigma_1/2$;当 $0° < \alpha < 45°$ 或 $90° > \alpha > 45°$ 时,$0 < \sin 2\alpha < 1$,则 $0 < \tau < \sigma_1/2$,这说明在与挤压方向成 45° 交角的截面上剪应力值最大,该截面则称为最大剪应力作用面。

上述分析表明,当截面与作用力相垂直时(即 $\alpha = 0$),该截面上的正应力值最大,而剪应力值为零。当截面上只有正应力而无剪应力时,这个截面上的正应力叫主应力,该截面则叫主平面,主应力作用的方向为主应力轴。

为更直观分析物体单向受力时的二维应力状态,可将式 5-2 和式 5-3 两边平方后相加得一圆方程式:

$$(\sigma - \sigma_1/2)^2 + \tau^2 = (\sigma_1/2)^2 \tag{5-4}$$

式 5-4 为一直角坐标系中的圆方程式,σ 为横坐标,τ 为纵坐标,圆心 C 点坐标为 $[(\sigma_1/2), 0]$,位于 σ 横坐标上,圆的半径为 $\sigma_1/2$[图 5-3(B)],该圆称莫尔应力圆,简称莫尔圆或应力圆。规定 σ 轴自坐标原点 O 向右为正,代表压应力;向左为负,代表张应力。

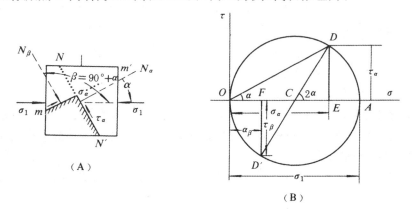

图 5-3 单轴应力状态的二维应力莫尔圆

设图 5-3(A) 中任意截面 NN' 的法线 N_a 与主压应力 σ_1 方向的夹角为 α,自图 5-8(B) 应力

莫尔圆上取一点 D，使圆心角 $\angle DCA = 2\alpha$，则圆上 D 点的坐标 OE 和 ED 的值分别等于截面 NN' 上的正应力 σ_α 值和剪应力 τ_α 值，证明如下：

$$OE = OC + CE = (\sigma_1/2) + CD\cos2\alpha$$
$$= (\sigma_1/2) + (\sigma_1/2)\cos2\alpha = (\sigma_1/2)(1 + \cos2\alpha) = \sigma_\alpha$$
$$ED = CD\sin2\alpha = (\sigma_1/2)\sin2\alpha = \tau_\alpha$$

上述求证表明，主压应力 σ_1 在任意方向截面上的正应力与剪应力都可以由所在应力圆上相应各点的坐标给出。当 $\alpha = 0°$ 时，以圆上 A 点表示之，其正应力为 σ_1，剪应力为 0。随 α 角逆时针旋转增加，不同方向截面的应力分布状况沿圆周按同一方向从 A 点转至 O 点。此外，应力圆有以下基本性质：

(1) 应力圆代表物体内一点的应力状态。该点任一方向截面上的应力分量 σ_α 和 τ_α 都由应力圆上的一个对应点代表。当从主应力轴方向以逆时针方向旋转至与截面法线呈 α 角时（此时为正，相反为负），则该截面的应力状态在应力圆上对应的一点与 σ 轴的圆心角是以同一方向旋转，并为 2α 角。

(2) 两个相互垂直的截面上的应力分量对应于应力圆直径的两个端点。图 5-3(A) 中，与 NN' 截面垂直的 mm' 截面法线 N_β 与主应力轴的夹角为 $\beta = 90° + \alpha$。因此，在图 5-3(B) 中莫尔圆上对应于 mm' 截面应力状态的是 D' 点，OF 和 FD' 分别等于 σ_β 和 τ_β，半径 CD' 与 σ 轴夹角为 $2\beta = 2(90° + \alpha)$，与 CD 相差 $180°$，所以 DD' 是莫尔圆的直径。根据两个三角形的二个角和一条边相等定理，可以证明：

$$\triangle CD'F \cong \triangle CDE$$
$$\therefore OF = OC - CF = AC - CE = AE$$
故 $\sigma_\alpha + \sigma_\beta = OE + OF = OE + AE = \sigma_1$ (5-5)
又 $DE = -D'F$
$$\therefore \tau_\alpha = DE = -D'F = -\tau_\beta \tag{5-6}$$

式 5-5 表明，任意两个互相垂直的截面上，正应力之和为一常数，即等于主应力，而与截面方向无关。

式 5-6 表明，任意两个互相垂直的截面上，剪应力值大小相等，方向相反，这称为剪应力互等定律。

(3) 从应力圆上可看出，剪应力 τ 的最大值是圆的半径，等于 $\sigma_1/2$，作用在截面法线与主应力轴 σ_1 成 $\pm 45°$ 夹角的截面上，且两个最大剪应力作用面相互垂直，这与式 5-3 结论相同。

(4) 从应力圆上可看出，最大和最小正应力 σ 分别在 A 点和原点 O 上，对应于这两点的剪应力 τ 等于零，这与式 5-2 结论相同。

(二) 双向受力状态下的二维应力分析

设一物体同时受到两个相互垂直的、但不为零的压力 p_1、p_2 的作用，且 $p_1 > p_2$（图 5-4），求解物体内任意截面上的应力，可先根据单向受力状态下应力分析公式，分别求出 p_1、p_2 作用于截面上的应力，然后相加求得。

首先，物体在 p_1 作用下截面 mn 上正应力 σ_α 和剪应力 τ_α 可按式 5-2 和 5-3 求得：

$$\sigma_\alpha = \frac{\sigma_1}{2}(1 + \cos2\alpha)$$

$$\tau_\alpha = \frac{\sigma_1}{2}\sin2\alpha$$

其次，该物体又受 p_2 的作用，并且 p_2 与截面 mn 的法线交角 $\beta = 90° + \alpha$ [图 5-4(C)]，故

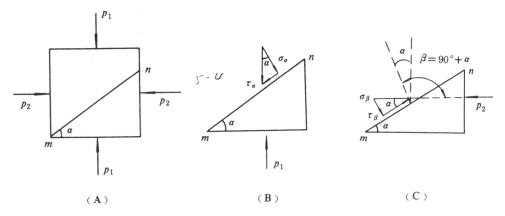

图 5-4 双向受力状态下的二维应力分析

截面 mn 上正应力 σ_β 和剪应力 τ_β 也可按式 5-2 和式 5-3 求得：

$$\sigma_\beta = \frac{\sigma_2}{2}(1 + \cos 2\beta)$$

$$= \frac{\sigma_2}{2}[1 + \cos(180° + 2\alpha)]$$

$$= \frac{\sigma_2}{2}(1 - \cos 2\alpha)$$

$$\tau_\beta = \frac{\sigma_2}{2}\sin 2\beta$$

$$= \frac{\sigma_2}{2}\sin(180° + 2\alpha)$$

$$= -\frac{\sigma_2}{2}\sin 2\alpha$$

按照力的叠加原理叠加后，截面 mn 上的正应力 σ 和剪应力 τ 分别为：

$$\sigma = \sigma_\alpha + \sigma_\beta = (\sigma_1/2)(1 + \cos 2\alpha) + (\sigma_2/2)(1 - \cos 2\alpha)$$
$$= [(\sigma_1 + \sigma_2)/2] + [(\sigma_1 - \sigma_2)/2]\cos 2\alpha \tag{5-7}$$

$$\tau = \tau_\alpha + \tau_\beta = (\sigma_1/2)\sin 2\alpha - (\sigma_2/2)\sin 2\alpha$$
$$= [(\sigma_1 - \sigma_2)/2]\sin 2\alpha \tag{5-8}$$

将式 5-7 和式 5-8 两边平方后相加得：

$$[\sigma - (\sigma_1 + \sigma_2)/2]^2 + \tau^2 = [(\sigma_1 - \sigma_2)/2]^2 \tag{5-9}$$

式 5-9 类似式 5-4，也是直角坐标系中的圆的方程，它的圆心坐标为 $[(\sigma_1 + \sigma_2)/2, 0]$，半径为 $(\sigma_1 - \sigma_2)/2$ [图 5-5(B)]，该圆代表了双向受力时截面的二维应力状态。

由图 5-5 可知，在双向受力状态下，物体内任一点的任意截面上的正应力和剪应力值与两个互相垂直的主应力大小和性质有关，并与该截面和主应力的交角有关，且具有下列关系：

(1) 当 $\alpha = 0°$ 时，截面上正应力值最大，并等于最大主应力，即 $\sigma = \sigma_1$，剪应力 τ 为 0；当 $\alpha = 90°$ 时，截面上正应力值最小，并等于最小主应力，即 $\sigma = \sigma_2$，剪应力 τ 仍为零；其它各方向截面上既有正应力，又有剪应力，且 $\sigma_2 < \sigma < \sigma_1$。

(2) 最大剪应力是在与两个主应力成 45° 和 135° 夹角的截面上，即在两个主应力方向的两个平分面上，其值等于 $(\sigma_1 - \sigma_2)/2$，即为主应力差的一半。

由于应力莫尔圆的圆心总在坐标横轴 σ 轴上，因而只要知道正应力不相等的任意两个截

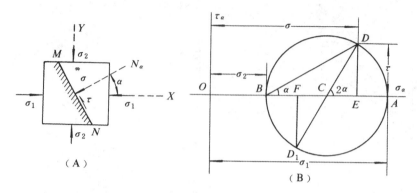

图 5-5 双轴应力状态的二维应力莫尔圆

面上的正应力和剪应力,就可作出物体双向受力的应力莫尔圆,从而确定其应力状态。

如图 5-6 所示,设某物体双向受力,已知在物体内一点任意两个方向截面 m 和 n 上的应力状态,其中,m 截面的应力为:$\sigma=\sigma_m,\tau=\tau_m$;$n$ 截面的应力为:$\sigma=\sigma_n,\tau=\tau_n$,且 $\sigma_m\neq\sigma_n$,并分别对应于以 τ 为纵坐标、σ 为横坐标的直角坐标系中的 m 点和 n 点,作一直线平分且垂直 mn,交 σ 轴于 C 点,并以 C 点为圆心,Cm 或 Cn 为半径作圆,该圆就是该物体双向受力时的应力莫尔圆。单轴受力的应力状态可以认为是其中一个方向主应力为零的双向受力的应力状态。

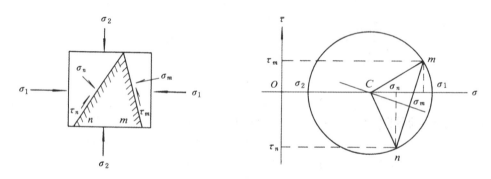

图 5-6 应力莫尔圆作图方法

明斯(W.D.Means,1976)将物体内一点的二维应力状态概括为八种类型:

(1) 静水拉伸:所有平面上的应力都是张应力,并且相等,没有剪应力存在[图 5-7 (A)]。

(2) 一般拉伸:两个主应力都是张应力[图 5-7 (B)],这种应力状态存在于地壳浅部。

(3) 单轴拉伸:只有一个主应力不为零,且都是张应力[图 5-7 (C)]。

(4) 拉伸压缩:一个主应力是张应力,另一个是压应力[图 5-7 (D)]。

(5) 纯剪应力:这是一种特殊的拉伸压缩类型,即当 $\sigma_1=-\sigma_2$ 时的特殊状态。此时最大剪应力作用的平面就是纯剪应力平面,在这种平面上,正应力为零,最大剪应力值与主应力值相等[图 5-7 (E)]。

(6) 单轴压缩:只有一个不为零的主压应力[图 5-7 (F)]。

(7) 一般压缩:两个主应力都是压应力[图 5-7 (G)],这种应力状态在地壳中很普遍。在三维情况下,地球的这种应力状态称三轴压缩。

(8) 静水压缩：所有平面上的应力都是压应力，并且都相等，没有剪应力 [图 5-7 (H)]，这种应力状态存在于地球的深部。

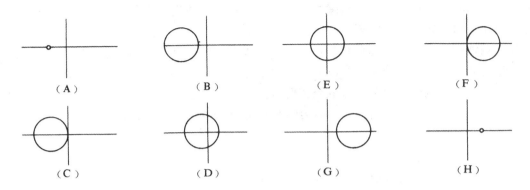

图 5-7　代表各种应力状态的二维应力莫尔圆
（据 W. D. Means, 1976）
(A) 静水拉伸；(B) 一般拉伸；(C) 单轴拉伸；(D) 拉伸压缩；
(E) 纯剪应力；(F) 单轴压缩；(G) 一般压缩；(H) 静水压缩

三、一点的应力状态

物体受外力作用，其内部各点的应力状态可以是不相同的。为研究物体内部应力分布规律，常从点应力状态研究入手。

分析一点的应力状态，可以设想该点为一个无限小的单位立方体，测定其每个面上的应力状态。根据弹性力学原理可知，当物体受力处于平衡状态时，通过物体内部任意点，总可以截取这样一个微小的立方体，使其三对相互垂直的六个面上只有正应力作用，而无剪应力作用（图 5-8），在这微小立方体的六个面上的正应力便都是主应力。一般情况下，这六个面上三对主应力值是不相等的，分别称为最大主应力（σ_1）、中间主应力（σ_2）和最小主应力（σ_3）。当这三对应力值都相等时，物体只会发生体积变化，而形状不变；当三对主应力大小不等时，物体就会发生形状变化。最大主应力（σ_1）与最小主应力（σ_3）之差称为应力差。其它条件相同时，应力差愈大，其所引起的形状变化也愈明显。每对主应力作用的方向线称为主应力轴，其作用面称为主应力面或主平面（图 5-8）。

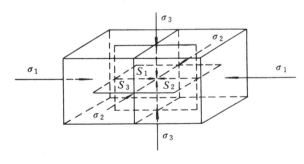

图 5-8　作用于单元体的三个主应力（σ_1、σ_2、σ_3）及三个主平面（S_1、S_2、S_3）

分析一点的三维应力状态，可将其分解为对三个主平面上的应力状态分析，而每个主平面上的应力状态分析，实质上是一个二维应力状态分析的问题（图 5-8）。

物体中一点的应力状态有三种基本类型：①三轴应力状态，系指主应力 σ_1、σ_2 和 σ_3 均不等于零，这是自然界中最为普遍的一种应力状态；②双轴应力状态，是指两个主应力值不等于零，而另一个主应力值为零的应力状态（$\sigma_1 \neq \sigma_2 \neq 0$, $\sigma_3 = 0$）；③单轴应力状态，是指只有一个主应力（σ_1 或 σ_3）不为零，另外两个主应力值均等于零的应力状态。

四、构造应力场和应力轨迹

以上讨论的是受力物体内一点瞬时的应力状态,而物体内一点到相邻点的应力状态如何变化?整个物体或区域应力状态又有何变化规律呢?

任一物体或岩体中的每一点都存在着一个与该点对应的瞬时应力状态。我们把某一瞬时各点的应力状态在空间的分布称为应力场,而把在地壳一定范围内某一瞬时的应力分布状态称为构造应力场。从时间上看,构造应力场可分为古构造应力场和现代构造应力场。古构造应力场只能从地壳上残留的构造及其组合特征来分析和推断;现代构造应力场可以通过仪器来测定。

应力场通常以主应力方向或数值的变化来表示,一般情况把各连续点的最大主应力方向和最小主应力方向连成相互正交的曲线来表示[图5-9(B)]。这些正交曲线就叫作主应力轨迹,或称为应力迹线或应力网络。

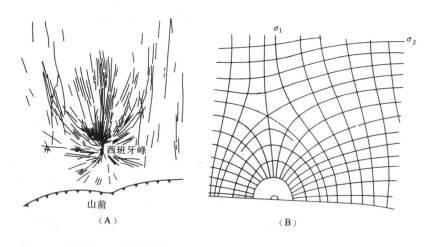

图5-9 科罗拉多西班牙峰的岩墙分布型式(A)及其反映的应力轨迹(B)
(据 J. G. Ramsay,1967)

第二节 变形和应变

一、变形的概念

(一)变形和变位

物体受力作用后,使其内部各质点发生位移,通称为变形,它有四种效应(图5-10)。
(1)直移:位置的变化。
(2)旋转:方位的变化。
(3)体变:体积的变化。
(4)形变:形状的变化。

直移和旋转是物体整体空间位置的变化,而内部各质点间相对位置不变,所以不改变物体的形状,称为变位。

体变和形变使物体内部各质点间的相对位置发生变化,从而改变了物体的体积大小和形状。

上述四种效应通常同时发生,但发育程度不一定等同,而是常以某种效应为主,构成千姿百态的各种构造。

(二)均匀变形和非均匀变形

研究物体的变化基本上是一个几何学问题,为便于研究,可根据物体变形前后的几何特征将变形分为均匀变形和非均匀变形(图5-11)。

1. 均匀变形

变形前后物体各部分的变形性质、方向和大小都相同的变形称为均匀变形。其特征是:原来的直线或平面,变形后仍然是直线或平面,但方向可能改

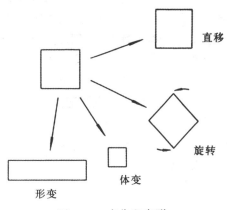

图 5-10 变位和变形

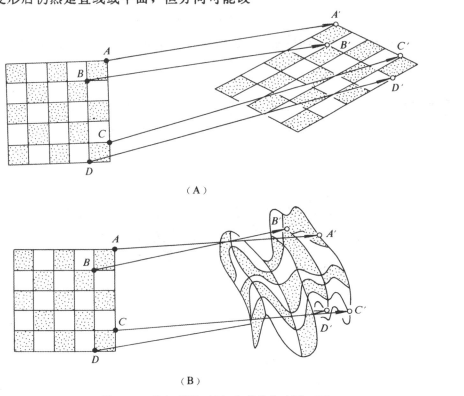

图 5-11 均匀变形(A)和非均匀变形(B)
(据 B.E.Hohbs,1976)

变;原来互相平行的直线或平面,变形后仍然平行,方向也可能改变;变形物体中同一方向的直线具有相同的伸缩量和角度变化[图5-11(A)]。

2. 非均匀变形

变形前后物体各部分的变形方向、性质和大小有变化的变形称为非均匀变形。其特征是:原来的直线或平面,变形后为曲线或曲面;原来互相平行的直线或平面,变形后不再平行;变形物体中同一方向的直线伸缩量和角度变化是不同的[图5-11(B)]。

自然界中构造变形大多数是非均匀的,如褶皱具有典型的非均匀变形的特征。但是,在讨论岩石变形时,常将整体的非均匀变形分解成许多连续的局部近似均匀变形的总和。如图 5-12 所示,就整体的弯曲变形而言,属非均匀变形,但就变形体中的极微小的区域来看,具有均匀变形的特征,即每个椭圆是由变形前的小圆变来的,是均匀应变,而整个弯曲变形正是由一系列相邻小圆的均匀变形总合而成,任意两个相邻的小椭圆所代表的变形方向、性质和大小都有一定差别,在弯曲的外侧显示拉伸变形,内侧为压缩变形。

图 5-12 弯曲变形整体为非均匀变形,局部可近似地看作是均匀变形

二、应变

应变是物体变形程度的度量。物体变形后,其内部质点的相对位置发生了变化,可以从两个方面描述变形前后质点位置的变化。①描述物体内质点间线段长度的变化量,叫线应变;②描述物体内相交线段之间角度的变化量,叫角应变,或剪应变。

1. 线应变

线应变即物体内线段在变形前后的相对伸长和缩短。如图 5-13 所示,设物体中某线段变形前长度为 l_0,变形后为 l_1,其长度改变量为 $\Delta l = l_1 - l_0$。线应变有多种表示方式,常用的有:

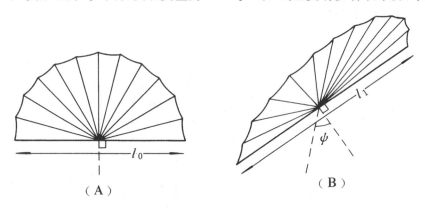

图 5-13 应变的度量参数
(据 J. G. Ramsay,1967)

(A) 原始未变形的腕足类化石左右对称,其铰合线长度为 l_0;(B) 变形后 l_1,原来中线与铰合线呈正交,变形后偏斜的角度为 ψ

(1) 线应变 e,即指变形前后单位长度的改变量。
$$e = (l - l_0)/l_0 = \Delta l/l_0 \tag{5-10}$$
e 值的正、负取决于线应变是伸长还是缩短。

(2) 长度比 s,即变形后的长度 l_1 与变形前的长度 l_0 之比值。
$$s = l_1/l_0 = (l_1 - l_0)/l_0 + l_0/l_0 = e + 1 \tag{5-11}$$

(3) 平方长度比 λ,即线段长度比的平方。
$$\lambda = (l_1/l_0)^2 = (1 + e)^2 \tag{5-12}$$

e、s、λ三者都是度量直线的相对变化,如果知道其中的一个值,另外两个值就可以计算出来。这三个参数在解析几何中分析应变椭圆(球)的性质是很有用的。

2. 剪应变

物体变形时,其内相交线段之间的夹角往往发生变化。设两条交线的原始夹角为$90°$,则此直角变形后的偏斜量ψ就称为角剪切应变(图5-13),其剪应变γ则为:

$$\gamma = \tan\psi$$

如果剪切应变很小,则$\tan\psi = \psi$(弧度),即$\gamma = \psi$。剪切面上线段向右偏斜,剪应变为正;如向左偏斜,则剪应变为负。

应变是变形程度的量变,所以是没有单位的。

三、应变椭球体

为了便于分析岩石的变形,19世纪初期由贝克(G. F. Becker,1893)从力学中的应力椭球体的概念引导出应变椭球体的概念。几十年来,这个概念在地质构造研究中得到广泛的应用,它不仅适用于小变形(变形小于1%—3%),也适用于大变形(变形大于1%—3%以上)。

当物体发生均匀变形时,内部质点的位置将发生变化。设物体内部的一个单位球体,受均匀变形后就会变成一个椭球体(从数学上可以证明),以这个椭球体的形态和方位来表示岩石的应变状态,该椭球体称为应变椭球体。应变程度是根据变形椭球体的形状和大小与变形前圆球的大小的比值来确定。应变椭球体的主要组成要素有(图5-14):

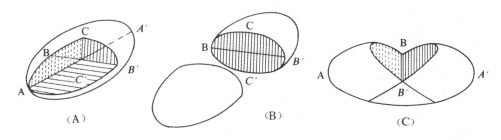

图5-14 应变椭球体
(据M. P. Billings)
AA'、BB'、CC'为应变椭球体三个主轴

1. 应变主轴

设原始未变形的单位球体中有无数与直径相当的直线,称之物质线[图5-15(A)],当变成应变椭球体后,从实验和数学上都可以证明,有三条物质线只有线应变而无剪应变,而这三条物质线在变形前后都相互垂直,且就是应变椭球体的三个主轴(图5-14),我们把这三条互为垂直的物质线称为应变主轴[图5-15(A)、(B)]。应变主轴的方向便是应变状态的主方向,应变主轴的线应变即为主应变。

由于初始单位球体的半径为1,所以应变椭球体的三个主轴的半轴长分别就是线长度比$1+e_1$、$1+e_2$和$1+e_3$,用它们的平方长度比表示则是$\sqrt{\lambda_1}$、$\sqrt{\lambda_2}$和$\sqrt{\lambda_3}$,而λ_1、λ_2和λ_3的值就是主应变。三个应变主轴中,具有最大线应变者,称为最大应变主轴(A轴);最小线应变者,称

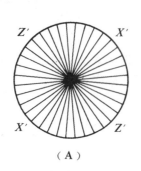 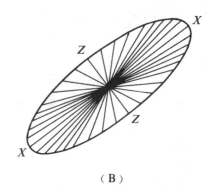

（A）　　　　　　　　　　　　　（B）

图 5-15　应变椭圆的变形情况
（据 G. H. Davis，1984）

(A) 未变形圆中各方位线长度相同，其中 XX' 垂直 ZZ'；(B) 应变椭圆中各物质线长度和方位发生变化，其中 XX 最长，ZZ 最短，并相互垂直，为应变主轴

为最小应变主轴（C 轴）；介于前两者之间为中间应变主轴（B 轴）。习惯上分别以 λ_1 和 λ_3 代表最大和最小主应变，故有 $\lambda_1 \geqslant \lambda_2 \geqslant \lambda_3$。若取坐标轴 X、Y、Z 分别沿 λ_1、λ_2、λ_3，并取应变椭球体的中心为坐标原点，则在此坐标中变形椭球体的方程可写成：

$$(X^2/\lambda_1) + (Y^2/\lambda_2) + (Z^2/\lambda_3) = 1 \tag{5-14}$$

这时，坐标轴 X、Y、Z 可分别称为主轴 λ_1、λ_2 和 λ_3。

2. 主平面

包含任意两个应变主轴的面称为主平面。应变椭球体中三个互相垂直的应变主轴两两构成了三个互相垂直的主平面，它们分别是最大应变主轴 A 与最小应变主轴 C 组成的 AC 面（XZ 面），最大应变主轴 A 与中间应变主轴 B 构成的 AB 面（XY 面）和中间应变轴 B 与最小应变主轴 C 组成的 BC 面（YZ 面）（图 5-14）。

AB 面垂直最小应变主轴 C 轴，反映该面上物质受到最大压缩，如褶皱轴面、劈理面等均为强烈挤压变形面。C 轴代表了物质最大压缩方向。平行 AB 面上的 A 轴（λ_1 或 X 轴）的方向为最大拉伸方向，在这个方向上常有矿物的定向排列，形成拉伸线理。

垂直于最大应变主轴 A 轴（X 轴）的 BC 面（YZ 面）反映物质受到最大的拉伸，它是张性面，代表了张性构造（如张节理）的方位。

3. 圆截面

切过应变椭球体中心的切面一般呈椭圆形，但其中有两个截面是圆形的，叫应变椭球体的圆截面。它们的交线是中间应变主轴，而且 λ_1、λ_3 分别为圆截面两个夹角的平行线（图 5-14）。应变椭球体的圆截面有两种情况：① 圆截面半径与变形前的单位球体半径相等，即 B 轴无伸缩，该截面称为无伸缩面或不变歪面；② 圆截面半径与变形前单位球体半径不等，这就是说，圆截面内所有物质线发生了等量的缩短或伸长，这时称之为等伸缩面或均匀变歪面。无伸缩面区分了应变椭球中的伸长区与缩短区。

可以证明，两个圆截面与 X 轴的夹角随着 λ_1 与 λ_3 的变化而变化。只有当应变无限小时，两个圆截面与 X 轴夹角近 45°。一般两个圆截面不是最大剪应力所在的截面，也不是发生剪切破裂的截面。

变形期间，把应变椭球体的应变主轴方向与其所代表的物质在变形前的方向相比较，据它们的方向是否发生改变，变形分为旋转变形和非旋转变形。旋转变形中，代表应变主轴方向的物质线在变形前后发生了方位的改变,即旋转了一个角度。最典型的是简单剪切变形,可用一叠卡片的剪切来模拟(图 5-16)。当受到 $\varphi = 45°$ 的简单剪切时,其形成的应变椭圆体的长轴与剪切方向成 31°43′ 的交角。把受剪切的卡片复原,可见这条线与剪切方向的交角为 58°17′,说明它在变形后发生 26°24′ 的右行旋转。非旋转变形中,代表应变主轴方向的物质线在变形前后不发生方位的改变,如单轴压缩、单轴拉伸或双轴拉压等变形(图 5-18)。

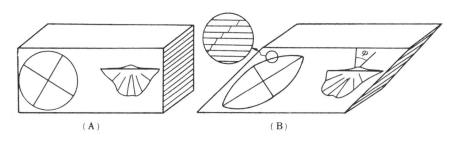

图 5-16　剪切应变的卡片模拟

四、递进变形

某一构造变形现象可被认为是由初始状态通过一系列无限小应变的积累而达到的最终状态。我们把变形过程中应变状态发生连续变化的这种变形称为递进变形,即在同一动力持续作用下,岩石内部的应变状态将随变形过程的发展而变化。因而在同一连续变形的全过程中,依次出现性质和方位不同的应变状态,从而导致构造变形的发展及变化。由此可见,递进变形不仅涉及变形空间分布规律,而且涉及时间因素,即岩石变形的历史过程。

递进变形包括两部分应变,即全量应变和增量应变(图 5-17)。全量应变是指变形历史中

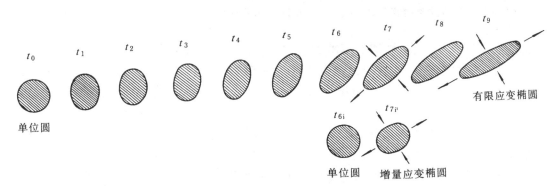

图 5-17　非共轴递进变形的应变椭圆序列
(据 D. W. Durney 等,1973)
由 t_1—t_9 代表变形期各阶段的有限应变状态,而增量应变椭圆为 $t_6 - t_7$ 期间的变形

的某时刻已经发生的应变总和,故又称总应变,即把某一时刻物体的应变状态与它的初始状态比较而得到的应变,也称有限应变。增量应变又称瞬间应变,是变形历史的某一瞬间正在发生的一个小应变。如果这个应变无限小,又称无限小应变,即把某一时刻物体的应变状态与它的前一瞬间的状态作比较而得到的应变。对于同一变形过程来说,任何时间间隔的应变状态都可以看成是已经发生的全量应变和正在发生的增量应变的总和。

根据增量应变与全量应变的应变椭球体主轴方向是否一致,可将递进变形分为共轴递进变形和非共轴递进变形。

(一) 共轴递进变形

在递进变形过程中,增量应变椭球体主轴方向与全量应变椭球体主轴方向始终保持一致的变形,称为共轴递进变形。递进纯剪变形是共轴递进变形的典型实例。从图 5-18 变形椭体圆

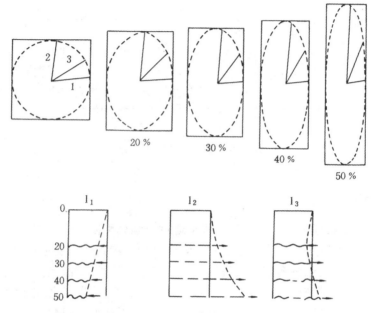

图 5-18 共轴递进变形中变形椭圆内射线的应变历史
(据 R.G. Ramsay 略改,1967)

上图下面的百分比表示应变量,下图分别表示三个射线在各变形阶段内的应变性质,上左图的 1、2、3 即下图的 I_1、I_2、I_3

的递进变形系列可见,变形椭圆的不同方位物质线的拉伸或压缩应变的发展过程是不同的。物质线 1 与挤压方向平行,在变形过程中始终受到压缩(图 5-18 下左图)。物质线 2 与挤压方向垂直,在变形过程中始终受到拉伸(图 5-18 下中图)。物质线 3 与挤压方向的夹角在应变量为 20% 时小于 45°,因而发生压缩变形;随着变形的继续,物质线 3 与挤压方向的夹角逐渐增大,当大于 45° 时,则转化为拉伸变形(图 5-18 下右图)。因此,对于物质线 3 而言,前期受到压缩,后期又受到拉伸,从而产生了压缩和拉伸两种变形效应。它们看起来是对立的应变性质,其实只不过是递进变形过程中增量应变和全量应变叠加的两种表象,切不可误作为两期变形。

例如,在顺层挤压形成褶皱的过程中,强硬夹层在褶皱转折端附近受到连续的压缩作用而形成小褶皱,如图 5-19 中的第三区段部分;在褶皱形成的晚期压扁作用明显时,两翼受到拉伸作用形成石香肠构造,如图 5-19 中的第一区段;而在上述两区段之间的第二区段,在变形早期受到压缩作用,而在变形后期的增量应变是拉伸作用,形成断续发育的褶皱石香肠,它大致相当于图 5-18 中物质线 3 的变形特征。

(二) 非共轴递进变形

图 5-20 表示变形过程中的某一时刻全量应变和增量应变椭圆的关系,这时的增量应变椭圆主轴与全量应变椭圆主轴方位不一致,两个椭圆的叠加可由四条无伸缩线划分出四种线应

变场：全量应变伸展场 ＋ 增量应变缩短场；全量应变伸展场 ＋ 增量应变伸展场；全量应变缩短场 ＋ 增量应变伸展场；全量应变缩短场 ＋ 增量应变缩短场。在递进变形过程中，这种增量应变椭球体主轴与全量应变椭球体主轴方位在每一瞬间都互不平行的变形叫非共轴递进变形。

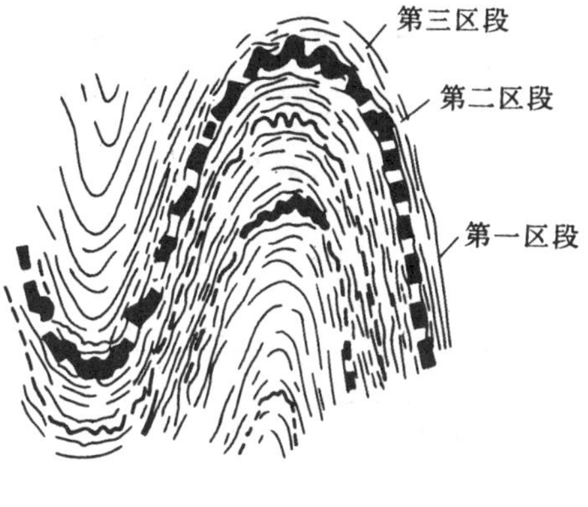

递进单剪应变是非共轴递进变形的一个实例。它是一种重要的均匀变形，是由物体中质点沿着彼此平行的方向相对滑移造成的，犹如从侧面推一叠卡片，使其依次向一侧平行滑动。图 5-17 表示了这种非共轴递进变形的应变椭圆序例，t_0 为变形开始前的初始单位圆，t_1 至 t_9 为递进变形的有限应变椭圆序列。其中任一时刻的应变状态都是已发生的全量应变和正在发生的增量应变的总和。以 t_6 至 t_7 间隔为例，t_7 是在 t_6 全量应变基础上叠加 t_{7i} 增量应变的结果，t_6 全量应变椭圆主轴与 t_{7i} 增量应变椭圆主轴是非共轴的，两者方位不同。随着递进单剪应变的发展，全量应变椭圆长轴越来越靠近剪切方向，各阶段全量应变椭圆主轴是来自不同的初始单位圆物质线，随着应变的发展，对应于应变椭圆主轴的物质线的取向与应变椭圆主轴的转动方向相反。

野外常见到 S 形或反 S 形张节理，就是递进单剪变形的结果。如图 5-21 的上图，是右旋剪切作用下沿最大主应力迹线发生破裂出现了张节理(A)，它与剪切方向的夹角为 45°。随着递进单剪变形继续进行，已出现的张节理(A)向右旋转，使其与剪切作用方向的夹角变大，表明全量应变椭圆主轴方位也向右旋转。新出现的张节理(B)和已出现的张节理(A)的两端继续发生张节理，并仍与剪切方向呈 45°夹角(垂直于当时的增量应变椭球的最大主轴的方向)，这样使已形成的张节理(A)形成反 S 形(图 5-21 左下图)。因此，S 形或反 S 形张节理就是递进单剪应变的结果。

五、岩石有限应变测量

构造地质学主要任务是查明岩石圈的变形，其中一个十分重要的方面就是定量地确定变形地区的总的应变量和应变分布规律。只有了解区域应变分布状况后，才有可能推究其变形时

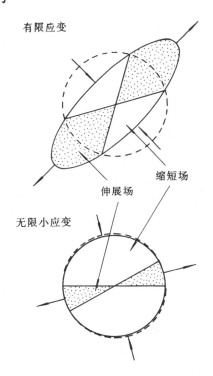

图 5-19　褶皱中强岩层夹层的递进变形
（据 J.G.Ramsay，1967）

图 5-20　非共轴递进变形任一阶段中
有限应变与无限小应变的关系
（据 J.G.Ramsay，1967）

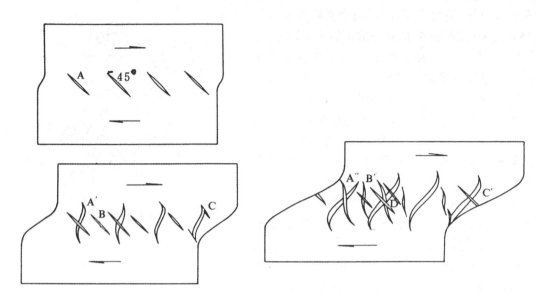

图 5-21　由非共轴递进变形形成的反 S 形张节理
(据 D. W. Dureny 和 J. G. Ramsay，1973)
A、B、C 和 D 代表在各阶段开始形成的张节理，A′、B′、C′ 和 A″ 分别代表不同阶段的张节理

所处的应力状态和构造应力场。因此，应变的定量分析是认识构造和构造历史的重要基础。

一个变形地区的总的应变，常在这一地区内的各点上，通过测量岩石中各种应变标志的变形来估算岩石的有限应变，用各点上应变椭球体的三个主轴 X、Y、Z 的方位及其 λ_1、λ_2、λ_3 来表达其应变状态。综合全区各代表点的应变，可以获得全区域的应变特征。区域应变的特点可以用应变主轴的轨迹图和应变强度图予以表示。全区中的中小型构造，如褶皱、断层等，也可以用来估算区域地壳的应变量和方位。在此，仅简介如何利用岩石中的应变标志来确定其有限应变状态。

(一) 应变主轴方向的确定

在变形较强烈地区，岩石中常发育有变形形成的面状构造和线状构造，它们可用来确定应变主轴方位。面状构造，如板劈理、片理等通常代表应变椭圆的挤压面(XY 面)，该面的法线即为 Z 轴方向。多数情况下，在面理面上可以见到代表拉伸方向(X 轴)的拉伸线理，这样就可以区分 X 和 Y 轴方向，进而定出三个轴的方向。如北京西山下寒武系的含退色斑的板岩，其板劈理面为 XY 面，其法线方向为 Z 轴，板劈理面上退色斑的拉长方向即为 X 轴，从而确定了应变主轴的方向。

(二) 岩石有限应变测量

可用于进行岩石有限应变测量的标志体非常之多，最简单的是原始为圆球形个体的应变测量。岩石中原始圆球形物体，如鲕粒、泥球、球粒、退色斑及杏仁体等，经均匀变形后，球体就变成椭球体。虽然不知其体积变化，但可以直接测定每一个小椭球体的长短轴比(X/Y 或 X/Z 等)。测量可以直接在露头上或在显微镜下进行，也可以在放大的照片上进行。一般测 50 个就可以达到精度。将所测的每一个小椭圆的轴比和其长轴与参考线之间夹角 α，用算术平均法求出平均轴比 $\bar{R}$ 和方向 $\bar{\alpha}$，最后便可得出测面产状、应变椭圆长轴的方向和应变椭圆轴比 R，从而获得应变状态。其中要注意的是圆球形个体与基质间在变形时的韧性差异。如果,它们与基质的韧性差异不大,一起均匀地发生变形,那么变形椭球体的应变量就能代表所处岩石的有限应变状态。其中以板岩中的退色斑及灰岩中的灰质鲕粒较为理想,由于这两者与基质在成分和粒度上差别很小,因而共同受到均匀变形。

供有限应变测量的标志体,除原始圆球形个体外,还可以是原始椭球形个体,如砾岩中的砾石、侵入岩体中的捕房体等;或原始形状规则,线、角成一定关系的标志体,如某些变形化石(三叶虫、腕足类化石等)和变形晶体;也可以是变形岩石中的小褶皱、压力影构造、生长矿物纤维等。有关它们的有限应变测量可参看兰姆赛(J. G. Ramsay,1983)的《现代构造地质学方法》第一卷《应变分析》。

实习　简单剪切卡片模拟

一、目的要求

(1) 利用卡片模拟简单剪切变形过程,获得对位移和应变原理的感性认识。

(2) 通过卡片模拟,了解在简单剪切条件下不同方向线应变及其变化规律,以及应变椭圆主轴方位及轴率的变化规律,为应变分析打下基础。

二、实验器材和工具

(1) 器材:厚约11cm的卡片一叠。
(2) 仪器:卡片剪切仪(图5-22)。
(3) 工具:记录纸、圆规、三角板、量角器、铅笔等。

三、实验内容说明

如图5-22所示,把卡片放入卡片剪切仪内装齐。在卡片叠的两侧画一直线OP,使其与卡片边OX相垂直。然后分别在一侧画一边长10cm的等边三角形ABC(图5-23),使CA平行OX,AB及BC分别与OX成60°和120°的夹角;在另一侧画一直径为10cm的圆。再用若干对顶角ψ_{YX}角度不同的模板,其ψ_{YX}角分别为11.3°、21.8°、31°、45°、61°,如图5-22和图5-23所示,使卡片叠向右依次作与ψ_{YZ}角对应的不同量剪切。直线OP'与OY的夹角等于ψ_{YX}角,实际上就是卡片叠沿OX方向所受的角剪应变。测量每次剪切结果,并整理记录于表5-1中。

(1) 剪应变量$\gamma_{YX} = \tan\psi_{YX}$。

(2) 测量三角形变形后三条边的长度$A'B'$、$B'C'$、$C'A'$,并计算相应的线应变。例如,$1 + e_{AB} = A'B'/AB$。

(3) 测量三角形变形后三条边分别与OX的夹角$\angle\alpha'_{AB}$、$\angle\alpha'_{BC}$、$\angle\alpha'_{CA}$。

(4) 画出圆变形成椭圆的两个互相垂直的长轴和短轴,测量轴长$2a$和$2b$,并计算最大主应变$1 + e_1 = 2a/2r$和最小主应变$1 + e_3 = 2b/2r$及轴比$R = (1 + e_1)/(1 + e_3)$。

(5) 测量椭圆长轴$2a$与OX的夹角θ'。

(6) 使卡片复原,检查不同剪应变γ_{YX}情况下应变椭圆两个主轴与初始圆的两个直径的关系,测量最大主应变所对应的圆直径与OX的夹角θ,并计算应变主轴的旋转角$\omega = \theta - \theta'$。

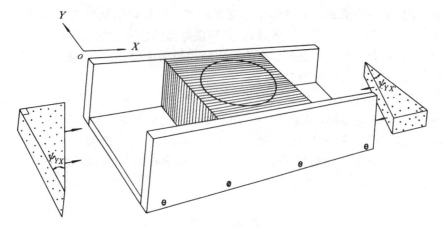

图 5-22　用于简单剪切实验的卡片剪切仪

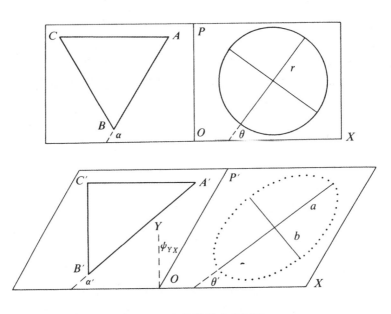

图 5-23　卡片模拟实验图示

表 5-1　卡片模拟记录格式

ψ_{YX}	γ_{YX}	$A'C'$	$B'C'$	$C'A'$	$1+e_{AB}$	$1+e_{BC}$	$1+e_{CA}$	$\angle\alpha_{AB}$	$\angle\alpha_{BC}$	$\angle\alpha_{CA}$

ψ_{YX}	γ_{YX}	$2a$	$2b$	θ'	θ	ω	$1+e_1$	$1+e_3$	R

四、分析下列问题

(1) 分析不同方向的三条直线在单剪变形过程中的线应变和剪应变的变化特征,以及线应变与剪应变的关系。

(2) 结合非共轴递进变形原理,分别讨论三条直线的线应变和剪应变的变化趋势。

(3) 分析 θ' 角的变化规律。当剪应变 $\gamma_{yx} \to 0$ 时,θ' 角趋于多少?当 $\gamma_{yx} \to \infty$ 时,θ' 角趋向如何?

(4) 在不同的剪应变量下,各应变椭圆的主轴是否为同一条物质线?当 $\gamma_{yx} \to 0$ 时,分析 θ 与 θ' 的关系。

(5) 分析 R 的变化趋势。

第六章　岩石的变形习性

本章要点：岩石的变形；弹性变形、塑性变形、固态流动变形和破裂变形；岩石破裂的两种基本方式，库仑-莫尔破裂准则，剪裂角，格里菲斯岩石破坏理论的基本思想；塑性变形机制；影响岩石变形习性的因素。

第一节　岩石的变形习性

研究岩石的变形构造，必须考虑岩石受力时行为的表现。到目前为止，岩石变形习性的研究主要在实验室进行，这些分析结果虽与岩石在天然条件下的变形有差别，但仍是研究岩石变形习性的合理的近似分析方法。

一、实验条件下岩石变形习性

岩石与其它固体物质一样，在外力持续作用下，一般都经历了三个阶段的变形，即弹性变形、塑性变形和断裂变形（图 6-1）。

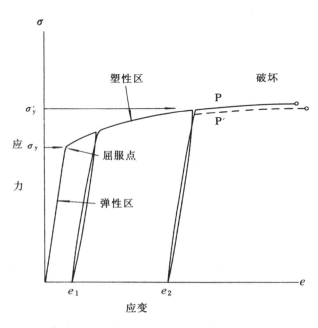

图 6-1　弹塑性材料的一般化的应力-应变关系
（据 J. G. Ramsay，1967）

(一) 弹性变形

岩石在外力作用下发生变形，当外力解除后，又完全恢复到变形前的状态，这种变形称为弹性变形。它的主要特点是应力与应变成正比，符合虎克定律，具有如下线性关系：

$$\sigma = Ee$$

式中 E 为弹性模量或称杨氏模量。

图 6-1 是岩石在单向压缩实验中的应力-应变曲线，弹性变形是变形初始阶段一段斜度较大的直线，表明随应力增加，应变成正比增加。

完全弹性变形很难在地质体中保留，因此在研究构造变形时意义不大，如地震冲击波在地壳中的传播是岩石具弹性变形的一个表征，只是在地震研究和工程建设等方面具有一定意义。

(二) 塑性变形

随着外力继续增加，变形继续增大。当应力超过岩石的弹性极限后，再将应力撤去，变形岩石已不能完全恢复原来的形状，保留一定永久变形，这种变形称为塑性变形，即图 6-1 中应力-应变曲线斜度小的部分。由于产生了永久变形，当卸载后，应力-应变曲率已不再回到原点，而与 e 轴交于 e_1。

应力-应变曲线从陡倾的弹性变形斜线转为缓倾的塑性变形斜线的拐点称作屈服点。屈服点所对应的应力值 σ_y 叫屈服应力。过屈服点后如果应力-应变曲线继续上斜（图 6-1），这就意味着继续塑性变形必须不断增加应力，表明材料发生了应变硬化。在发生了一定的应变硬化的塑性变形之后，如果应力撤除，则应力-应变曲线几乎呈直线回到 e 轴上的一点 e_2，这一点表示了总的永久变形（图 6-1）。如果再立即作用同样大小的应力，应力-应变曲线将从 e_2 几乎沿原路径回到塑性变形曲线 P 的位置上。因第二次施力使物体发生塑性变形的屈服点所对应的屈服应力 σ'_y 大于 σ_y，岩石的弹性范围增大了。因此，应变硬化可以看作其屈服强度随递进变形而连续增高。如果撤除应力后过一段时间再加应力，则新的屈服点和塑性变形曲线 P′ 一般低于原塑性变形曲线 P（图 6-1）。

应力-应变曲线过屈服点后，如果是水平的，即曲线的斜率为零（图 6-2），这就意味着在恒定应力作用下发生塑性变形。具有这种塑性变型的岩石称为完全塑性材料。

塑性变形有时可以理解为岩石在高于屈服应力作用下的一种连续固态流动，这种变形在地壳中广泛发育，如各种样式的褶皱是塑性变形的主要表现形式之一。

(三) 断裂变形

任何岩石经过弹性或塑性变形后，当外力达到强度极限时，岩石就会失去连续的完整性，产生破坏（图 6-1），即断裂变形。断层、节理都是岩石受力后产生的断裂现象。强度极限是指常温常压下使固体物质开始破坏时的应力值。

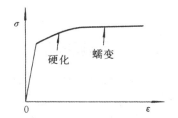

图 6-2 应力和塑性应变的关系
（粗线）

（据 A. Nicola，1984）

同一岩石在不同方式的力的作用下，其强度差别较大，一般岩石的抗压强度大于抗剪强度和抗张强度，即抗压强度约为抗张强度的 30 倍、为抗剪强度的 10 倍。

岩石的变形特征和岩石的强度反映岩石的力学性质。一般称断裂前的塑性变形量在 5% 以下的材料为脆性材料；断裂前的塑性变形量在 10% 以上的材料，称为韧性材料。脆性材料在弹性范围内或弹性变形后立即破裂，即在破裂前没有或有极小的塑性变形，材料的这种性质称为脆性，这种破裂称为脆性破裂。在常温常压下多数岩石表现为脆性，但在温度和围压增高的条件下岩石常表现出一定的韧性。图 6-3 表示岩石试样从脆性到韧性的一系列变化现象。

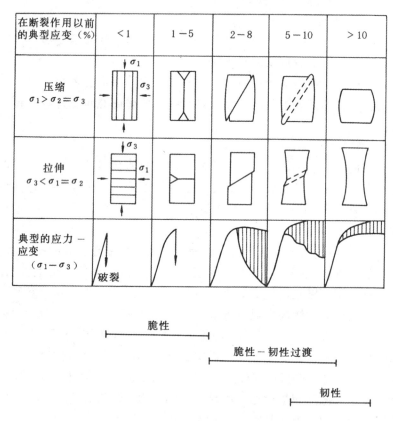

图 6-3　从完全脆性到完全韧性的性能变化系列示意图
（据 Griggs 和 Handin，1960）

二、岩石的脆性破裂

当应力达到或超过岩石的强度时，岩石内部因结合力丧失而产生破裂。岩石的破裂有两种方式（图 6-4）：一种是垂直拉伸方向（σ_3）的破裂，称张裂，张裂的位移方向垂直于破裂面；另一种是以略小于 45°的角度斜交挤压方向（σ_1），它是受小于 45°的共轭剪切作用而顺裂面滑动所产生的破裂，称剪裂。在常温常压或稍有围压的情况下，岩石表现为脆性，以张裂形式破裂；当围压与温度比常温常压略有增高时，无论是在三轴压缩还是在三轴拉伸的实验中，均在岩样边缘出现局部的剪切破裂，而在大范围内仍以张性破裂为主。在围压与温度增高情况下，宏观脆性破裂是以剪切占优势；当围压与温度增加得较多，使岩石变形达到脆-韧性时，剪切破裂常是由一个相当多微裂组成的强烈变形带，而不形成单个的划分性剪裂（图 6-3）。

（一）库仑-莫尔破裂准则

当岩石发生剪切破裂时，常沿两组剪裂面破坏（图 6-4），其交线平行于中间应力 σ_2 的方向，两面间的锐角常被最大主应力 σ_1 平分。剪裂面与最大主应力 σ_1 方向之间的夹角 θ 称为剪裂角。包含最大主应力 σ_1 的两共轭剪裂面之间的两面角 2θ 称为共轭剪裂角，简称共轭角。

从前面的应力分析可知，在与主应力成 45°的斜截面上，剪应力值最大，似乎剪切破裂最可能沿这些面上发生。但从野外观察和室内实验都证实，岩石的剪裂角小于 45°，共轭剪裂角小于 90°，通常约 60°左右。库伦对剪裂角小于 45°的解释是：岩石抵抗剪切破裂的能力不仅与作用在截面上的剪应力有关，而且还与作用在该截面上的正应力有关。设产生剪裂的极限剪应力为 τ，则有如下关系式：

$$|\tau|=\tau_0+\mu\sigma_n \quad (6-1)$$

式中 τ_0 是当 $\sigma_n=0$ 时的岩石抗剪强度，称为内聚力，对于某一种岩石而言是一个常数，即为该直线方程中直线的截距。σ_n 为剪裂面上的正应力。μ 为岩石的内摩擦系数，是直线方程中直线的斜率，如以直线的斜角 φ 表示，则 $\mu=\tan\varphi$，因此上式可写成：

$$|\tau|=\tau_0+\sigma_n\tan\varphi \quad (6-2)$$

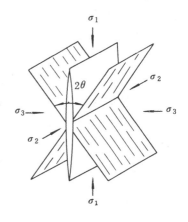

图 6-4 主应力与不同性质破裂面方位的关系

这就是库伦剪破裂准则的关系式。φ 是岩石的内摩擦角。在应力坐标系中，式 6-2 是一对斜率为 $\pm\tan\varphi$ 的直线，与莫尔应力圆相切，切点代表了一对剪切破裂面的方位和应力状态（图 6-5）。剪切破裂莫尔圆图解表明，该切点并不是最大剪应力作用的截面，而是一个剪应力值略小于最大剪应力的截面，但其上的压应力值要比最大剪应力面上的压应力小得多，该截面阻碍剪裂发生的抵抗力也小很多，在这个截面上最易产生剪切破裂。由图 6-5 可见，剪裂角 $\theta=45°-\varphi/2$。许多岩石的内摩擦系数 μ 在 0.5—0.6 之间，即 φ 为 30°左右，所以剪裂角 θ 约为 30°。这与实际所见的大多数共轭剪裂面之共轭剪裂角成 60°左右是吻合的。如果内摩擦角 φ 小，剪裂角 θ 就大；反之，内摩擦角大，剪裂角就小。在变形条件相同的情况下，脆性岩石的内摩擦角要大于韧性岩石的内摩擦角。因此，脆性岩石的剪裂角要小于韧性岩石的剪裂角（图 6-6）。

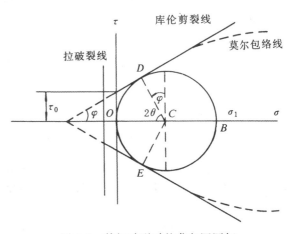

图 6-5 剪切破裂时的莫尔圆图解

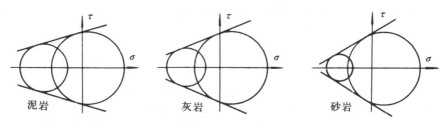

图 6-6 几种岩石的包络线

库伦准则虽描述了不同岩石的剪切破裂情况，但对同种岩石在不同变形条件下的剪切破裂情况未予以充分描述。莫尔根据岩石力学实验的结果，对库伦准则提出了修正。他认为同种岩石的内摩擦角并不是常数，而是随围压的变化而改变的。剪切破裂的产生与剪应力和正应力的某种函数关系有关，该函数的一般表达式为：

$$\tau_n = f(\sigma_n)$$

在坐标图解中表现为，与不同围压下破裂极限莫尔圆相切的一对曲线，称为莫尔包络线。例如页岩，随着围压的增加，φ值逐渐减小，剪裂角θ变大，其包络线为一条弧形曲线［图6-7(A)］。又如砂岩的φ值当围压变化时基本不变，故剪裂角也基本不变，其莫尔包络线近似一对直线［图6-7(B)］。

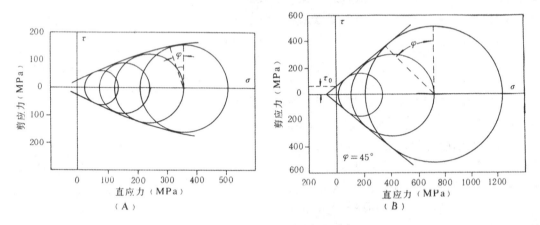

图6-7　不同围压下页岩(A)和砂岩(B)剪切破坏时的莫尔包络线
(据E.S.Hills，1972)

帕特森(M.S.Paterson，1958)对温比延大理岩所作的实验也表明，大理岩的剪裂角随着围压加大而增大。当围压足够大时，剪裂角接近于45°。

(二) 格里菲斯破裂准则

库伦-莫尔破裂准则都是通过岩石力学实验得出的经验公式，尚不能对导致破裂的内部机制作出令人满意的物理学方面的解释。格里菲斯(Griffith，1920)发现根据分子结构理论计算出的材料粘结强度远远超过其实际的破裂强度，达三个数量级，于是提出，这是由于材料中存在许多微细或超微细裂缝的缘故。当材料受力时，在微细裂缝周围，特别是裂缝尖端(曲率最大)处，应力强烈地集中，使微裂缝扩展、连接，最后形成宏观破裂。

裂纹是否扩展与裂纹长度和所受的应力有关。格里菲斯用玻璃做加力实验证明，裂纹长度与扩展裂纹所需应力的关系式为：

$$\sigma\sqrt{C} = (4EW/\pi)^{1/2} = 常数 \tag{6-3}$$

式中σ为垂直于裂纹的张应力，C为裂纹长度的一半，E为杨氏模量，W是材料的表面能，即产生单位新破裂面所需要的能。由于$\sigma\sqrt{C}$等于一个常数，即扩展裂纹所需应力σ与裂纹半长度C的平方根成反比。因而，随着裂纹长度C的增大，扩展裂纹所需应力呈指数倍迅速递减。因此，具小裂缝的材料要比具较大裂缝的材料能抵抗大得多的张应力(图6-8)。在一定外力作用下，当裂纹达到一定长度时，就会自动扩展。

根据这个理论得出在双轴应力状态下裂缝开始扩展的格里菲斯准则判据式为：

$$a\tau^2 = 4\sigma_t(\sigma - \sigma_t) \tag{6-4}$$

式中 τ 和 σ 分别为断裂面上的剪应力和正应力，σ_t 为岩石的抗张强度极限。式 6-4 表明断裂的所有极限应力圆的莫尔包络曲线都是抛物线（图 6-9），与实验得出的曲线十分近似。

近年来，对岩石的破裂实验进行了更为细致的观察研究，佩格和约翰逊（Peng 和 Johnson，1972）对花岗岩进行了压缩实验，观察到在荷载低于极限强度时微裂隙是随机分布的。随着荷载的增加，样品中的初始裂隙大体上都是平行于最大主压应力方向，裂隙呈张性；只有当荷载高于极限强度时，岩石才呈现出与最大主压应力方向斜交的剪切破裂面（图 6-10）。

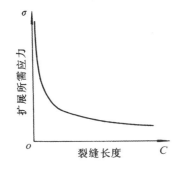

图 6-8 裂纹扩展所需应力随裂纹长度的变化
（据 J.G.Ramsay，1967）

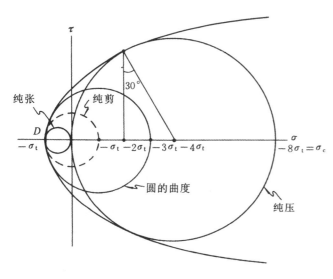

图 6-9 格里菲斯准则
σ_c 为抗压强度，σ_t 为抗张强度
（据 Ode，1960）

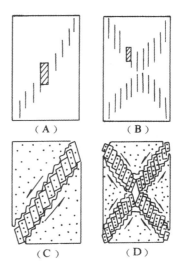

图 6-10 由实验观察到的花岗岩破坏过程示意图
（据 Peng 和 Johnson，1972）
(A)、(B) 初始张裂隙的出现；(C)、(D) 在更强的差应力作用下初始张裂隙发展为强裂的剪切应变带，形成岩石的剪切破裂（图的上下方向为最大主压力方向）

三、塑性变形机制

岩石的塑性变形机制比脆性变形机制要复杂得多，其塑性变形绝大多数是由单个晶粒的晶内滑移或晶粒间的相对运动（晶粒边界滑动）所造成的。在此，主要介绍塑性变形机制有关的基本概念。

（一）晶内滑移与颗粒变形

晶内滑移是沿晶体内一定的滑移系发生的，即沿某一组滑移面的一定滑移方向滑移。滑移面通常是高原子密度或高离子密度的面，滑移方向则是滑移面上原子或离子排列最密的方向。因此，晶体的结构决定了滑移系。不同矿物晶体各具不同数目的滑移系，如石英常沿底面（0001）上一个或一个以上的晶轴方向发生滑移。

在微观上，晶内滑移可以与一叠卡片剪切滑移相类比。在变形晶体的表面，常发现与沿晶面滑移相应的显微台阶或滑移线。超显微的观测表明，晶格的滑移并非是在整个滑移面上同时发生的，而是在一个小的应力集中区（晶体缺陷处）首先发生，然后，沿着滑移面逐渐扩展，直至掠过整个晶粒与晶粒边界相交，在那里产生一个小阶梯为止。滑移区与未滑移区之间的界线就是位错线（图 6-11）。滑移面的扩张即是位错线的传播过程。位错的传播可以形象地用蚕的行进来比喻 [图 6-11（A）]。蚕不是同时移动整个身躯向前行进，而是通过尾部推向前，使身体的后部隆起一个鼓包，然后把这个鼓包逐节地向前移动，整个身子也就向前移动了很小的距离。同样，晶体中的位错在通过滑移面发生传播时是依次截过晶格面网 [图 6-11（B）]，每次只需移动一排原子，显然，这一过程只需较小的力位错滑移就能持续发生，直至晶体边缘产生小错距。这个过程所需要的力比沿滑移面使所有原子同时滑移一个晶胞所需的力要小得多，但耗时较多。地质体正是这样在长时间小应力的作用下发生塑性变形的。

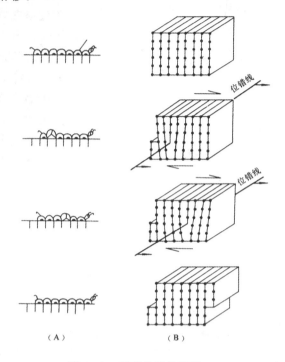

图 6-11 刃型位错的滑移
（据 Nicolas 和 Poirier，1976）
（A）蚕的爬行；（B）通过刃型位错的运动而引起的晶体滑移，把附加半原子面的位移和蚕的环节相类比

当滑移的大小等于晶格内质点间距的整数倍时，滑移后晶体晶格不变（图 6-12），但滑移后的质点不能返回原来的位置，从而形成塑性变形。当滑移后，滑移面一侧的部分与另一侧的部分成镜像对称关系（图 6-13）时，成为机械双晶，又叫滑移双晶，这种滑移称为双晶滑移，如方解石在低温下常沿 e 面发生机械双晶也是一种晶内滑移。

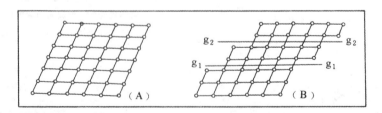

图 6-12 岩石塑性变形时的平移滑动
（A）滑动前原子排列状态；（B）沿 g_1g_1 和 g_2g_2 发生滑动后原子排列状态

晶内滑移不仅改变晶粒形状，发生塑性变形，还会使结晶轴发生旋转，造成晶格优选方位。此外，晶内滑移可使晶体发生波状消光，出现变形纹、变形条带等现象。

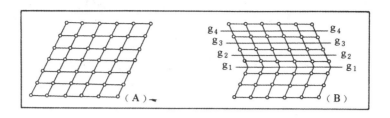

图 6-13 岩石塑性变形时的双晶滑动
(A) 滑动前的状态；(B) 沿 g_1g_1、g_2g_2 等发生滑动的原子排列状态

（二）动态恢复和动态重结晶与细粒化

当温度较高（$T>0.3T_m$，T_m 为熔融温度），或应变速率较低时，位错可以攀移和比较自由地扩展。位错的滑移和攀移使得部分位错湮灭，另一部分位错则重新排列，以降低晶内应变能，使变形晶体回复到未变形状态，这个过程称为动态恢复作用。动态恢复作用的结果是在晶内形成位错壁（图 6-14）。位错壁将一个晶体分为几个细小的亚晶粒。这些亚晶粒与相邻晶体的结晶方位相差一般不超过 12°，它们的边界以极不规则的弯曲为特征，呈港湾状或铰合线状。在正交偏光镜下，可见到亚颗粒的消光位有变化和其清晰的边界。

动态重结晶是指变形过程中的重结晶。因变形晶体内局部的高位错密度区储积较高的应变能，在足够高的温度条件下，使颗粒边界迁移或颗粒整体分解，或是使亚晶粒发生旋转，形成细小的无应变的新晶粒，使初始大颗粒变成无数细小新颗粒，致使岩石细粒化。当细小的亚晶粒和新颗粒围绕在初始大晶粒的残斑周围时，便形成核幔结构（图 6-15）。

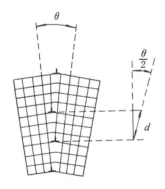

图 6-14 刃型位错构成的对称型位错倾斜壁
d 为两个位错之间的距离，θ 为位错倾斜壁两侧晶格偏转角

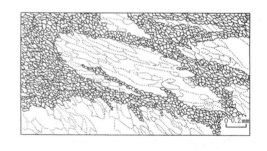

图 6-15 核幔构造
动态重结晶的细小石英晶粒围绕初始晶粒的残斑，残斑内发育有亚晶粒（虚线示部分亚晶粒边界）

（三）颗粒边界滑动和超塑性流动

颗粒边界滑动是通过各颗粒间边界的调整来调节岩石总体变形的一种作用。比如用一个橡皮口袋装满砂子，在力的作用下可以使装满砂子的口袋发生总体的变形，但其中的每粒砂子并不变形，总体的变形是通过各砂粒间的边界滑动来调节的。但岩石不是松散的砂粒集合体，其各晶粒间互相紧密镶嵌粘结而不能自由滑动。因此，只有在十分细粒的岩石中（粒度在几或十几微米），在足够高的温度下（$T\geqslant 0.5T_m$），使其组成的原子或离子的扩散速率快到

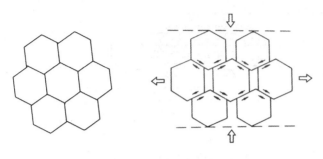

图 6-16 扩散蠕变与颗粒边界滑动关系示意图
（据 Poirer，1985）

能及时调节由于晶粒相互滑动产生的空缺或叠复时，才能实现自由的边界滑动（图 6-16）。这种机制称为超塑性流动，它可以使岩石总体产生极大的应变量而不发生破裂。如瑞士阿尔卑斯赫尔维推覆体根带中的钙质糜棱岩，其应变量 X/Z 可高达 100，但各晶粒本身只有轻微的拉长，且没有或很少有亚颗粒构造和双晶化等晶内变形的标志，也没有晶格优选方位。超塑性流动通常是动态重结晶使岩石细粒化的进一步塑性变形的机制，常见于钙质糜棱岩中。

第二节 影响岩石变形习性的因素

岩石的变形特征不仅与作用力的性质有关，而且与岩石本身的力学性质及所处的环境有关。研究这些因素对岩石变形习性的影响，对于分析和阐明地质构造的形成和发展是十分重要的。

一、岩石本身的影响因素

各类岩石由于成分、结构等的不同，对受力后所表现的力学性质也不同。实验证实，在相同条件下，玄武岩、石英岩等较坚硬岩石几乎表现为弹性性质；灰岩、泥灰岩及岩盐类等岩石则表现为弹-塑性性质。具有相同化学成分，而颗粒大小不同的岩石，在相同条件下，岩石的变形习性也不尽相同。低温条件下，细粒的石灰岩比粗粒的大理岩强度高；而在高温条件下，细粒石灰岩的强度比粗粒大理岩的强度要低得多。

岩石的各向异性也影响着岩石的力学性质。一般来说，大多数岩石是具各向异性的，如岩石中发育的原生层理和次生面理都能引起岩石的各向异性。实验证明，最大主应力 σ_1 与面理的夹角不同，应力-应变曲线也彼此不同，图 6-17 表明，使片岩发生破裂所必须的差异应力值 $(\sigma_1-\sigma_3)$ 随 σ_1 方向与片理面的夹角不同而有很大的变化。当 σ_1 与片理垂直时，发生破裂所需的差异应力最大；当倾角为 30°时，所需差异应力最小。

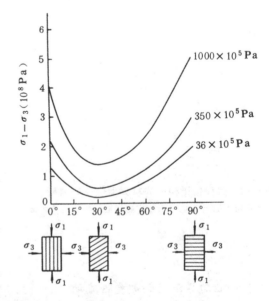

图 6-17 不同围压的挤压作用下片岩的强度与样品片理和 σ_1 的夹角之关系
（据 Mattauer，1980）
横坐标为 σ_1 与片理的夹角，纵坐标为应力差

二、外界环境的影响因素

环境因素主要指岩石变形时的物理化学条件,涉及变形时的围压、温度、孔隙流体等外部因素。

(一)围压效应

岩石处于地下深处,承受着周围岩石对它施加的围压作用。许多实验证明,随着围压的增大,岩石的屈服极限(σ_y)和强度极限(σ_R)都有很大的提高,并增强了岩石的韧性。如图6-18所示的大理岩变形实验应力-应变曲线表明,在低围压下,岩石基本上表现为弹性,并且在较低的差异应力作用下就发生脆性破坏;但当围岩超过300×10^5Pa时,其屈服应力大大提高,并继之以稳态粘性应变,表明岩石在高围压下变成韧性材料。

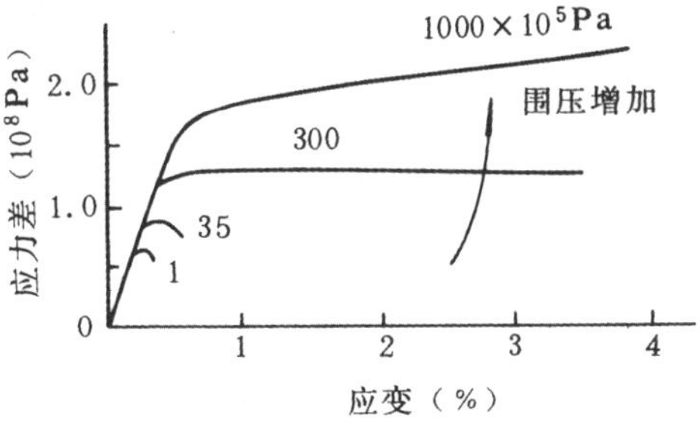

(二)温度效应

许多岩石在常温常压下是脆性的,随着温度升高,岩石的屈服应力随之降低,弹性减弱,韧性显著增强。图6-19的岩石实验应力-应变曲线表明了这一特征,同时还表明,随着温度升高,抗压强度明显降低,岩石的塑性应变量增大。

(三)溶液的影响

野外观察和室内实验都证实,当岩石中含有溶液或水汽时,一方面由于水的润滑作用以及对矿物晶键的弱化作用,降低了岩石的弹性极限,增加了岩石的塑性,使岩石易于变形;另一方面,在应力作用下,溶液有利于重结晶作用,即可促使某些矿物溶解,也可促使某些新矿物形成,因而有利于岩石的塑性变形。对比图6-20下面两条应力-应变曲线可知,湿大理岩比干大理岩更容易发生塑性变形。如果产生10%的应变,干大理岩所需要的压应力是300MPa,而湿大理岩却只需要200MPa左右。

(四)孔隙压力的影响

岩石孔隙内流体的压力称为孔隙压力(p_p)。实验证明,孔隙压力降低了围压(p_c)的作用,因而对变形起作用的有效围压(p_e)为:

$$p_e = p_c - p_p$$

孔隙压力的这种作用可用莫尔应力圆图解说明(图6-21)。图中斜曲线是某一岩石的莫尔包络线,孔隙压力为零时的莫尔圆应力为 I ,当孔隙压力增大,莫尔圆应力向左移至 I 处,与莫尔包线相切而引起破坏,表明了极限强度与孔隙压力及有效压力的关系。

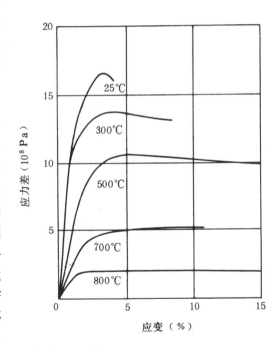

图6-18 伍姆比杨大理岩在不同围压下的应力-应变曲线

(据M. S. Paterson, 1958)

图6-19 玄武岩在5×10^8Pa围压时不同温度下的应力-应变曲线图

(据Griggs等, 1960)

如图 6-22 所示，岩石中孔隙压力增大时，岩石的屈服极限随之降低，即由 g 降到 a 点，使岩石易于变形，且过 a 点后应力-应变曲线下降，表明进一步变形所需的应力比原来的应力要小，这种现象称为应变软化。应变软化使岩石在较小的外力作用下就能发生较大的变形。此外，孔隙压力对断层和某些沉积岩构造的形成和发展起着重要的作用。

三、时间的影响因素

地质条件下的岩石变形持续的时间是长期的，通常以百万年为单位，因此时间因素对岩石变形的影响具有关键意义。

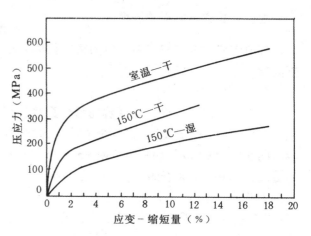

图 6-20　温度和溶液对大理岩变形的影响
(据 D.T.Griggs，1951)
围压为 1000MPa，图为垂直于层理所切的圆柱形标本

（一）应变速率

应变速率对变形的影响在人们日常生活中不乏实例。例如沥青、麦芽糖等韧性物质，在快速冲击力的作用下会像脆性物质一样破碎，但如果缓慢地对它们施加压力则会发生塑性变形。由此可见，应变速率高时，岩石屈服极限高，表现为脆性变形；低应变速率下岩石屈服极限低，呈塑性变形。

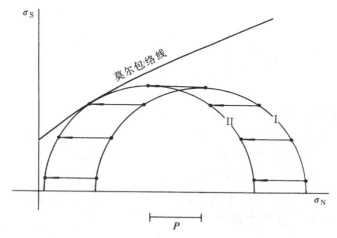

图 6-21　根据有效正应力相对剪应力标绘的莫尔圆
(据 B.E.Hobbs，1976)
圆 I 代表孔隙压力为零时，稳定岩石内的应力状态；圆 II 代表总应力与 I 相同，而孔隙压力上升 P（P 的数值用横标表示）数量时，不稳定岩石中的应力状态

（二）蠕变

岩石在应力长期作用下，即使应力在短期试验的屈服极限之下，也会发生缓慢的永久变形，这种与时间相关的变形称为蠕变。

图 6-23 表示弹塑性材料蠕变实验的结果，在应力开始作用时（t_0），岩石经历了一个短暂

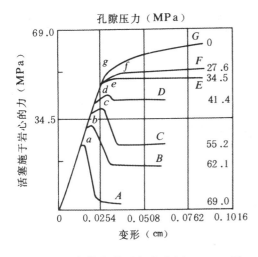

图 6-22 印第安纳石灰岩在近 70MPa 围压下的压缩变形中，孔隙压力对应力-应变曲线的影响

（据 P. Robinson，1959）

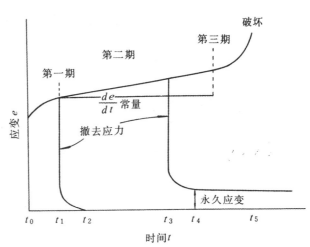

图 6-23 弹塑性材料蠕变实验的一般应变-时间曲线

（据 J. G. Ramsay，1967）

σ 为常量

的弹性应变阶段。接着是第一期的或瞬时蠕变阶段，该阶段初期应变速率相当大，然后逐渐变小。如果应力在时间 t_1 被撤去，首先是一个立即的（但不完全的）复原，然后是一个减速的回复，直到时间 t_2 才完全复原。再下来是第二期稳态或假粘性蠕变阶段，这阶段的应变速率 de/dt 近似于常量，岩石呈塑性变形。如果在时间 t_3 撤去应力，则经过一个立即的复原和减速的回复，到时间 t_4 仍留有一个永久应变。蠕变的最后阶段称为第三期或加速蠕变阶段，这时应变速率增加，最后（t_5）材料破坏。实验还证明，如果低于某一极限应力，应变速率为零，蠕变就不可能发生。因此，岩石具有一应力临界值，或称之为蠕变强度。小于它，岩石表现为固体；高于它，岩石就表现塑性流动。

地壳随着深度加大，围压和温度也随之加大。因而，同样的岩石在地壳不同层次的深度会表现为不同的变形习性。一般来说，岩石在接近地表或地壳浅处，多呈脆性，愈向深处，随着围压和温度的增加而愈来愈表现为韧性；在更深处达到熔点时，则发生熔融，呈现粘性流动。

最后将围压、温度、孔隙压力、溶液和时间等诸因素对岩石力学性质的影响列表于 6-1 中。

表 6-1 影响岩石力学性质的各种因素

影响因素	强 度	韧 性
围压增大	＋	＋
温度增高	－	＋
孔隙压力增加	－	－
溶液增多	－	＋
应变速率减小	－	＋

注："＋"表示增强；"－"表示减弱。

实习　构造模拟实验

一、目的要求

（1）通过泥料模拟实验了解压缩和剪切力作用下塑性变形和断裂变形的特征及其相互关系，获得应力、变形之间关系的感性认识，从而为进行地质构造力学分析打下基础。

（2）基本熟悉泥料模拟实验的一般方法和步骤。

二、实验材料和工具

（1）材料：泥巴、腊纸、棉纸等。

（2）仪器：压缩仪、剪切仪。

（3）工具：刮刀、记录纸、三角板、量角器、铅笔等。

三、实验内容说明

泥料模拟实验是一种最基本的构造模拟实验，它是根据相似理论的原则，仿制与实际地质体相似的模型体，用以分析地壳上某些构造形态及其组合型式产生原因和形成过程。

实验前应制备好泥模材料，将泥巴捣碎过筛（孔径 0.6—0.8mm），然后缓慢加水搅拌揉搓成均匀的湿泥团，以备用。根据实验要求加入不同份量的粉砂以适应其模拟地质体的力学性质。本次实验有两个内容：

（一）单向水平压缩实验

用泥料制成边长约 8—10cm、厚约 2—3cm 的泥模，将其表面抹光。上面和两侧轻轻印上若干圆圈，量其直径、放入压缩仪内。均匀缓慢地推挤压缩仪把柄，边压缩边注意泥模变化，直至各面出现明显节理为止。观察和记录要点。

（1）注意泥模塑性流动方向及各面上圆圈形状的变化，测量其圆印直径变化前后的长度，相对确定变形椭球体 A、B、C 轴及其方位。

（2）观察节理性质、特征、发育先后、相互关系，测量其产状、共轭剪裂隙夹角及其与施力方向的夹角，并按比例绘制素描图。

（3）比较不同材料泥模实验变形的异同点，分析其原因。

（二）基底剪切实验

用较软泥料铺于剪切仪上，制成边长为 8×6×0.5（cm）的泥模，将表面抹光。在位于剪切缝上的泥模表面轻轻印上数个圆印，量其直径。然后缓缓转动剪切仪手柄，均匀缓慢地施以剪切力，边剪切边注意观察泥模的变化，直至出现两组明显裂隙为止。观察和记录要点。

（1）注意泥模上圆印形态、直径长短及方位的变化，确定应变椭球体 A、B、C 轴，并测定 A 轴和 C 轴与剪切方向的夹角及长度。

（2）观察和测量两组剪切细缝 S_1 和 S_2 与剪切方向的夹角，其中与剪切方向交角小的一组为 S_2 剪裂隙，并注意两组剪裂隙的变化。

（3）重作一次泥模，在其表面敷一层水膜，缓缓剪切至出现张节理，测量椭圆 A 轴、C 轴、张节理与剪切方向的夹角及 A 轴和 C 轴的长度，并用非共轴递进变形原理解释张节理发展变化特征。

4. 绘制不同变形现象的素描图。

四、作业

1. 将单向水平压缩和基底剪切实验按表 6-2 的格式记录，并作整理。
2. 总结不同泥模受不同性质和方向力的作用与变形的关系，初步解释有关构造现象。

表 6-2　构造模拟实验记录表

1. 压缩实验

圆印痕直径				剪裂隙	张裂隙	褶皱纹
变形前 $D=$　　cm			出现顺序			
变形后	出现共轭剪裂时	长轴（AA）　　cm	与挤压力方向的夹角 $\theta=$　　（$\theta=45°-\dfrac{\varphi}{2}$）	素描图		
			实验材料内摩擦角 $\varphi=$　　（$\varphi=90°-2\theta$）			
		短轴（CC）　　cm				
	出现张裂时	长轴（AA）　　cm				
		短轴（CC）　　cm				

2. 单剪实验

变形前圆印痕直径_____ cm

		变形后圆印痕		与剪切力偶的夹角	素　描　图（标出外力方向）
		长轴（AA）	短轴（BB）		
剪裂隙	S_1	cm	cm		
	S_2	cm	cm		
张裂隙		cm	cm		
褶皱纹长轴					

注：剪裂隙 S_1 与 S_2 一般不同时出现，故变形后圆印痕的长、短轴应在其出现时分别测量。

第七章 节 理

本章要点：张节理、剪节理的特征；节理组、节理系；节理的形成。

第一节 节理及其分类

在自然界，几乎在所有的岩石中都普遍发育着形态各异、长短不一的节理。它是一种以小型为主的断裂构造，往往成群出现。节理的研究在理论上和生产实践上都具有重要的意义。节理常常为矿液上升、分散、渗透提供了构造条件。在一些矿区中，矿脉的形状、产状和分布常与该地区节理的性质、产状和分布有着密切的关系。节理也是石油、天然气和地下水的运移通道和储集场所。大量发育的节理常常引起水库的渗漏，并影响岩体的稳定性，给水库和大坝等工程带来隐患。节理的性质、产状和分布规律与褶皱、断层和区域构造有着密切的成因联系。因此，节理的研究也有助于分析和阐明地质构造的形成和发展。

一、节理的分类

节理的分类主要依据两个方面，即按节理与有关构造的几何关系及按节理形成的力学性质。这两者又是相互关联的。

（一）据节理与有关构造的几何关系的分类

节理是一种相对小型的构造，它总是与褶皱、断层等其它构造相伴生。节理的产状与其所伴生的构造有一定的几何关系。

1. 发育在倾斜岩层地区的节理可据节理产状与岩层产状的关系分类（图7-1）

（1）当节理面与岩层面平行时，称顺层节理。

（2）据节理走向与岩层走向的关系划分：如大致平行，称走向节理；如大致直交，称倾向节理；两者斜交时，称斜向节理。

2. 发育在褶皱区的节理可据节理与褶皱轴向的关系分类（图7-2）

依节理走向与褶皱轴向方位间的关系分为：当两者大致平行时，称纵节理；近于直交时，称横节理；两者斜交时，称斜节理。

对于发育在水平岩层或近水平岩层中的节理，一般据其走向划分，如北东向节理、北西向节理等。

（二）据节理形成的力学性质分类

岩石中受剪应力作用形成的平行剪应力的节理称剪节理；因张应力作用而产生的垂直于张应力的节理称张节理。它们各自具有独特的特征，在野外可根据节理的特征来识别划分。

1. 剪节理的主要特征

（1）产状较稳定，沿走向和倾向延伸较长。

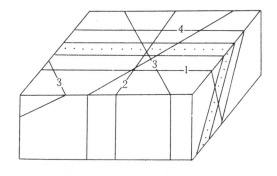 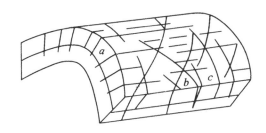

图 7-1 根据节理产状与岩层产状关系的节理分类　　图 7-2 根据节理产状与褶皱轴向关系的节理分类
1 为走向节理，2 为倾向节理，3 为斜向节理，4 为顺层节理　　a 为纵节理，b 为斜节理，c 为横节理

(2) 节理面比较平直光滑，有时具因剪切滑动而留下的擦痕。节理未被充填时，是平直的闭合缝；若被充填时，充填脉的宽度常较为均匀，脉壁亦较平直。

(3) 发育于砾岩和砂岩中的剪节理，一般切穿砾石和胶结物。

(4) 典型的剪节理常常组成 X 型共轭节理系。X 节理发育良好时，可将岩石切割成菱形、棋盘格式岩块或这种类型的柱体（图 7-3、7-4）；如只发育一组节理，则相互平行延伸。剪节理排列往往具等距性。

(5) 主剪裂面由羽状微裂面组成。羽状微裂面与主剪裂面交角一般为 10°—15°，相当于内摩擦角（φ）的一半。图 7-5 是单剪实验形成的两组羽状微剪节理 S_1 与 S_2，S_1 组微剪裂面与主剪裂面 MN 夹角为 α（$\varphi/2$），S_2 组微剪裂面与 MN 夹角为 γ。

(6) 剪节理尾端尖灭处常呈折尾、菱形结环、节理叉（图 7-6）。

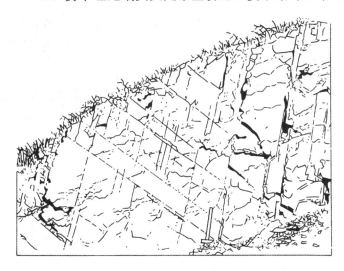 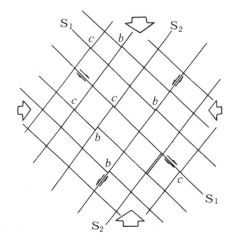

图 7-3 山东诸城白垩系砂岩中发育的两组共轭剪节理　　图 7-4 X 型共轭剪节理及其相对运动方向
（据万天丰，1988，略修改）

2. 张节理的主要特征

(1) 张节理产状不甚稳定，延伸不远。单条节理短而弯曲，常侧列产出（图 7-7）。

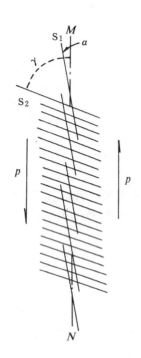
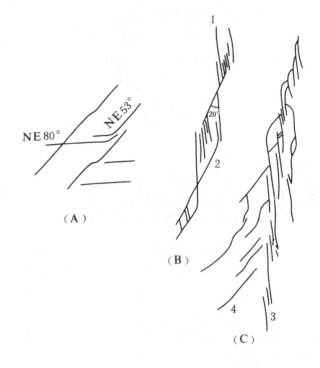

图 7-5 单剪实验形成的两组共轭剪节理 S_1 与 S_2

S_1 组羽状微剪裂面与主剪裂面（MN）夹角 $α$ 不超过 15°（$α=ϕ/2$），p 为一对平行力偶（外力）

图 7-6 剪节理尾端变化的三种形式
（A）折尾；（B）菱形结环；（C）节理叉；
1 与 2、3 与 4 分别为两组共轭节理

(2) 节理面粗糙不平、无擦痕。

(3) 在胶结不太坚实的砾岩或砂岩中的张节理常常绕过砾石或粗砂粒；如切穿砾石，破裂面也凹凸不平。

(4) 张节理多开口，一般被矿脉充填。脉宽变化较大，脉壁不平直（图 7-8）。

(5) 张节理有时呈不规则的树枝状、各种网络状，有时追踪 X 型节理形成锯齿状（图 7-9），单列或共轭雁列式张节理（图 7-8、7-10），有时也构成放射状或同心圆状组合形式。

(6) 张节理尾端尖灭处常呈树枝状分叉或杏仁状结环（图 7-11）。

上述剪节理和张节理的特征是一次变形产生的节理所具有的。若岩石或岩层经历了多次变形，早期节理的特征常被后期变形改造或破坏。即使在一次变形中形成的节理，因各种因素的干扰，也会使节理不具备上述诸方面的典型特征。

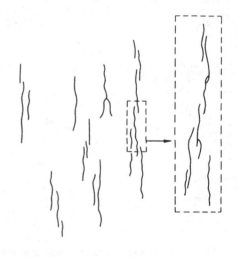

图 7-7 湖北白垩系、第三系砂岩中张节理侧列现象

（据马宗晋等，1965）

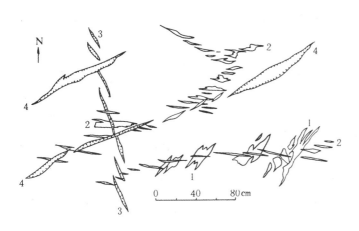
图 7-8 不同期次张节理的交切关系
（据万天丰，1988）

图 7-9 一对共轭剪节理
右侧先剪后张，被方解石脉充填；左侧是追踪两组剪节理而形成的锯齿状张节理

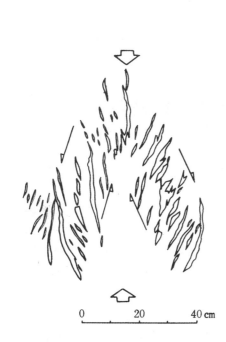
图 7-10 北京周口店奥陶系白云岩中沿共轭剪切带形成的两组雁列张节理（火炬状节理）

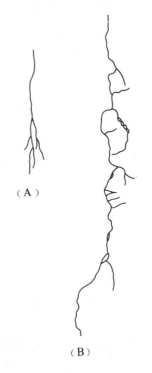
图 7-11 张节理尾端变化形式
（据马宗晋等，1965）
(A) 树枝状分叉；(B) 杏仁状结环

根据节理形成的地质原因，还可将节理分为构造节理和非构造节理。构造节理是在内动力地质作用下形成的节理，其特点是方位和产状稳定，与区域构造或局部构造存在一定的关系，发育的范围和深度均较大，既有剪节理，也有张节理；非构造节理是在外动力地质作用

119

下形成的节理，如风化作用或滑坡形成的节理等，其特点是发育的范围和深度有限，与各级、各类构造无规律性关系，产状和方位极不稳定，以张节理为主。

二、节理组和节理系

一次构造作用的统一应力场中形成的节理一般是具有规律的，并且成群出现，构成一定的组合型式，组成节理组和节理系。

节理组是指在一次构造作用的统一应力场中形成的、产状基本一致、力学性质相同的一群节理。节理系是由在一次构造作用的统一应力场中形成的两个或两个以上的节理组构成的，如X型共轭节理系等。在一次构造作用的统一应力场中形成的产状呈规律性变化的一群节理，如一群放射状张节理或同心环状张节理，也称节理系。在野外工作中，一般都以节理组或节理系为对象进行观测，故应注意划分节理组和节理系。

三、区域性节理

地壳表层广大地区存在着规律性展布的区域性节理。这类节理与局部褶皱和断层没有成因上的联系，而是区域性构造作用的结果。在岩层产状近水平的地台上，常常见到这类稳定产出的区域性节理。如在我国广西河池西南地区的上古生界灰岩中发育了一套走向NE60°和NW300°的X型节理。又如俄罗斯地台上有四组区域性节理，即正向系列——EW向节理和SN向节理，斜向系列——NE向节理和NW向节理。北美地台沉积盖层中也发育有产状稳定、展布范围很广的节理。这类节理间距宽而稳定，在上千平方公里范围内广泛产出，不受局部褶皱和断裂控制。

区域性节理，若被岩浆充填则呈规律排列的岩墙群，如平行排列的和放射状排列的。著名的岩墙群有东格陵兰岩墙群、苏格兰岩墙群等。安徽桐城西部大别山太古宇中发育了一套NE向岩墙群，密集排列成带，也是沿一组节理发育的。

区域性节理具有以下特点：

(1) 发育范围广，产状稳定。
(2) 节理规模大，间距宽，延伸长，可切穿不同岩层。
(3) 节理常构成一定几何形式。

主节理是指规模明显大于该区节理平均规模的节理。主节理延伸长，常以较稳定的产状切穿不同岩层甚至局部构造，在一定地区的各组、各类节理中占主导地位，节理延长为数十米以至上百米。主节理往往与一般节理不是在同一次构造作用中形成的，而是更大区域构造活动的产物。

节理是一种脆性变形，是地壳表层次和浅层次的构造。随着向地下深度的增加，温压的变化，岩石的塑性也相应增高，故自地表向深部，节理会越来越闭合，进而逐渐消失。

第二节　节理的形成作用

一、节理的形成

(一) 张节理

张应力作用而产生的节理是张节理，其方位垂直于主张应力或平行于主压应力。

实验和野外观察表明，岩石受拉伸时，会产生与主张应力垂直的张节理；岩石在一个方向上受压时，会形成与受压方向相平行的张节理；岩石受到单剪作用时，在与剪切方向大致成45°的方向上受到拉伸，在与拉伸垂直的方向产生张节理。

图7-12是野外露头素描，在平行受压的方向出现一系列相互近于平行的张节理，在沿共轭剪切面方向形成两组雁列张节理带。图7-13示雁列张节理形成的条件，岩石受到剪切时，在与剪切方向大致成45°方向拉伸下，产生与拉伸垂直的CC'方向的张节理。

一般认为，静岩压力是随着深度而增加的，静岩压力愈大，张节理就愈难产生。但综合考虑到时间因素和孔隙压力的影响，张节理也是可以在一定深度条件下形成的。

（二）剪节理

剪节理是由于剪应力作用而形成的节理，其两侧岩块沿节理面有微小剪切位移或有剪切位移的趋势，位移方向与σ_2垂直。剪节理与σ_2平行，与σ_1、σ_3呈一定的夹角（图7-14）。

图7-12 北京沱里奥陶系白云质灰岩中的张节理系

（据李志锋摄，杨光荣素描，1980）

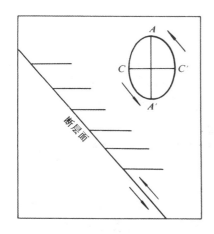

图7-13 断层一盘上雁列张节理形成的条件

（据M.P.Billings，1982）

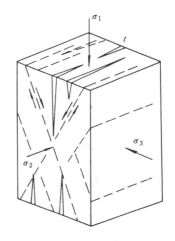

图7-14 剪节理（虚线）及张节理（t）与主应力轴（σ_1、σ_2、σ_3）的关系

（据Wilson，1982）

由于剪节理是由共轭剪切面发展而成的，所以常成对出现。包含最大主应力轴σ_1象限的共轭剪切破裂面之间的夹角称为共轭剪切破裂角。σ_1方向与剪切破裂面之间的夹角称为剪裂角。从野外观察和室内实验可知，岩石内两组初始剪裂面的交角常以锐角指向最大主应力方向，即共轭剪切破裂角常小于90°，通常约60°左右，而剪裂角则小于45°，这个现象可以用库仑-莫尔强度理论来加以解释。

由图6-5可知，当岩石发生剪破裂时，剪裂面与最大主应力轴σ_1的夹角，即剪裂角$\theta=45°$

—($\varphi/2$),共轭剪切破裂角 $2\theta=90°-\varphi$,所以,剪裂角的大小取决于内摩擦角 φ 的大小。不同岩石的内摩擦角不同,在变形条件相同的条件下脆性岩石比韧性岩石的内摩擦角大。内摩擦角大,剪裂角就小。实验和研究表明,同一种岩石在不同变形条件下的内摩擦角不同。随着温度、围压的增大,剪裂角也增大,并逐渐接近 45°。当破裂后发生递进变形或受其它因素(如塑性增高)的影响时,会出现剪裂角大于 45°的现象。

剪节理的剪切动向可以借助于被其切错的地质面、线判定,也可以据其与羽状微裂面的锐夹角判定(锐角顶指示本盘动向)。

(三)缝合线构造

缝合线构造是一种与节理相似的小型构造,一般顺层理产生,常见于不纯灰岩或大理岩中。过去认为缝合线都是顺层理发育的,是在非构造的荷载重力下压溶作用的结果。近年来研究发现,缝合线不仅顺层理产出,也有与层理斜交或直交的。与层理不一致的缝合线一般是在构造作用下先形成裂缝,进而在压溶作用下发育成缝合线。因此,缝合线构造的形成总是经过两个阶段,即先有裂面,进而压溶。在垂直裂面的压溶作用下,易溶组分流失,难溶组分残存聚积,使原来平直的面转化成由无数细小的尖峰、突起构成的缝合面(图 7-15)。

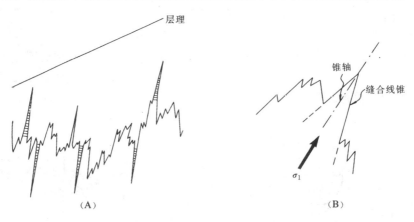

图 7-15 缝合线构造
(A)缝合线构造及其与层理的斜交关系;(B)缝合线锥轴与应力轴的关系

(四)节理力学性质的转化

由于构造变形作用的递进发展和相应转化,会发生应力的转向和变化,因而常出现一种节理兼具两种力学性质的特征或过渡特征,表现为张剪性等。一些早期形成的剪节理,在后期构造变形中会被改造或叠加,发生先剪后张的现象。图 7-16 为先受南北向挤压形成一对共轭剪节理,后期在南北向平行力偶的作用下,使先期形成的两组剪节理力学性质发生转化,沿先成的一组剪节理拉开形成张节理。图 7-16(B)为(A)图先期形成的共轭剪节理,在后期南北向顺时针平行力偶作用下,走向 NE 的一组剪节理转化为张节理,且其中充填了脉体。图 7-16(C)是(A)图所产生的共轭剪节理,当后期受南北向逆时针平行力偶作用时,NW 走向的一组剪节理转化为张节理,并充填了脉体。

(五)羽饰

羽饰是发育在节理面上的羽毛状精细纹饰,是构造应力作用下形成的小型构造,宽度一般数至数十厘米。羽饰构造包括羽轴、羽脉、边缘带等几个组成部分。边缘带由一组雁列式微剪裂面(边缘节理)和连结其间的横断口(陡坎)组成(图 7-17)。

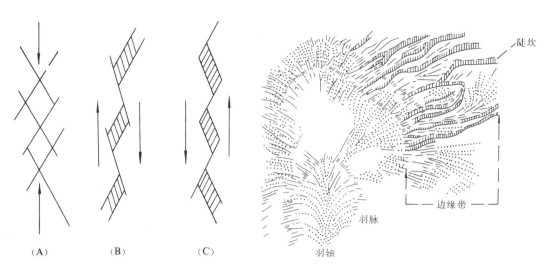

图 7-16 节理力学性质的转化（平面图）　　图 7-17 北京西山三叠系凝灰质粉砂岩节理面上的羽饰构造及环状边缘带

(据马杏垣摄，杨光荣熹描，1980)

羽饰构造多见于浅层次脆性状态的岩石中，可能是在快速破裂中形成的，其边缘带的边缘节理及陡坎与微羽列和反阶步类似，显示出剪切力偶方向。

二、节理的分期、配套

节理一般是长期、多次构造活动的产物。节理分期是将一定地区不同时期形成的节理加以区分，将同期的节理组合在一起。节理配套是将在一定构造期的统一应力场中形成的各组节理组合成一定系列。节理的分期、配套是从时间、空间和形成力学上研究一个地区节理的形成发育史及分布产出规律，可为研究该地区的构造和恢复其古应力场提供一定依据。

（一）节理的分期

节理的分期主要依据节理组的交切关系以及节理与有关的各期次地质体的关系。

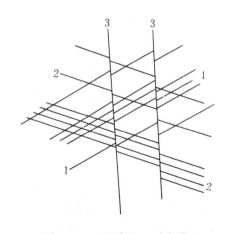

图 7-18 不同期节理对应错开

(1) 节理组的交切关系：包括错开、限制、互切、追踪和改造几个方面。错开指后期形成的节理常切断前期的节理，错断线两侧标志点对应错开（图 7-18）。限制指一组节理延伸到另一组节理前突然中止的现象，被限制的节理组形成较晚，如图 7-19 中 3、4 组被 1、2 组节理限制，故 3、4 组节理形成较晚。互切指两组互相交切或切错的节理是同时形成的，两者成共轭的关系（图 7-20、7-4）。追踪和改造指后期形成的节理有时利用早期节理，沿早期节理追踪或对其改造，使一些晚期节理常比早期节理更加明显。以上的交切关系往往不很明显，野外观察时应综合考虑各种标志，并尽可能辅以其它依据。

(2) 节理与其它地质体的关系：岩脉、岩墙和其它

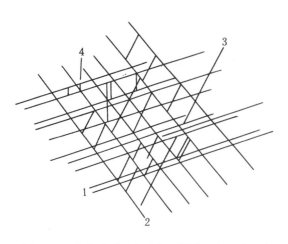

图 7-19 湖北香溪石灰岩中不同节理的限制现象
（据马宗晋等，1965）

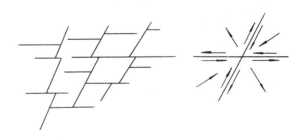

图 7-20 两组共轭节理的互切

侵入体常可用来间接判定节理形成的顺序。岩性、结构不同的岩脉、岩墙的交切关系，常清楚地显示出节理的先后顺序。如一组有岩脉充填的节理被一组无岩脉充填的节理切错，则前者先形成。又如一组节理被侵入体所截，另一组节理切过该侵入体，可知后者形成晚于侵入体，前者早于侵入体。

图 7-21 为一实例，西北某地一岩体中部发育一套同心状节理，岩体内边缘部分发育一套共轭剪节理，从交切关系看，可能是同期的。这两套节理同被一组切截岩体和围岩的南北向节理所切截，故南北向节理形成晚于前两套节理。

在进行节理分期时，还应结合地质背景，且一定要在野外进行，统计分析的结果也应进行野外检验，否则会导致错误的结论。

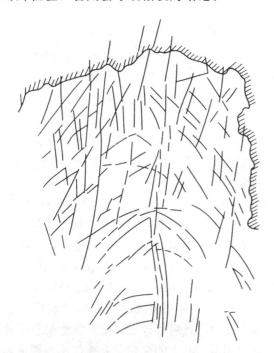

图 7-21 据岩体判定三套节理生成顺序
（据航空照片素描，1984）

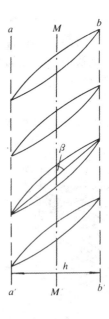

图 7-22 雁列脉的基本要素
aa'—bb' 为雁列带，h 为雁列带宽度，
MM' 为雁列轴，β 为雁列角

（二）节理的配套

节理的配套主要依据共轭节理的组合关系、并辅以节理发育的总体特征及其与有关地质构造的关系来确定统一应力场中形成的各组节理。

(1) 据共轭节理的组合关系：共轭剪节理具有特定的剪切滑动关系；折尾和菱形结环一般代表两组共轭节理；互相切错的节理为共轭节理；此外，锯齿状追踪张节理或两组雁列张节理也可作为确定共轭节理的依据。

(2) 据总的地质特征：一定地区或地段上发育的几组节理常与一定的地质构造有关。区域性节理一般展布广，间距大，延伸远，且穿透性强，具一定方位；而与某地段构造有关的节理则间距小，受岩性控制，延伸不远，展布范围有限，且方向随岩层产状和局部构造而变化。据上述特点可区分出两套节理。

三、雁列脉

雁列脉原是一组呈雁行式斜列的节理，这类节理被充填后形成雁列脉。雁列脉产于多种岩石中，尤以碳酸盐岩中最发育。雁列脉在理论研究和找矿勘探等方面均具较重要的意义。

雁列脉成带状展布的空间称雁列带。此外，雁列脉的基本要素还包括雁列带宽度、雁列轴和雁列角（图 7-22）。

雁列脉在平面上有左列、右列两种型式。当垂直节理走向观察时，其后的节理向右侧错列或在右端重叠的为右列，反之为左列。图 7-22 为一右列雁列脉。雁列脉单脉有 S 型（包括正 S 型和反 S 型）和平直型两种。非共轴递进变形产生正 S 型节理属张裂型，雁列角 45°左右（图 7-23）；平直型的属剪裂型，节理在递进变形过程中具张剪性质，雁列角 10°左右（图 7-24）。

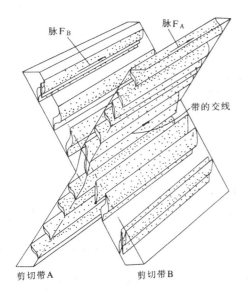

图 7-23 共轭剪切带中雁列张裂脉

（据 J.G.Ramsan 等，1987）

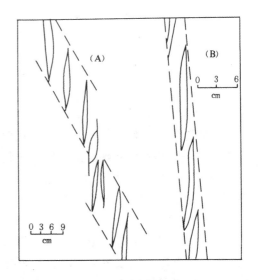

图 7-24 两类直脉型雁列脉

（A）张裂型；（B）剪裂型

（据 A.Beach，1975）

实习一　编制和分析节理玫瑰花图

一、目的要求

(1) 整理节理资料和绘制玫瑰花图。
(2) 分析节理玫瑰花图反映的构造意义。

二、说明

1. 绘制节理走向玫瑰花图的方法

(1) 整理资料。将野外测得的节理走向，换算成北东和北西方向，按其走向方位角的一定间隔分组。分组间隔大小依作图要求及地质情况而定，一般采用5°或10°为一间隔，如分成0°—9°、10°—19°等。然后，统计每组的节理数目，计算每组节理平均走向，如0°—9°组内，有走向为6°、5°、4°三条节理，则其平均走向为5°，把统计整理好的数值，填入表7-1中。

表7-1　天平山8号观测点节理统计资料

方位间隔	节理数目	平均走向	方位间隔	节理数目	平均走向
0°—9°	12	5°	270°—279°		
10°—19°	5	14.8°	280°—289°	3	282.7°
20°—29°			290°—299°	6	294°
30°—39°	13	34.7°	300°—309°		
40°—49°	21	45.9°	310°—319°		
50°—59°			320°—329°	10	325.6°
60°—69°			330°—339°		
70°—79°			340°—349°		
80°—89°			350°—359°		

(2) 确定作图的比例尺及坐标。根据作图的大小和各组节理数目，选取一定长度的线段代表一条节理，然后以等于或稍大于数目最多的那一组节理的线段的长度为半径，按比例作半圆，过圆心作南北线及东西线，在圆周上标明方位角（图7-25）。

(3) 找点连线。从0°—9°一组开始，按各组平均走向方位角在半圆周上作一记号，再从圆心向圆周上该点的半径方向，按该组节理数目和所定比例尺定出一点，此点即代表该组节理平均走向和节理数目。各组的点子确定后，顺次将相邻组的点连线。如其中某组节理为零，则连线回到圆心，然后再从圆心引出与下一组相连。

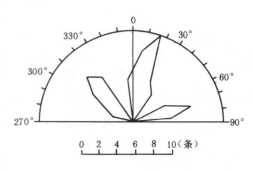

图7-25　节理走向玫瑰花图

(4) 写上图名和比例尺（图 7-25）。

2. 绘制节理倾向玫瑰花图的方法（图 7-26）

按节理倾向方位角分组，求出各组节理的平均倾向和节理数目，用圆周方位代表节理的平均倾向，用半径长度代表节理条数，作法与节理走向玫瑰花图相同，只不过用的是整圆（图 7-26）。

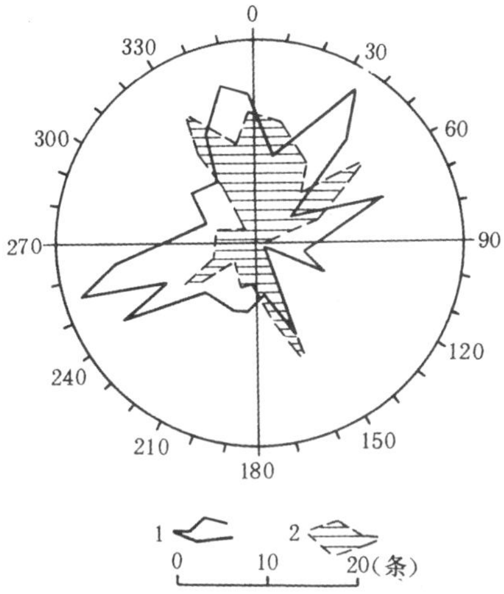

3. 绘制节理倾角玫瑰花图的方法（图 7-26）

按上述节理倾向方位角的组，求出每一组的平均倾角，然后用节理的平均倾向和平均倾角作图，圆半径长度代表倾角，由圆心至圆周从 0°—90°，找点和连线方法与倾向玫瑰花图相同。

倾向、倾角玫瑰花图一般重叠画在一张图上。作图时，在平均倾向线上，可沿半径按比例找出代表节理数和平均倾角的点，将各点连成折线即得。图上用不同颜色或线条加以区别（图 7-26）。

4. 节理玫瑰花图的分析

玫瑰花图是节理统计方式之一，作法简便，形象醒目，比较清楚地反映出主要节理的方向，有助于分析区域构造，最常用的是节理走向玫瑰花图。

分析节理玫瑰花图应与区域地质构造结合起来。因此，常把节理玫瑰花图按测点位置标绘在地质图上（图 7-27），这样就清楚地反映出不同构造部位的节理与构造（如褶皱和断层）的关系。综合分析不同构造部位节理玫瑰花图的特征，就能得出局部应力状况，甚至可以大致确定主应力轴的性质和方向。

节理走向玫瑰花图多在节理产状比较陡峻的情况下应用，而节理倾向玫瑰花图则多用于节理产状变化较大的情况。

图 7-26 节理倾向、倾角玫瑰花图
1. 倾向玫瑰花图；2. 倾角玫瑰花图

三、作业

表 7-1 是将表 7-2 的天平山 8 号观测点的节理测量资料按方位间隔加以整理的结果，对其中尚未统计整理的组，应依表 7-2 的数据补充整理填入表 7-1，然后根据整理后的表 7-1 节理资料作节理走向玫瑰花图。

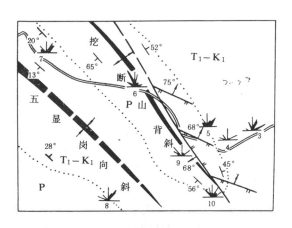

图 7-27 四川峨眉挖断山地质构造略图

表 7-2 天平山 8 号观测点节理测量记录

走向	倾角及倾向	走向	倾角及倾向	走向	倾角及倾向	走向	倾角及倾向
3°	∠75°SE	34°	∠72°SE	47°	∠76°NW	314°	∠79°NE
4°	∠73°SE	35°	∠75°SE	45°	∠78°NW	315°	∠83°NE
5°	∠72°SE	36°	∠72°SE	45°	∠80°NW	315°	∠87°NE
6°	∠71°SE	34°	∠75°NW	46°	∠76°NW	315°	∠80°NE
3°	∠76°NW	34°	∠72°NW	46°	∠74°NW	316°	∠86°NE
5°	∠85°NW	35°	∠72°NW	281°	∠72°NE	319°	∠80°NE
5°	∠87°NW	35°	∠74°NW	282°	∠73°NE	312°	∠73°SW
5°	∠75°NW	35°	∠72°NW	285°	∠75°SW	314°	∠80°SW
5°	∠79°NW	36°	∠74°NW	292°	∠70°NE	314°	∠75°SW
6°	∠78°NW	36°	∠74°SE	293°	∠70°NE	314°	∠78°SW
6°	∠84°NW	44°	∠75°SE	294°	∠79°NE	314°	∠78°SW
7°	∠80°NW	44°	∠84°SE	295°	∠75°NE	316°	∠78°SW
16°	∠71°SE	45°	∠80°SE	294°	∠75°SW	316°	∠79°SW
14°	∠71°NW	45°	∠85°SE	296°	∠72°SW	317°	∠75°SW
14°	∠71°NW	46°	∠85°SE	306°	∠74°NE	321°	∠71°NE
14°	∠75°NW	46°	∠83°SE	307°	∠71°NE	324°	∠71°NE
16°	∠75°NW	46°	∠83°SE	305°	∠75°NE	325°	∠73°NE
21°	∠73°SE	46°	∠86°SE	304°	∠78°SW	325°	∠75°NE
21°	∠74°SE	46°	∠81°SE	305°	∠78°SW	325°	∠75°NE
22°	∠75°SE	46°	∠82°SE	306°	∠80°SW	325°	∠78°SE
23°	∠80°SE	46°	∠78°SE	301°	∠77°SW	326°	∠77°NE
23°	∠78°SE	46°	∠82°SE	302°	∠73°SW	329°	∠74°NE
23°	∠74°SE	47°	∠84°SE	302°	∠70°SW	327°	∠75°SW
33°	∠75°SE	47°	∠80°SE	304°	∠80°SW	329°	∠74°SW
34°	∠74°SE	47°	∠85°SE	313°	∠75°NE		
34°	∠73°SE	48°	∠76°SE	313°	∠74°NE		

实习二 节理等密图的编制和分析

一、目的要求

学会编制和分析节理极点图和等密图。

二、说明

(一) 节理极点图的编制

节理极点图通常是在极等面积投影网上编制的,网的圆周方位表示倾向,由 0°—360°,半径方向表示倾角,由圆心到圆周为 0°—90°。作图时,把透明纸蒙在网上,标明北方,当确定某一节理倾向后,再转动透明纸至东西向 (或南北向) 直径上,依其倾角定点,该点称极点,即代表这条节理的产状。为避免投点时转动透明纸,可用与施密特网投影原理相同的极等面积投影网 (赖特网) (图 7-28)。网中放射线表示倾向 (0°—360°),同心圆表示倾角 (由圆心到圆周为 0°—90°)。作图时,用透明纸蒙在该网上,投影出相应的极点。如一节理产状为 NE20°∠70°,则以北为 0°,顺时针数 20° (即倾向),再由圆心到圆周数 70° (即倾角) 定点为节理法线的投影点,该点就代表这条节理的产状 (图 7-28a 点)。若产状相同的节理有数条,则在点旁注明条数（图 7-28b 点）。把观测点上的节理都分别投成极点，即成为该观测点的节理极点图。

有时，为了区分不同力学性质、不同规模、不同矿化的节理与褶皱、断层的关系，可分别作图。

（二）节理等密图的编制

等密图是在极点图的基础上编制的，其编制步骤如下：

1. 在透明纸极点图下垫一张方格纸，方格平行 EW、SN 线，间距等于大圆半径的 1/10（图 7-29）

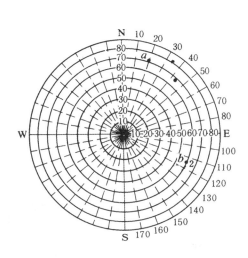

图 7-28 极等面积投影网（赖特网）

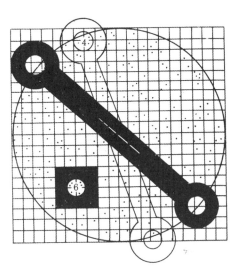

图 7-29 用密度计统计节理极点数

2. 用密度计统计节理数

（1）工具：中心密度计是中间有一小圆的四方形胶板，小圆半径是大圆半径的 1/10；边缘密度计是两端有两个小圆的长条胶板，小圆半径也是大圆半径的 1/10，两个小圆圆心连线长度等于大圆直径，中间有一条纵向窄缝便于转动和来回移动（图 7-29）。

（2）统计：先用中心密度计从左到右，由上到下，顺次统计小圆内的节理数（极点数），并注在每一方格"+"中心，即小圆中心；再边缘密度计统计圆周附近残缺小圆内的节理数，将两端加起来（正好是小圆面积内极点数），记在有"+"中心的那一个残缺小圆内。小圆圆心不能与"+"中心重合时，可沿窄缝稍作移动和转动。如果两个小圆中心均在圆周，则在圆周的两个圆心上都记上相加的节理数（图 7-30）。有时，可根据节理产状特征，只统计密集部位极点，稀疏零散极点可不进行统计。

（3）连线：统计后，大圆内每一小方格"+"中心上都注上了节理数目，把数目相同的点用连等高线方法连成曲线（图 7-31），即成节理等值线图。等值线一般是用节理的百分比来表示，即把小圆面积内的节理数与大圆面积内的节理总数换算成百分比。因小圆面积是大圆面积的 1%，故其节理数亦成比例。如大圆内的节理数为 60 条，某一小圆内的节理数为 6 条，则该小圆内的节理比值相当于 10%。在连等值线时，应注意圆周上的等值线两端具有对称性（图 7-31）。

（4）整饰：为了图件醒目清晰，在相邻等值线间可以着色或画线条花纹。最后写上图名、

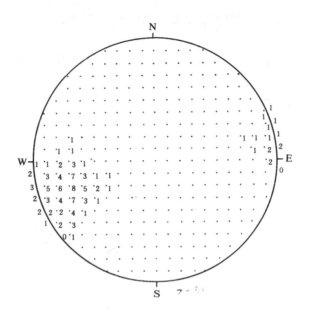

图 7-30 统计出的节理极点数
（据 W.W.Norton 等，1987）

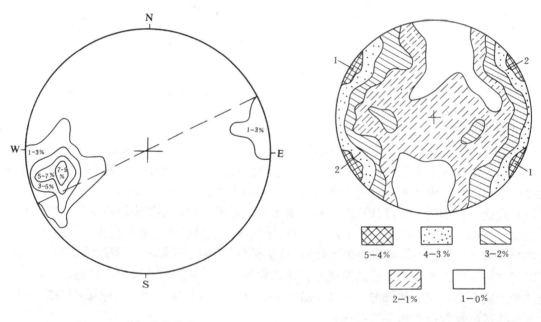

图 7-31 节理等值线连法
（据 W.W.Norton 等，1987）

图 7-32 节理等密图

图例和方位（图 7-32）。

(5) 分析：图 7-32 是根据 400 条节理编制的等密图。等值线间距为 1%，图上可清楚地看出有三组节理：一组走向 NE50°，倾角直立；一组走向 SE130°，倾角直立；一组走向 NE25°，倾向南东,倾角 20°。前两组可能是两组直立的 X 共轭节理系。然后进一步结合节理所处的构造部位,分析节理与有关构造之间的关系及其产生时的应力状态。

三、作业

根据表 7-3 某节理观测点测定的节理产状资料(共 100 个节理),用极等面积投影网编制节理极点图,进而编制节理等密图。测点处岩层产状为 NE25°∠69°。

表 7-3 某观测点节理测量记录表

1.	13∠61	26.	196∠69	51.	104∠52	76.	340∠60
2.	19∠76	27.	196∠74	52.	105∠56	77.	352∠71
3.	20∠71	28.	201∠60	53.	106∠69	78.	302∠82
4.	5∠81	29.	202∠66	54.	107∠61	79.	304∠76
5.	22∠78	30.	206∠85	55.	108∠76	80.	305∠60
6.	24∠73	31.	208∠62	56.	110∠68	81.	307∠68
7.	46∠66	32.	212∠72	57.	111∠67	82.	308∠78
8.	26∠81	33.	216∠64	58.	112∠63	83.	310∠62
9.	27∠74	34.	218∠60	59.	113∠81	84.	310∠72
10.	28∠78	35.	220∠70	60.	114∠74	85.	306∠62
11.	30∠69	36.	200∠70	61.	115∠58	86.	310∠79
12.	16∠78	37.	279∠72	62.	116∠68	87.	321∠78
13.	14∠64	38.	285∠70	63.	117∠64	88.	324∠60
14.	12∠70	39.	286∠78	64.	118∠79	89.	201∠76
15.	20∠81	40.	288∠74	65.	119∠54	90.	204∠73
16.	18∠66	41.	290∠60	66.	120∠74	91.	206∠76
17.	24∠66	42.	291∠61	67.	121∠60	92.	207∠79
18.	22∠63	43.	292∠80	68.	122∠73	93.	205∠69
19.	32∠74	44.	293∠70	69.	123∠78	94.	208∠66
20.	36∠66	45.	296∠57	70.	125∠62	95.	191∠61
21.	38∠76	46.	297∠76	71.	126∠74	96.	199∠78
22.	38∠70	47.	298∠64	72.	128∠68	97.	198∠69
23.	36∠60	48.	300∠59	73.	190∠62	98.	196∠81
24.	21∠68	49.	301∠72	74.	144∠66	99.	192∠85
25.	22∠57	50.	302∠68	75.	103∠64	100.	195∠78

第八章 面理和线理

本章要点：透入性和非透入性的概念；劈理、劈理的域构造、劈理的类型、劈理的应变意义、劈理的形成作用、劈理的野外观察；小型线理和大型线理的常见类型，线理的识别和观测方法。

相对于广义的面状构造和线状构造而言，本章讨论的面理和线理是指变形及变质岩石中常见的、在手标本或露头尺度上的透入性面状构造和线状构造。

所谓透入性构造是指在一个地质体中均匀连续分布的构造。它反映了地质体整体发生了变形。反之，非透入性构造则是指那些仅仅产于地质体局部的构造。如断层面或节理面，变形主要集中在断层面或节理面及其附近，其间的岩块很少或没有受到变形。透入性和非透入性的概念是相对于观察尺度而言的。如图 8-1 中的 S_2，在小型尺度上观察是透入性构造，而从微型尺度上去看就不具有透入性了。同样，某些节理和断层在小尺度范围是非透入性的，但

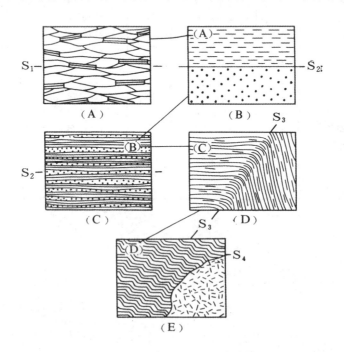

图 8-1 面状构造在同一岩体中不同尺度的表现示透入性与尺度的关系
(据 F.J. Turner 和 L.E. Weiss, 1963)

(A)显微尺度：颗粒界面的定向排列构成略具透入性的面状构造 S_1；(B)小微尺度：颗粒界面在上层内构成透入性面状构造，上、下两个不同组分层之间的分隔面 S_2 在这一尺度上是非透入性的；(C)小型尺度：互层平行于 S_2，构成透入性的面状构造；(D)中小型尺度：膝折面 S_3 将岩体分为两部分，S_3 是非透入性的；(E)中型尺度：S_3 是一系列紧密排列的膝折面，可以看作是透入性的，该尺度上的分隔面 S_4 则应是岩浆岩体与具膝折构造的板岩之间的界面

从区域尺度观察（如从卫星照片上观察），则是平行排列、均匀分布的断裂组，可以看作是透入性构造。

第一节 面 理

面理又称叶理或剥理，泛指岩石中的小尺度透入性面状构造。面理可由矿物组分的分层、

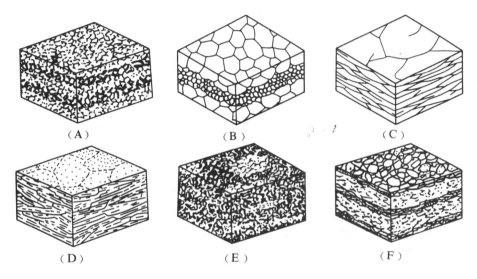

图 8-2 各类面理示意图
（据 M.G.Best 和 B.E.Hobbs 编制，1976）
(A) 组分的分层；(B) 颗粒大小的变化；(C) 近平行的密集的不连续面，如破裂面；(D) 颗粒的优选方位；(E) 板状矿物或透镜状矿物集合体的优选方位；(F) 表示 (A) + (D)

颗粒大小的变化显示出来，也可由近平行的不连续面、不等轴矿物或片状矿物的定向排列或某些显微构造组合所确定（图 8-2）。面理按其与岩石形成的时间关系分为原生面理和次生面理。沉积岩中的层理、岩浆岩中的流面为原生面理；次生面理包括变形、变质岩石中的各种劈理、片麻理、糜棱岩的流状构造等。本节主要讨论劈理。

一、劈理的结构

劈理是指变形岩石中能沿次生的密集平行排列的潜在分裂面将岩石分割成无数薄板或薄片的面状构造。劈理在露头范围内总是透入性的，在显微尺度上也具有明显的透入性。

劈理的基本微观特征之一是具有域构造，表现为岩石中劈理域和微劈石相间平行排列（图 8-3）。劈理域通常是由层状硅酸盐矿物（主要是云母）或不溶残余物富集成的平行或交织状的薄条带或薄膜组成，故又称云母域或薄膜域。

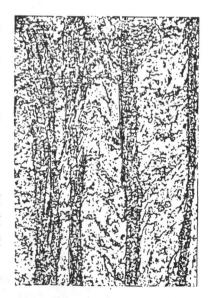

图 8-3 劈理中的劈理域（深色带）和微劈石（浅色带）

其中，原岩的组构被强烈改造，矿物和矿物集合体的形态及晶格具有显著的优选方位。微劈石是夹于劈理域间的窄的平板状或透镜状的岩片，亦称透镜域。因与劈理域相比，微劈石内的石英相对富集，故又称石英域。微劈石与劈理域之间的边界可以是截然的，也可以是渐变的。它们紧密相间，使岩石显示出纹理，正是劈理域内层状硅酸盐矿物的定向排列使岩石具有潜在的可劈性。

二、劈理的类型

长期以来，劈理的分类和命名很不一致，多数人曾采用雷思（C. K. Leith，1905）或克尼尔（J. L. Knill，1960）的分类：即根据劈理的成因和结构将劈理划分为流劈理、破劈理和滑劈理三种基本类型。这种分类认为，流劈理（或板劈理）是由于岩石中矿物组分的平行排列而形成的劈理；破劈理是岩石中一组密集的剪裂面，与矿物组分的平行排列无关；滑劈理（或应变滑劈理）是切过先存流劈理的差异性平行滑动面。近年来的研究发现，这三种劈理的形成方式与所赋予的术语与客观实际并不相符。为此，地质学者们渐渐地抛弃劈理分类中的成因涵义，而强调从几何结构来进行描述和分类。

鲍威尔（C. Mea. Powell，1979）首次提出根据劈理的域构造进行分类。戴维斯（G. H. Davis，1984）又做了明确的阐述。首先，根据劈理域的特征能识别的尺度，把劈理分为两大类：劈理域和微劈石可用肉眼鉴别的劈理，称为不连续劈理；若劈理域特征很细微，只有在偏光显微镜和电子显微镜下才能分辨，则这种劈理称为连续劈理。进而根据矿物粒径的大小、劈理域的形态以及劈理域与微劈石的关系再细分。劈理的类型如下：

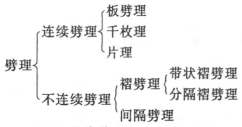

（一）连续劈理

连续劈理根据其粒度或域构造发育的程度再细分为板劈理、千枚理和片理。

1. 板劈理

板劈理是发育在细粒低级变质岩中的透入性面状构造。以板岩中的板理最为典型（图8-4）。矿物粒径一般小于0.2mm。板劈理使板岩具有良好的可劈性，可将岩石劈成十分平整的薄板。

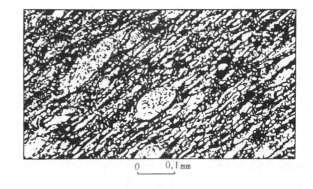

图8-4 板劈理的显微域构造

（据 B. E. Hobbs，1976）

层状硅酸盐域（暗色）呈网状围绕着大石英颗粒或集合体，集合体中包括石英和层状硅酸盐颗粒

在显微尺度上，劈理域是由云母或绿泥石等层状硅酸盐富集成的薄膜或薄层（称为M域），宽约0.005mm，层状硅酸盐成平行面状或交织状排列；微劈石是由富石英、长石等浅色矿物的集合体组成（称为QF域），呈板状或透镜状，宽约1—0.01mm以下，夹在劈理域中平行劈理域排列。此外，在缺少层状硅酸盐的变质岩中，扁平状或长条状矿物成定向排列可形成无域构造的连续劈理。

2. 片理

片理是发育在中—高级变质岩中的透入性面状构造。它与板劈理的区别是结晶程度的差异。晶体的粒径大于 0.2mm，一般在 1—10mm。片理使岩石裂开程度不像板岩那样完美，但仍显著，常劈成透镜状或粗糙的板状。

在复矿物组成的片岩中，片理的域构造十分明显，层状硅酸盐呈交织状绕透镜状或平板状的长英质分布，具有组构连续、优选定向的特点（图 8-5）。另一种片理发育于粒状单矿岩（石英岩、大理岩）中，层状硅酸盐稀疏地分布，片理主要以压扁、拉长的粒状矿物的连续平行排列而显示出来（图 8-6）。

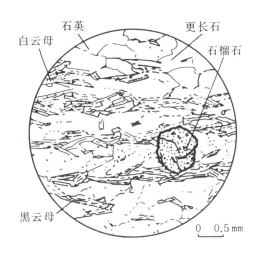

图 8-5 片理的显微域构造
（据 M.G.Best，1982）

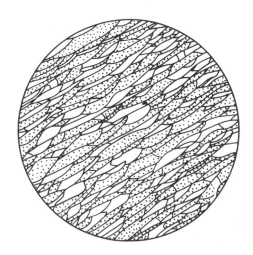

图 8-6 大理岩中的连续劈理

3. 千枚理

千枚理的特征介于板劈理与片理之间（图 8-7）。主要发育在富泥质的千枚岩中，在露头上以柔和绚丽的丝绢光泽为主要特色。

（二）不连续劈理

不连续劈理以用肉眼能分清劈理域和微劈石为特征，再据微劈石的结构可分为两类，即褶劈理和间隔劈理。

1. 褶劈理

褶劈理是由先存的连续劈理形成紧密相间、平行排列的微褶皱发展而来的，它以一定可见的间隔切过先存连续劈理为特征，其间隔大小为 0.1—10mm，褶劈理面大致平行于微褶皱的轴面。微劈石常以石英、长石为主，其次是层状硅酸盐矿物，其中保存有先存连续劈理的微褶皱。劈理域常由微褶皱的翼部发展而来，富集有层状硅酸盐或石墨，长英质矿物含量减少并变细。

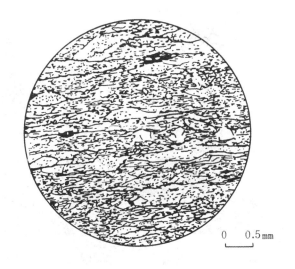

图 8-7 千枚理的显微域构造

褶劈理可进一步细分为带状褶劈理和分隔褶劈理。如图 8-8 所示，劈理域边缘的层状硅酸盐矿物逐渐减少，与微劈石相过渡，并与微劈石内的微褶皱一翼相连，使劈理域与微劈石之间成渐变关系，似成带状，称作带状褶劈理。带状褶劈理的劈理域较宽，域内的每一片层状硅酸盐矿物以小角度与劈理域的总方位相交。当劈理域变得十分窄，并切截了微劈石中的连续劈理时，使相邻的微劈石截然分开，则是分隔褶劈理（图8-9）。从带状褶劈理到分隔褶劈理还存在有过渡类型。

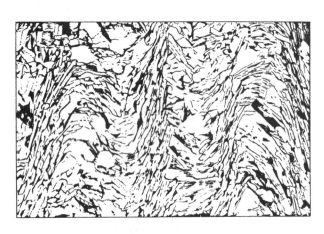 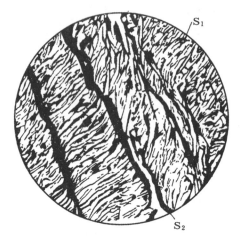

图 8-8　带状褶劈理的微观域构造
（据 D.M.Sheridan 照片摹描，
转引自 E.G.Ehlers 等，1982）

图 8-9　北京大灰厂石炭系
板岩中的分隔褶劈理

2. 间隔劈理

间隔劈理一般相当于过去所称的破劈理［图8-10（A）］。在显微尺度上，多数间隔劈理的细缝中充填着粘土等不溶残余物质，形成劈理域［图8-10（B）］。同时还发现，间隔劈理能使

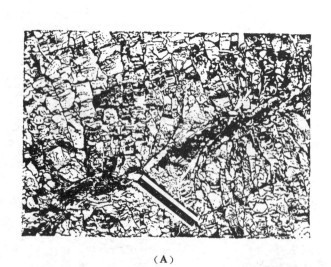 

（A）　　　　　　　　　　　　　　（B）

图 8-10　间隔劈理及劈理域

（A）石灰岩中的间隔劈理（据 W.Alvarez 等，1976）；（B）间隔劈理的劈理域的扫描电镜照片，域内由松散的密集成束的粘土组成（据 D.R.Gray，1981）

两侧层理产生错开（除了劈理垂直层理的情况外）。虽然这种错开使它好似微断层，但它不是

滑动面，其上没有擦痕和磨光面，如有化石被劈理穿切，劈理域的两侧找不到化石的对应部分，在另一侧常只遗留化石的极小一部分（图8-11），或完全被溶蚀掉。这就说明，过去认为剪切破裂形成的破劈理，实际上是压溶作用的不溶残余堆积的劈理域。

此外，在变质砂岩与板岩互层中，变质砂岩中的间隔劈理与板岩中的板劈理（或褶劈理）相互过渡，这也说明这两类劈理在成因上有一定的联系。为了避免对其成因上的混淆，目前越来越多的地质学家

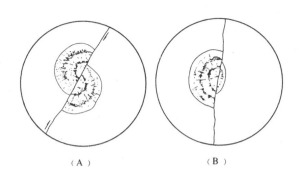

图8-11 两种实质不同的鲕粒错位
(A) 剪切滑移造成的不损耗位移；
(B) 压溶作用造成鲕粒残块和假错位

已趋向废弃破劈理这一术语，而采用间隔劈理。

间隔劈理由一系列平行状到交织状的、缝合线状到平面状的细缝组成，常为粘土质或炭质所占据。劈理域一般较窄，间隔宽窄不一，常在几毫米至几厘米之间。典型的间隔劈理发育在产生褶皱变形而未变质的沉积岩中，尤其是不纯石灰岩和泥岩中。

三、劈理的应变意义

有限应变测量表明，劈理一般垂直于最大压缩方向，平行于压扁面，即平行于应变椭球体的 XY 主应变面。

在变形岩石中，绝大多数的劈理与褶皱同期发育。劈理大致平行于褶皱轴面（图8-12）。在强岩层（如砂岩）与弱岩层（如板岩）组成的褶皱中，强岩层中的劈理常成向背斜核部收敛的扇形，弱岩层中的劈理则成向背斜转折端收敛的反扇形（图8-13）。在强弱岩层相间的褶

图8-12 西藏日喀则群砂质板岩斜歪背斜中的轴面劈理

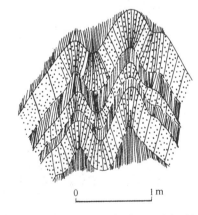

图8-13 硬砂岩（细点部分）和页岩互层中的褶皱
（据 B.E. Hobbs, 1976）
其中轴面劈理呈扇形和反扇形

皱的岩系中，劈理以不同角度与层理面相交，形成劈理的折射现象（图8-14），或在同一层内因岩性变化出现劈理的弯曲（图8-15）。紧闭褶皱中，劈理与轴面几乎一致，与褶皱两翼近于平行，仅在转折端处，劈理与层理大角度相交或近于垂直，表明劈理垂直于最大压缩方向。

图 8-14 北京大灰厂奥陶系马家沟组中的劈理折射
(据宋鸿林照片素描，1978)

图中部白云岩（铅笔处）为间隔劈理，下部纯灰岩为连续劈理，上部岩性变成白云质灰岩，劈理发生弯曲。注意各层的劈理以不同角度与层面相交造成的折射现象

在断裂带内及其近邻两盘岩石中也可以发育各种劈理，这些劈理是在断层形成和运动过程中产生的，与断层面斜交（图 8-16）。在韧性剪切带内矿物或矿物集合体的优选方向平行剪切带内的应变椭球体的 XY 面而形成面理，与韧性剪切带的边界成斜交或近平行（图 8-17）。

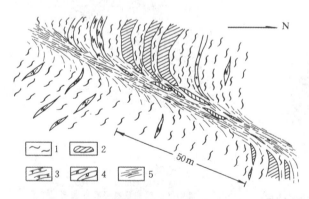

图 8-17 山东沂水县柏家坪东侧韧性剪切带露头素描
(据张家声，1983)

1. 混合花岗岩片麻岩；2. 角闪石岩；3. 长英质混合岩脉；4. 斜长角闪岩残留体；5. 劈理发育带，示劈理集中发育的狭长地带

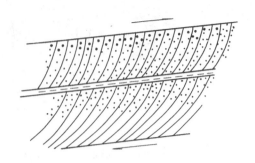

图 8-15 砂岩粒级层中弯曲劈理
(据 G. Wilson，1961)

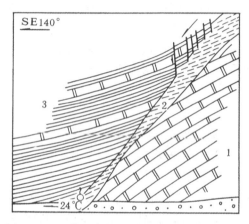

图 8-16 西藏当雄斯米夺温泉断裂带中的劈理
(据宋鸿林、王新华，1974)

1. 大理岩；2. 绿泥石片岩（断裂带宽约 1—1.5m）；3. 板岩夹大理岩

说明劈理垂直于最大的压缩方向还有很多证据。如含有化石的板岩中，层面上平行劈理迹线方向的化石形体比未变形的要窄，而垂直于劈理迹线方向的化石比未变形的要宽得多（图 8-18）。

虽然大多数劈理垂直于最大压缩方向，并平行于应变椭球体的 XY 主应变面，但不能排除劈理的发育与剪切应变有关的现象。如韧性剪切带中具有劈理特征的糜棱岩面理，就是在剪应变作用下矿物平行剪切方向定向排列形成的。另如北京西山磁家务一带顺层韧性剪切带中寒武系板岩的压扁退色斑（相当于压扁的应变椭球体），其压扁面或长轴与板劈理面约成5°—3°的极小交角，表明板劈理与应变椭球体的XY主应变面不完全平行，而与剪切应变面有一定的关系。

四、劈理的形成

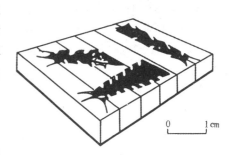

图8-18 板岩中的笔石
（据T.O.Wright和L.B.Platt，1982）
层理面（水平面）上平行劈理（直立面）迹线的笔石长而窄，垂直劈理面迹线的笔石短而粗

长期以来，基于劈理的应变意义和有关的实验研究，对劈理形成的经典解释是根据变形时体积不变的原则，即认为是原岩在压扁作用下由矿物组分的机械旋转、矿物的定向结晶或沿着紧密间隔裂隙状的不连续面的简单剪切变形而成。虽然这些机制中的每一种对劈理形成都可能有作用，但它们不能充分地解释域构造的形成。近年来的研究认为，劈理的形成与压溶作用引起母岩中物质迁移关系最为密切，并与岩石的缩短作用及体积损耗有关。现将劈理形成的可能机制概括如下。

（一）机械旋转

早在1856年，索尔比（H.C.Sorby）根据板岩的岩石学研究和粘土的压缩实验提出，白云母等片状矿物的旋转与刚性颗粒在塑性流动基质中旋转一样，一直旋转到与压缩垂直的平面上。之后，地质学家又通过云母与食盐颗粒混合物加压实验证明，云母片受压而旋转，云母及食盐颗粒均趋于平行挤压应变面，构成新的优选方位（图8-19），从而可利用机械旋转机制来解释板劈理的形成。虽然这种机制能解释板劈理中云母的定向排列，但不能解释劈理域中的云母为何如此富集，而且也不能解释劈理域中扁圆状或透镜状石英的存在。

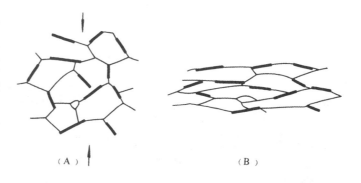

图8-19 食盐和云母集合体在压扁作用下形成优选方位的实验
（据B.E.Hobbs，1976）
(A)变形前状态；(B)缩短60%后形成具有劈理特征的食盐和云母集合体

（二）重结晶作用

定向重结晶作用能使颗粒改变成长条状或扁平状（图8-20），这在单矿物岩无域构造的连续劈理中尤为明显，如大理岩中的连续劈理即是方解石定向重结晶形成的（图8-6），石英岩中的劈理则是由定向次生加大的石英和胶结物定向重结晶的云母所组成。此外，板岩中的云母或层状硅酸盐（001）面的定向排列是垂直最大压缩方向生长的结果。同时，由于云母的定向生长，可能促使其中的石英等矿物成长条状或扁平状，故使石英等矿物具有形态上的优选方向，从而解释了劈理的形成。

定向重结晶作用与机械旋转一样，都不足以解释板劈理域构造的形成，也不能解释板劈理的劈理域中石英、长石颗粒强烈变细的事实。

（三）压溶作用

自从 70 年代以来，人们对劈理进行了大量的研究。许多学者都认识到岩石通过压溶作用而达到的压扁作用是劈理形成的重要因素。压溶作用发生在垂直最大压缩方向的颗粒的边界上或层的界面上，并不断地沿此方向推进，溶解出的物质向低应力区迁移和堆积（图 8-21），如板岩中的石英、长石在垂直最大压缩方向上被溶解，使其颗粒或石英集合体变成透镜状或长条状的微劈石。溶解出的物质迁移至低应力区沉淀，形成须状增生、同构造脉及压力影（图 8-21），岩石中的粘土或云母等不溶残余便相对富集，云母等片状矿物在应力作用下递进旋转而定向排列，形成劈理域。因此，压溶作用较合理地解释了板劈理域构造的形成及其特征。

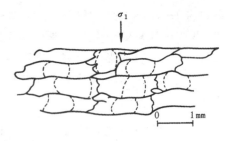

图 8-20　垂直于主压应力（σ_1）方向上的石英次生加大

（据 A. Nicolas，1987）

点线部分为原来石英颗粒

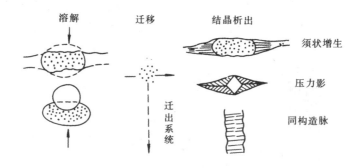

图 8-21　压溶作用与物质迁移及结晶沉淀示意图

同样，压溶作用也能较好地解释褶劈理的形成（图 8-22）。先存的连续劈理在顺层或与层斜交的缩短作用下，发生纵弯褶皱作用形成微褶皱。当应变状态所需的缩短量超过了只凭褶皱所能达到的量时，岩石开始由压溶作用使物质溶失而缩短。沿着褶皱翼部易溶的浅色长英质被溶失，云母或层状硅酸盐的不溶残余相对富集，形成劈理域。微褶皱的转折端相对富集了粒状的石英和长石等浅色矿物。又因微褶皱翼部溶解出的物质迁移到转折端，在那里使石英等矿物次生加大，形成富石英的微劈石。随着递进变形中压扁作用的加强，垂直于最大缩短方向的强烈的压溶作用可以使褶皱翼部中可溶物质全部溶掉，使微劈石中的连续劈理被断层似地截断，与劈理域截然相接，形成分隔褶劈理（图 8-22）。

综上所述，绝大多数劈理的形成与构造变形所引起的压溶作用等各种机制有着密切关系。但是，不能排除未固结沉积物可能由于压实作用形成板劈理，或由于深埋在地下的岩石因"负荷变质"而形成连续劈理。这些劈理常显示出与层理一致的现象，多为区域性顺层劈理。

五、劈理的野外观测

在岩石强烈变形和变质岩区进行工作时，应特别注意对劈理的观测，要象在沉积岩区对待层理一样，详细地观察其构造特点，大量测量其产状，并均匀地标注在地质图或构造图上。劈理的野外观测主要应包括下列内容。

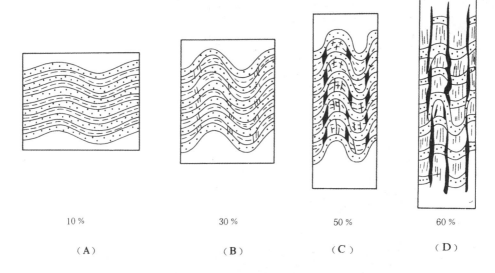

(A)	(B)	(C)	(D)
10%	30%	50%	60%

图 8-22　递进缩短变形中分隔褶劈理的发育过程及其与应变量的关系
(据 D. R. Gray, 1979)

(1) 区分劈理和层理。变质岩区广泛发育的劈理常置换或隐蔽了原生的层理。缺乏经验的地质人员，由于误将劈理当层理，往往导致对地质构造的错误认识。正确区分劈理和层理是在变质岩区进行工作时要解决的首要问题。一般地说，岩性界面是识别层理的标志（图 8-23）。但是，在许多变形强烈的劈理化岩石中，浅色的微劈石与暗色的劈理域相间平行排列的成分分异层，极易被误认为是层理。这时，要努力寻找变余的原生构造（如交错层理、波痕、粒级层等），并对标志层（如石英岩、大理岩）进行认真追索。

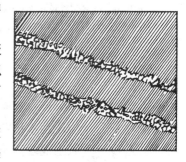

图 8-23　板劈理与层理
(据程裕淇，1963)
板岩中夹有砾石层，即为层理，斜线是板劈理

(2) 描述劈理的结构特征。在垂直劈理的截面（或定向薄片）上，观察和测量劈理的间隔，描述劈理的形态（如平行状、交织状等）以及微劈石的结构等，为正确划分劈理类型提供依据。同时，还要分析劈理所在岩石的化学成分、矿物成分与劈理结构特征之间的关系。

(3) 观测劈理与层理的产状关系。与纵弯褶皱同期形成的轴面劈理和褶皱层之间存在一定的几何关系，观测劈理和层理的产状及其关系可以确定大型褶皱的性质及地层的相对层序，详细情况见第十章第一节中的有关内容。此外，逐层测量劈理与层理的夹角，描述劈理的折射现象，可以确定同一变形条件下岩层间的韧性差（图 8-14）。

(4) 确定劈理发育的先后顺序。分析劈理生成的先后顺序对建立构造变形序列具有重要意义。一般被切割的劈理生成时代早，切割其它劈理的劈理生成时代晚；晚期劈理延伸方向稳定，早期劈理可以褶皱或断开，或被晚期劈理归并和利用（图 8-24）。为了野外记录方便，通常以 S_0 表示原生层理，以 S_1、S_2、S_3……表示不同变形期的劈理或面理。

(5) 采集定向标本，为室内进行显微构造分析作准备。

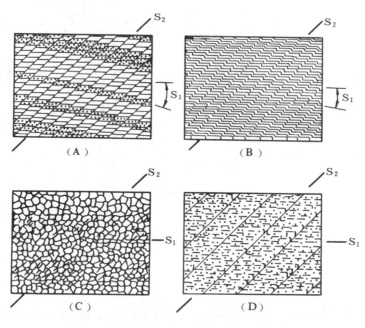

图 8-24 劈理之间先后交切关系及类型
(据 F. J. Turner 和 L. E. Weiss, 1963 修改)

(A) 新生面理 S_2 交切并错开 S_1; (B) 新生的 S_2 劈理发育在连续劈理微褶皱的倒转翼上; (C) 云母局部富集带构成的 S_1 面理被新生的排列方位所改造; (D) S_1 为云母片构成的连续劈理并沿褶劈理 S_2 挠曲

第二节 线 理

线理是一个描述性术语，泛指岩石中的小尺度透入性线状构造。线理据其与岩石形成的时间关系可分为原生线理和次生线理。前者是成岩过程中形成的线理，如岩浆岩中的流线；后者是指构造变形中形成的线理。次生线理是构造运动学的重要标志，就其与变形过程中物质运动方向的关系，又可以归纳为两大类：一类是与物质运动方向平行的线理，称作 a 型线理，a 型线理与最大应变主轴（A 轴）一致，故又称 A 型线理；另一类是与物质运动方向垂直，一般平行于应变椭球体的中间应变轴（B 轴）的线理，称作 b 型线理或 B 型线理。本节只讨论次生线理。变形岩石中除小型线理外，还有粗大线状构造，如石香肠构造、窗棂构造、压力影构造等，也在本节一并阐述。

一、小型线理

在强烈变形岩石中，常常弥漫着各种小型或微型的线理。按照线理的形态和成因可分为以下几类：

（一）拉伸线理

拉伸线理是由拉长的矿物颗粒或集合体、岩石碎屑、砾石、鲕粒或其它构造标志物平行排列而显示的透入性线状构造[图 8-25（A）]。它们是岩石组分在变形时于运动面上发生塑性流动被拉长而形成的，其拉长的方向代表物质的运动方向，且常常与应变椭球体中的最大应变主轴（A 轴）一致，故称 a 型或 A 型线理。例如，变形砾岩中的拉长砾石平行排列显示出的线理、板劈理面上拉长的退色斑平行排列显示出的线理等。

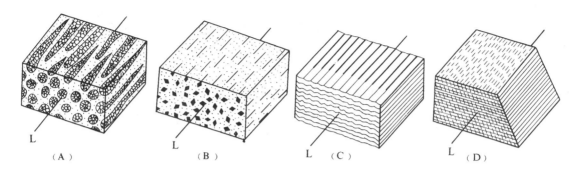

图 8-25　线理的类型
(据 F.J.Turner 和 L.E.Weiss，1963，略修改)
(A) 矿物集合体定向排列显示出的拉伸线理；(B) 柱状矿物平行排列而成的生长线理；(C) 面理揉褶形成的皱纹线理；(D) 交面线理；L 为线理方向

(二) 矿物生长线理

矿物生长线理是由针状、柱状或板状矿物的长轴定向排列而成的线理 [图 8-25 (B)]。它们是矿物在定向应力作用下，沿主压应力方向不断溶解、扩散，且在引张方向重结晶生长的结果 (图 8-20、8-21)。因而，矿物长轴的方向、纤维生长的方向往往指示岩石重结晶或塑性流动的拉伸方向，故属 a 型或 A 型线理。

(三) 皱纹线理

皱纹线理是由先成面理构成的微细褶皱的枢纽平行排列而成的线理 [图 8-25 (C)]。皱纹线理常与褶劈理的形成有关，大多发育在板岩、千枚岩和片岩中。皱纹线理的方向与皱纹所属的同期褶皱的枢纽方向一致，故属 B 型线理。

(四) 交面线理

交面线理是两组面理相交或面理与层理相交形成的线理 [图 8-25 (D)]，常为 B 型线理。

二、大型线理

在强烈变形的岩石中，常发育一些独特形态的粗大线理，一般不具透入性，但在大尺度上观察，也可看作是透入性的，主要有以下几类：

(一) 石香肠构造

石香肠构造又称布丁构造 (boudinage)，是不同力学性质互层的岩系受到垂直或近垂直岩层面的挤压及顺层拉伸而形成的。软弱岩层被压向两侧塑性流动，夹在其中的强硬岩层不易塑性变形而被拉断或出现细颈化，构成断面上形态各异、平面上呈平行排列的长条状断块，即石香肠。在被拉断的强硬岩层的间隔中，或由相邻软弱岩层呈褶皱楔入，或由变形岩石分泌的物质所充填。因此，石香肠构造是各种断块、裂隙与楔入褶皱或分泌充填物的构造组合。

为了描述和测量石香肠构造在剖面上和层面上的大小并标定其方位，必须从三度空间来进行其长度 (b)、宽度 (a)、厚度 (c) 以及横间隔 (T) 和纵间隔 (L) 诸要素的观察和测定 (图 8-26)。从石香肠构造的形成可知，其长度指示了局部的中间应变主轴 (B 轴)，故其可看作是一种粗大的 B 型线理。它的宽度指示拉伸方向 (A 轴) 或局部的最小主应力轴 (σ_3) 方向。

它的厚度指示压缩方向（C 轴）或局部最大主应力轴（σ_1）方向。

石香肠构造的三维空间形态一般不易被观察到，所以对其横断面的描述较多。马杏垣教授曾按其横断面的形态将其划分为矩形、梯形、藕节状和不规则状等几种类型（图 8-27）。石香肠在横断面上形态的变化似乎取决于两个主要的因素：①岩层之间的韧性差；②强岩层所受拉伸作用的大小。当岩层间的韧性差很大时，最强硬岩层的破裂是在应变很小时即出现的张裂，进一步的拉伸应变使断块分离，从而形成横剖面上矩形的石香肠 [图 8-27（A）、图 8-28（A）中第 1 层]。当岩层间的韧性差为中等时，较强岩层常先发生明显的变薄或细颈化，进而被剪裂且拉断，形成梯形、菱形或透镜状的石香肠 [图 8-27（B）、图 8-28（A）中第 2、3 层]。如果岩层间的韧性差很小，则相对强岩层可能只发生肿缩，形成细颈相连的藕节状石香肠 [图 8-28（C）、图 8-28（A）中第 3 层]。因软弱层的塑性流动及石香肠体的边缘受到剪切改造，原为矩形的石香肠可以变成桶状，甚至有时可变成透镜状，端部呈鱼嘴状 [图 8-28（C）中第 1、2 层]。

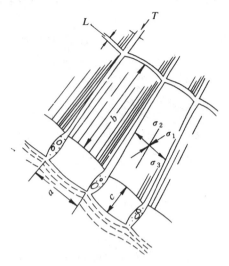

图 8-26　石香肠构造的要素及其反映的应力方位

（据马杏垣，1965）

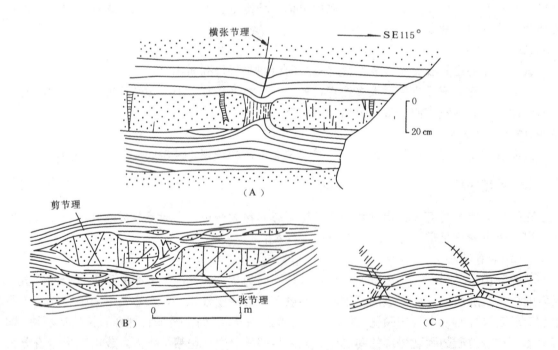

图 8-27　北京西山各种石香肠的形态

（据马杏垣，1965）

（A）矩形石香肠；（B）菱形石香肠；（C）藕节形石香肠

石香肠构造的三维空间形态的变化反映不同的应变状态。当应变处于单向拉伸的平面应

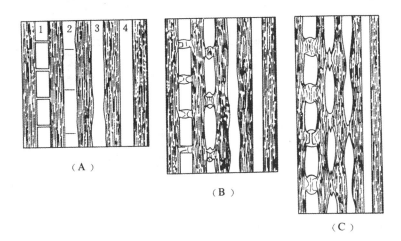

图 8-28　石香肠构造的递进发展

(据 J.G. Ramsay，1967)

强岩层第 1、2、3 和 4 层按强度递减的顺序排列，第 4 层与介质的性质相同

变时（即 $\lambda_1 > \lambda_2 = 1 > \lambda_3$），强岩层只发育一组长条状石香肠 [图 8-29 (A)]；当应变处于双向拉伸时（即 $\lambda_1 > \lambda_2 > 1 \gg \lambda_3$），强岩层两个方向都受到拉张，形成两个不同方向交切的石香肠，因而构成"巧克力方盘"式石香肠构造 [图 8-29 (B)]。

（二）窗棂构造

窗棂构造是指强硬岩层面上形成的一排圆柱状—半圆柱状的粗大线状构造（图 8-30）。因其形似欧洲古典教堂建筑的高大窗户的直立棂柱而得名。这种棂柱表面有时被磨光，并蒙上一层云母等矿物薄膜，其上可以有与其延伸方向一致的沟槽或凸起，且常被与之直交的横节理所切割。

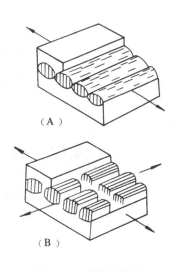

图 8-29　石香肠构造

(据 R.G. Park 修改，1963)

(A) 长条状石香肠构造；(B) 两个方向拉伸产生的"巧克力方盘"石香肠构造

图 8-30　砂岩层和板岩层接触面上的窗棂构造

(据 A. Pilger 等，1957)

窗棂构造是韧性差异较大的强弱岩层受到顺层强烈缩短引起纵弯失稳而形成的。沿着强弱岩层的界面，出现一系列宽而圆的背形和尖而窄的向形，软弱岩层总是以尖而窄的向形嵌入强岩层，强岩层面呈圆拱状的背形突向软弱岩层，从而铸成一系列圆柱形的肿缩式窗棂构造。此

外，也有人把外貌与一排棍柱相似的褶皱构造称为褶皱式窗棂构造。这些由纵弯褶皱作用形成的棍柱一般平行褶皱枢纽延伸。但有时可见到扭转的棍柱，表明它不仅受到平行层理的缩短作用，还可能受到一定程度的扭曲，故使棍柱发生辗滚和扭转（图8-31）。

窗棂构造与石香肠构造不同，前者反映了平行层理的缩短，而后者则反映了垂直层理的压缩。但窗棂柱的方向与香肠体的长轴一样，都代表了应变椭球体的中间应变主轴（B轴），故为B型线理。

（三）杆状构造

杆状构造是由石英、方解石等单矿物组成的比较细小且平行排列的棒状体，其横截面呈圆形、扁圆形或透镜状（图8-32），成带成束地在一定变质岩层中出现。多数杆状构造是由变质变形过程中产生的析离物质所组成，如富含石英的岩石中分泌析出的杆状体为石英棒，碳酸盐岩中析出的多为方解石棒或白云石棒。但有些杆状构造可能是先存于岩石中的薄层石英、脉石英或石英岩质砾石随着围岩的强烈褶皱辗滚而成。

杆状构造的长轴与褶皱轴平行，并与运动方向直交，故为B型线理。

图8-31　北京大灰厂奥陶系白云岩卷曲形成的窗棂构造
（据宋姚生照片素描，1978）

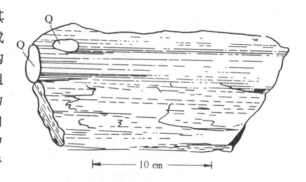

图8-32　硅质片岩中的石英棒（Q）
（据G. Wilson, 1961）

（四）铅笔构造

铅笔构造常发育在泥质或粉砂质岩石中，它是使岩石劈裂成铅笔状长条的一种线状构造（图8-33）。

铅笔构造的形成可能有两种方式。一种是初始的泥质和粉砂质沉积物受到垂直层面的压实作用，并伴有孔隙水的逸出，致使沉积物发生大量的体积损失，呈现出垂直层面方向被压扁的应变状态［图8-34（A）］；在其后的构造变形中，由于平行层理的压缩及沿垂直方向的拉伸，引起片状、柱状和针状矿物发生旋转并顺拉伸方向定向排列［图8-34（B）］，使岩石顺拉伸方向

图8-33　铅笔构造

（X轴）易于裂开；岩石渐渐破裂成大小不一的碎条，称为铅笔构造［图8-34（C）］。这种铅

笔构造最主要特征是没有面状构造要素，横截面是不规则的多边形或弧形。另一种是交面的铅笔构造，它常由劈理面与层面相交而成。交面的铅笔构造一般具有规则的断面形状，代表了两组或多组面理的方向。成岩压实的铅笔构造与交面的铅笔构造一般互相平行，并常平行于同期褶皱的褶轴，为 B 型线理。

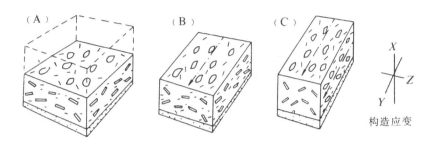

图 8-34　铅笔构造的发展阶段
(据 J.G.Ramsay，1983)
(A) 页岩的初始压实阶段；(B) 早期变形阶段；(C) 铅笔构造阶段

(五) 压力影构造

压力影构造是矿物生长线理的另一种表现，属 A 型线理，常产生于低级变质岩中。压力影构造是由岩石中强硬个体及其两侧（或四周）在变形中发育的同构造纤维状结晶矿物组成（图 8-35）。

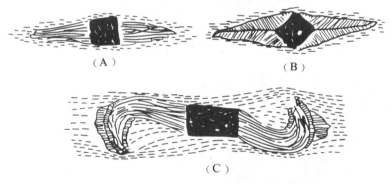

图 8-35　不同类型的压力影
(据 A.Nicolas，1987)
(A) 垂直核心矿物表面的石英纤维；(B) 垂直核心矿物表面生长的四组石英纤维；(C) 单斜对称的石英纤维

在应力作用下，这些强硬个体，如黄铁矿、磁铁矿、岩屑及变斑晶等，在变形时，将引起局部的不均匀应变，使其周围的韧性基质从坚硬物体表面拉开，形成低压区，为纤维状矿物提供了生长的场所。基质中的易溶物质在压溶作用下，从垂直挤压作用的矿物界面上发生溶解，并向低压引张区迁移，沿着最大拉伸方向（A 轴）生长成纤维状的影中矿物，它们是石英、方解石、云母及绿泥石等矿物。纤维的生长方向在变形过程中随最大拉伸方向的变化而变化。因此，强硬个体两侧的影中矿物的不同形状反映了不同的应变状态。在挤压变形或纯剪变形中，坚硬核心体两侧的纤维常呈对称形态 [图 8-35 (A)、(B)]。在单剪作用下，随着非共轴的递进变形，最大应变主轴（A 轴）发生偏转。因此，坚硬核心体两侧的结晶纤维呈现出单斜对称的形态[图 8-35（C）]。通过对压力影构造中的影中矿物结晶纤维生长方向的测定，可以确定变形的应变主轴方位及其变化。

三、线理的野外观测

线理的观测与面理的观测以及小型构造的研究一般是同时进行的。在线理发育地区进行地质制图时应标出线理。有时为了某种专门研究，要专门制作面理和线理为主的构造图。必要时，还需采集一定数量的定向标本，并进行室内显微观测。观察线理的要点如下：

（1）区分原生线理和次生线理。在变形岩石中，除了次生的线状构造外，还可能残存原生的线状构造，如砾石的原生定向排列、岩浆岩的流线等。因此，在野外地质观察中，首先要区分原生线理和次生线理。但区分这两者较困难，除在单个露头上注意研究线理的主要特征外，还要从更大范围内研究它的展布规律及其与其它构造的关系，只有这样，才能搞清其成因，才能正确区分这两类线理。

（2）确定线理的轴型。线理总是位于运动面上，或者与物质运动方向平行，或者与其垂直，由此可定出其所属的轴型，或者是 a 型（或 A 型）线理，或者是 B 型线理。

（3）划分线理的形成期次。划分线理的期次主要依据早期线理被改造和晚期线理的出现或早期线理被晚期线理切割等（图 8-36）。晚期线理一般比较明显直观，经常掩蔽早期线理。此外，在划分线理的期次时，还应与线理所依附的大型构造的变形期次联系起来分析。

（4）正确测量线理产状。测量线理产状也同其它线状构造产状一样，测量其倾伏和侧伏。测量时，切忌把任意露头面上看到的互相平行的迹线当成线理。只有在运动面（面理面）上找出线理的真实形迹，才能测得线理的真实产状。如图 8-37 所示，只有在劈理 S_1 面上看到的砾石长轴才是线理真正的伸长方向，而其它切面上的线状方向或"长轴"的定向排列都不是线理真正的伸长方向。

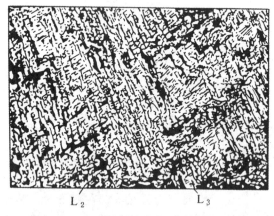

图 8-36　辽宁海城千枚岩中的两组线理素描图

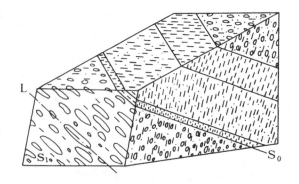

图 8-37　拉长的砾石所显示的线理
（据 E.Cloos 改编）

只有在面理 S_1 面上才能看到砾石的最长轴（L），其它断面上看到的都是视伸长

（5）认识线理与大型构造的关系。线理的形成与同期生成的大型褶皱或断层具有一定的几何关系（图 8-38）。

B 型线理一般与褶皱枢纽相平行，如皱纹线理、轴面劈理与褶皱层面的交面线理、发育在褶皱翼部的石香肠构造、杆状构造、窗棂构造等。根据它们的延伸方向，可以确定褶皱枢纽的方位。

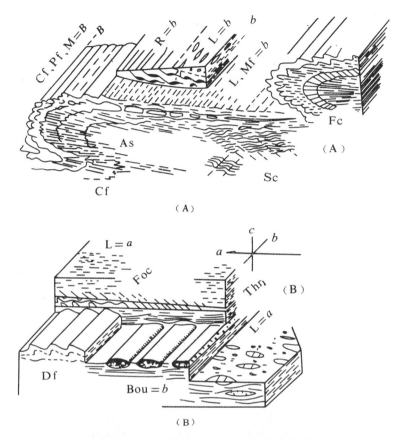

图 8-38　变质岩中小构造与大构造的关系
(据 G. Wilson, 1961)

(A) 根据苏格兰萨德兰北部阿莫音见到的构造绘制的平卧褶皱构造；(B) 根据康沃耳郡亭塔盖尔地区小构造绘制的平缓逆掩断层；As 为轴面片理，Sc 为褶劈理，Fc 为间隔劈理，Foc 为断层劈理，Cf 为微褶皱，Pf 为寄生褶皱，Df 为从属褶皱，Thr 为劈理，Mf 为小褶皱，Bou 为石香肠构造，M 为窗棂构造，R 为杆状构造，L 为拉长砾石、拉长火山弹及其它拉长线理

a 型（或 A 型）线理一般与褶皱枢纽相垂直，如弯滑褶皱作用中产生的层间摩擦线理与枢纽直交。在断层滑动面上的 a 型线理，如擦痕和纤维生长矿物，其方向均指示断层运动方向，结合其它伴生小构造的研究，有助于查明断层性质。

实习　构造标本及薄片观察

一、目的要求

认识各种小型构造和显微构造的形态特征。

二、说明

本次实习主要观察以下五类构造标本和相应的构造薄片。

1. 沉积构造标本和薄片
（1）观察沉积岩原生构造，如波痕、泥裂、雨痕、斜层理等的形态及其与层面的关系。
（2）观察某些沉积构造的显微构造特征。

2. 褶皱构造标本和薄片
（1）观察沉积岩和变质岩中小褶皱的褶皱要素，如枢纽、轴面等。
（2）观察各种类型的褶皱形态、褶皱不同部位的厚度变化。
（3）观察小褶皱中伴生和派生的构造现象及其形态特征和类型，以及它们的相互关系。
（4）观察微型褶皱的显微构造，褶皱形态变化、矿物的变形和定向等。

3. 断裂构造标本和薄片
（1）观察张节理和剪节理的形态特征、排列方式及岩脉充填情况，并分析其受力方式。
（2）观察不同性质断层中的构造岩，注意各种构造岩的特征和区别。
（3）观察各种构造岩的微观特征，并进行显微构造素描。

4. 劈理、线理标本及薄片
（1）观察各类劈理的形态特征，劈理发育程度与岩性、厚度和构造部位的关系，注意劈理和层理的区别。
（2）观察劈理与层理及褶皱的关系，分析劈理发育方位的影响因素等。
（3）观察擦痕、褶纹等线理的特点及其与其它构造的关系。
（4）观察劈理的显微构造，注意微劈石和劈理域的形态、结构、大小及相互间的关系等情况。

5. 多次变形构造的标本和薄片
（1）观察多次变形构造的标本中反映变形先后顺序的标志以及每次变形的特征。
（2）找出多次变形的微观证据。
（3）作标本和显微镜下构造现象的素描图。

三、作业

（1）上述五类标本和薄片可分组进行轮流观察。
（2）选择其中一个标本和薄片进行观察描述和素描。

第九章 岩浆岩体构造

本章要点：侵入岩体的构造：流动构造、塑性变形构造、破裂构造和次生（变形）构造，喷出岩的构造；侵入岩体的侵位方式及其构造；岩浆岩体的接触类型；岩浆岩体形成时代的确定。

岩浆岩是组成地壳的三大类岩石之一，约占地壳总重量的65%（变质岩为26%，沉积岩为9%）。因此，岩浆岩区构造的研究具有重要的地位。研究岩浆岩区构造不仅要阐明岩浆岩区的构造特征及其历史，而且还是研究地壳结构和演化的一个重要方面。同时，岩浆岩和岩浆岩体的构造与许多内生矿床密切相关，因而研究岩浆岩体的构造能为寻找和勘探内生矿床指明方向（有些岩浆岩本身就是很好的建筑材料）。近十年来，岩浆岩区构造的研究，尤其是对花岗岩体的构造研究取得了很大进展，提出了许多新的概念、观点和研究方法。

岩浆岩体构造主要包括：①岩浆岩体形成过程中所产生的各种构造及其形成后的各种变形构造；②岩浆岩体的侵位方式及其主要的构造特征。这两方面是本章阐述的主要内容。

第一节 岩浆岩体的构造

岩浆岩体的构造是指岩浆由流动、侵位到逐渐冷凝固结成岩过程中所产生的构造，以及岩浆岩体形成后在区域构造应力作用下所产生的构造。据传统的看法，人们将前者称为岩浆岩的原生构造，将后者称为岩浆岩的次生构造。岩浆岩的原生构造又可人为划分出两种类型：①岩浆流动阶段形成的原生流动构造；②岩浆冷凝固化阶段形成的原生破裂构造。长期以来，人们把岩浆岩的原生流动构造只简单地限于岩浆呈液态流动而形成的构造。实际上，岩浆在向上运移侵位过程中，可以是液态，也可以是半塑性或塑性状态。它们在岩浆活动的动力作用和区域应力作用下，可形成流动构造和塑性变形构造，即线状流动构造、面状流动构造与线理、面理。因此，人们渐渐地避免使用岩浆的"原生构造"和"次生构造"的术语，而采用流动构造和变形构造。

一、侵入岩体的构造

（一）侵入岩体的流动构造

当岩浆呈熔融体状，其内部含有少量较早结晶的相对刚性的矿物（如长石和镁铁质斑晶），或含析离体或捕虏体，它们呈悬浮状，因发生旋转而呈定向排列，形成流动构造。这些矿物一般具有较好的自形习性，其周围为非定向排列的等轴状矿物，矿物晶体内均未发生变形。流动构造包括线状流动构造和面状流动构造。

1. 线状流动构造

线状流动构造又称流线。它是由柱状、针状、板状矿物，如角闪石、辉石、长石等的平

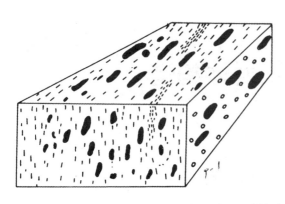

图 9-1 侵入岩体中线状流动构造和面状流动构造示意图
（据 （M. P. Billings，1972）
黑块示捕虏体，密集短线示析离体，短粗线示板状矿物

行定向排列而成的线状构造，也可以是由暗色矿物凝聚而成的纺锤状析离体或长条状捕虏体等顺长轴定向排列而构成（图 9-1）。

流线的形成与因岩浆在流动过程中不同部位的流速不同而产生的差异流动有关，所以流线的方向在一定程度上反映了岩浆相对流动方向，但不能指示岩浆流动的绝对方向。流线多发育于侵入岩体的边缘和顶部。

2. 面状流动构造

面状流动构造又称流面。它是由片状、板状及柱状等矿物，如云母、角闪石、长石等，以及扁平的析离体、捕虏体，在岩浆流动过程中平行排列而形成的面状构造（图 9-1）。属于面状流动构造的还有带状流动构造，它表现为不同成分的岩石相互成层，或由于矿物分离集中形成浅色与暗色岩石条带的互层，犹如层理。因此，也有人称这种构造为"假层理"。"假层理"常见于基性、超基性侵入岩体中。

流面的形成与岩浆的层流有关。在侵入体边缘，由于流动的岩浆与固体围岩之间的摩擦作用，致使岩浆流动面大致平行于接触面，因此，有利于流面的形成，其方位也大致地平行于接触面。在侵入岩体的顶部，岩浆自下而上运动形成的挤压力迫使片状或板状矿物及析离体、捕虏体的扁平面等转动至与挤压力垂直的方位呈定向排列，形成岩体顶部的流面。侵入岩体的中心部位，由于岩浆的紊乱流动而不利于流面的发育。流面大致平行于岩体与围岩的接触面，所以根据流面产状可以基本恢复接触面的形态和产状。

同一侵入岩体内，流面与流线并非同等发育。流线与流面可以单独发育，也可以同时出现。当流面与流线同时出现时，流线必须位于流面上。在不同侵入岩体中，流动构造的发育程度差别很大，如在超基性岩、基性岩和碱性岩中流动构造比较发育，而在花岗岩中流动构造发育较差；浅成的、小型的侵入岩体中流动构造一般比大型侵入岩体中的发育，这可能与岩浆的侵位方式、岩浆的流变性质等因素有关。

（二）侵入岩体的塑性变形构造

岩浆在产生、发展和侵位过程中的物理状态总是变化的。早期阶段岩浆可能是液态，晚期阶段，特别是侵位阶段，岩浆已变成塑性状态。现在所见到的岩浆岩的定向构造大多是岩浆处于塑性状态下发生变形的结果。伯格尔（A. R. Berger）和皮切尔（W. S. Pitcher）(1972)对多内加尔花岗岩基进行研究后发现，该岩基中的定向构造以及规则条带构造中的矿物有晶体变形现象，而且它们都切割了岩体的岩性界线、接触带以及早期岩墙等，说明它们是在应力作用下塑性变形的产物。为此，他们把流线改称为线理，把流面改称为面理，即认为原生构造为变形构造。自此以后，关于流动构造的认识便出现了两种根本对立的观点，目前尚未达到共识。

线理由长轴状矿物或捕虏体等的长轴方向定向排列而成。面理由云母等片状矿物、压扁的石英和长石等定向排列而成，其上还发育有扁平状的捕虏体等，其扁平面的平行排列也显示出面理。线理、面理与流线、流面最大的区别在于组成线理、面理的矿物多数发生了晶体的塑性变形，如长石和云母的波状消光或扭折，石英呈透镜状或带状的亚颗粒集合体。

侵入岩体的面理和线理主要发育于岩体的边缘和顶部。在一些深成岩体（如岩基之类）的边缘，除发育面理、线理外，还发育片麻岩带或糜棱岩带。片麻岩带呈带状分布，从岩体边缘向中心，片麻状结构逐渐减弱，以致消失。片麻岩的片麻理与片理化围岩的片理一般近于平行（图 9-2）。片麻岩中的矿物常具有塑性变形的特征。糜棱岩带与片麻岩带极为相似，亦分布在岩体的边缘，如北京房山花岗闪长岩体的西北缘，发育有长约 6km、宽达数百米的弧形粗（初）糜棱岩带，使岩石具片麻状构造。

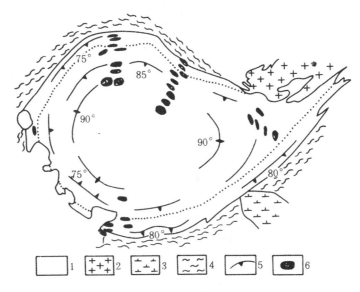

图 9-2 爱尔兰阿达拉侵入岩体

（据 W.S.Pitcher，1983）

1. 阿达拉花岗闪长岩，点线以外为闪长岩；2. 花岗岩；3. 闪长岩；4. 泥质变质岩系；5. 面理及其产状；6. 捕房体及其变形

目前，多数人认为侵入岩体的面理和线理、岩体边缘的片麻岩带或糜棱岩带是岩浆在侵位过程中尚未完全固结前形成的。每当岩体边缘已开始结晶成壳，但仍处于塑性或半塑性状态时，岩体周边的围岩受热也处于相似状态，但岩体内部则仍为炽热的熔融体。这时，在岩浆强力侵位或气球膨胀作用下，产生了垂直岩体四壁的向外挤压力和岩浆向浅部运移时对围岩的运动面所形成的剪切力（图 9-3）。在这两种力的共同作用下，使处于塑性或半塑性状态的岩体边缘的岩浆发生变形，致使矿物和捕房体等被压扁拉长，形成定向排列，构成线理、面理、片麻理等。同时，使围岩接触带也形成片理，两者都平行于接触面，构成一种协调关系。

（三）侵入岩体的破裂构造

侵入岩体的破裂构造是指岩浆冷凝阶段形成的破裂构造。克鲁斯（H. Cloos，1922）在研究花岗岩体破

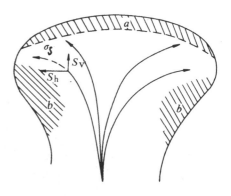

图 9-3 岩浆侵位的横向拓宽过程中的应力分布

（据 A.Castro，1973）

S_h 为水平应力，S_v 为垂直应力，a 带为阻止岩浆垂直流动带，b 带为低压区，σ_S 为岩体向外的挤压力

裂构造时，根据破裂构造与流动构造的相互关系，将破裂构造作如下划分：

（1）横节理：又称 Q 节理，节理面垂直于流线和流面，裂面粗糙，常呈张开状，并常被岩脉、矿脉充填，可能多属张节理性质（图 9-4Q）。

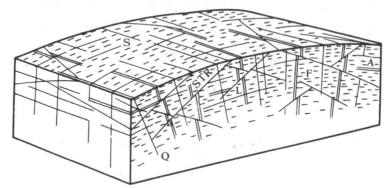

图 9-4 深成岩体顶部原生破裂构造图示
（据 H.Cloos，1922）
Q 为横节理，S 为纵节理，L 为层节理，STR 为斜节理，A 为细晶岩脉，F 为流线

（2）纵节理：又称 S 节理，节理面垂直于流面，平行于流线，倾斜较陡（图 9-4S）。

（3）层节理：又称 L 节理，节理面平行于流线和流面，其形成可能与垂直于接触面方向的冷缩作用有关，因而可能属张节理性质（图 9-4L）。

（4）斜节理：又称 D 节理，是与流线、流面都斜交的两组共轭剪切节理（图 9-4STR）。该类节理常切割较早的横节理、纵节理及层节理。因此，斜节理形成时期较晚。

（5）边缘张节理：发育于侵入岩体的边缘，以中等倾角向侵入岩体中心倾斜，常切割接触面又伸进围岩，总体呈雁行排列，并常被岩脉所充填（图 9-5）。这种节理的性质及方位与

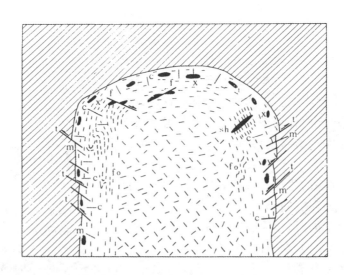

图 9-5 一个假想的深成岩体横剖面图
（据 M.P.Billings，1972）
X 为捕虏体，Sh 为岩脉充填的剪切面，c 为横节理，m 为边缘裂隙，t 为边缘逆断层，f 为平缓正断层，fo 为弯曲，短线示板状矿物

侵入岩浆对围岩的简单剪切有关。

(6) 边缘逆断层：位于侵入岩体陡倾的接触带，断面向岩体中心倾斜，产状平缓，由岩体内部向围岩逆冲，呈叠瓦状排列，断面常伸入围岩之中（图9-5）。其成因不甚清楚，一种可能是由岩浆与围岩壁之间的上、下剪切作用而产生的一组剪裂面进一步发展而成，断层面倾角应较陡峻；另一种可能是由先期形成的边缘张节理经岩浆向上继续流动冲挤发展而成的。

关于侵入岩体的破裂构造，自克鲁斯在20年代提出以来，曾被许多构造地质学家所接受。但是，近十年来对花岗岩体的构造研究发现，花岗岩体中的流面和流线并不总是明显的，如果花岗岩体中流面、流线不能确定，当然无从确定Q、S、L等节理。因此，有人对克鲁斯的侵入岩体的破裂构造理论提出不同看法，即侵入岩体的破裂构造可能是由岩浆侵位过程中隆起作用和剥蚀释重造成的。这样看来，岩浆岩的破裂构造与面理、线理、片麻理等均是岩浆动力学与区域构造变形作用统一发展演化的结果。

二、喷出岩体的构造

1. 流纹构造

流纹构造是由不同颜色的矿物、拉长的气孔或结晶的不均匀性所显示出的条纹（图9-6），常见于中、酸性熔岩中。它的形成主要与上、下层熔岩差异流动造成顺熔岩流动的剪切作用有关。流纹构造只能指示熔岩流动面的位置，但不能指示熔岩流动的方向。

2. 流面和流线

熔岩的流面是由片状、板状矿物、斑晶及火山灰流的晶屑定向排列组成的，通常在具流纹构造的熔岩或熔结凝灰岩中出现，流面产状大致反映出熔岩流动面的产状，但不能指示流动方向。

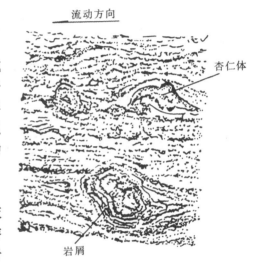

图9-6 福建建瓯溪口流纹岩中的流纹构造、杏仁体形态及岩屑
（据福建区域地区测量队，1978）

流线由针状、柱状矿物及火山灰流的晶屑或岩屑定向排列而成，其形成方式与侵入岩体流线的形成方式完全相同，流纹能指示熔岩相对流动方向。

3. 绳状构造

熔岩表面呈绳索状扭曲的构造称为绳状构造。绳状构造是处于炽热塑性状态熔岩的上部表面薄壳受到下部熔岩流动的影响而发生拖拉和卷扭的结果，一般呈弧形，弧顶指向流动方向，常见于粘度小、气体少、温度高、凝固慢的基性熔岩的表面，如黑龙江五大莲池玄武熔岩中就广泛发育典型的绳状构造（图9-7）。

图9-7 黑龙江五大莲池老黑山附近熔岩流中的绳状构造
弧形突出的顶点指向流动方向

4. 枕状构造

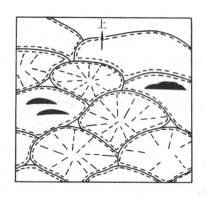

图 9-8 枕状构造断面示意图
（据 G. A. Macdonald, 1972）

常见于海底喷发的基性熔岩中。单个岩枕的底面较平或微向上凹，顶面上凸，形如枕头，故称枕状构造（图 9-8）。枕状构造表面常形成玻璃质薄壳，中心部分结晶较好，边缘常见放射状微晶及气孔带。断面具放射状或同心圆状龟裂。如果几层岩枕相叠，则上层岩枕的底面形态为下层岩枕顶面形态的铸型。因此，枕状构造沿层分布的现象可以作为指示熔岩层的标志。

5. 柱状节理

柱状节理一般垂直于熔岩的流动层面或火山管道壁，主要发育于产状平缓的火山岩内（图 9-9）。柱状节理的横截面通常呈六边形，但亦有四边形、五边形或七边形的。柱状节理围限的岩柱直径一般几厘米至几米。柱状节理的形成与熔岩冷凝收缩有关。因此，柱状节理面垂直于火山岩的冷凝面。据此，柱状节理产状可以确定熔岩流动面和岩体的产状。柱状节理常见于玄武岩质及安山玄武岩质熔岩流中，还可以发育在火山灰流中，也可以在超浅成岩体中见到。

三、岩浆岩体的次生构造

岩浆岩体形成后，由于地壳运动或区域应力作用，岩浆岩体发生变形，形成新的构造，长期以来，人们称这种构造为次生构造，目前，更多的人称之为变形构造。

岩体形成后的变形是围岩和岩体一起发生的褶皱和断层，它们由岩体内的流面、流线、面理及岩脉等的弯曲或错开显示出来，其特征和研究方法与在沉积岩和变质岩中的研究方法相似。由于侵入岩体的岩性均一，缺少像沉积岩那样的成层性，故在识别岩体中的褶皱时，不能称作背斜和向斜，而应称为背形和向形。这些背形和向形规模一般较小，形态较开阔。例如，山东玲珑花岗岩体中发育的一系列斜列的小褶皱是以剪节理面为褶皱面而呈现出来的。又如，河南西峡洋琪沟超基

图 9-9 河北玄武岩中的柱状节理

性岩体的微型褶皱是岩体的流层发生弯曲滑动而形成的，其褶皱面是纯橄榄岩"层"和透辉岩"层"的流层层面。

岩浆岩体形成后，构造变动形成的节理和断层的特征和识别标志与一般的节理和断层基本相同。但是，由于缺少层序，难以看出断层造成的错动、重复和缺失现象。在地质填图过程中，如不注意，常被遗漏，给人以岩浆岩体内构造较简单的假象。实际上，岩浆岩体中的断裂构造也是很发育的。岩浆岩体，特别是花岗岩体，是比较均一的、连续的、坚硬的块状地质体，因此，形成的断裂面往往很平直，无论是在走向上或倾向上变化都不大，常由两组或多组断裂组合成网格状。如断层延伸较长，则可同时穿过岩体和围岩，两者的接触带亦明

显被错断。岩体中断层方向与围岩中的断层方向具有明显的协调一致性，并可用统一构造应力场进行分析。

第二节 侵入岩体的侵位与构造

岩浆从地壳深处上升、以一定方式侵位，取决于岩浆的流变性能、岩浆与围岩之间的韧性差异以及构造应力环境。侵入岩体侵入的基本方式有两种：①主动侵位，即岩浆体主动开辟空间而侵入，如底辟作用、气球膨胀作用和顶蚀作用；②被动侵位，即岩浆体占据空间不是由岩浆本身开辟空间而侵位，如岩墙扩展作用和火山口塌陷作用。

一、底辟作用

由于岩浆与围岩之间的密度倒置（花岗岩密度为 2.5—2.7g/cm³，下地壳岩石密度为 2.8—3.0g/cm³），产生重力不稳，使岩浆具有向上的"浮力"，顶挤围岩或刺穿围岩，发生底辟作用，形成岩浆底辟构造（图 9-10）。

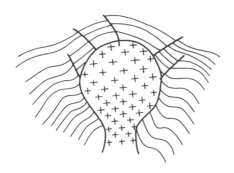

图 9-10 岩浆底辟剖面示意图

岩浆底辟的基本特征包括：①底辟岩体平面上多呈圆形或椭圆形，剖面上呈倒水滴状；②在岩体周围有与其形态协调的周缘向斜或发育褶皱；③在岩体边缘及其围岩接触带内发育平行接触面的面理，具同心式分布，远离接触带和向岩体中心，面理逐渐消失；④接触带内产生热变质晕岩石，其中变斑晶与底辟作用形成的面理同步生长。

兰伯格（H. Ramberg）等人早在 70 年代就通过离心实验来模拟底辟的形成和演化了。实验表明，底辟作用的最初阶段可以只是一个简单的穹隆，晚期阶段或许已经完全与岩浆源层分离而变成"蘑菇状"底辟，在这之间连续发展的形态可能取决于岩浆源与上覆岩层的厚度、密度和粘度。图 9-11 是用计算机模拟流体在不同粘度和不同密度情况下形成深成岩底辟的形状。贝特曼（1984）提出拉张环境下花岗岩气球式底辟

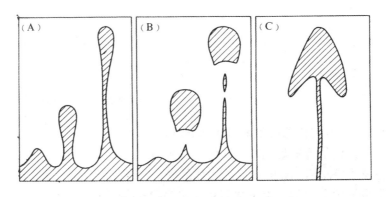

图 9-11 深成岩底辟形状的计算机模拟图

(A) 上升流体具有比上覆流体高的粘度；(B) 上升流体具有比上覆流体低的密度；(C) 具有相同密度的流体

作用。我国地质学家曲国胜（1990）在对阿勒泰造山带花岗岩体研究后提出挤压环境和后造山阶段的花岗岩底辟构造（图9-12）。

二、气球膨胀作用

气球膨胀作用是兰姆赛于1981年提出的岩体侵位模式，是指岩浆侵位时岩浆不断地以脉冲的方式上升，每一次脉动都会引起先期已固结的结晶壳或部分结晶壳受到向四周辐射状的推挤，使侵入岩浆本身膨胀，发生横向拓宽，压缩围岩而扩大岩浆自身的空间，从而解释了岩体侵位的空间问题。

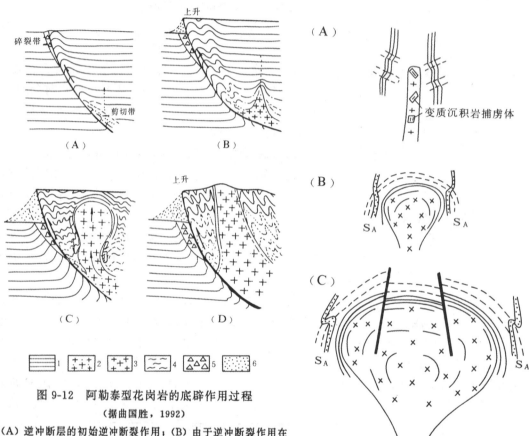

图9-12 阿勒泰型花岗岩的底辟作用过程
（据曲国胜，1992）

(A)逆冲断层的初始逆冲断裂作用；(B)由于逆冲断裂作用在上盘中产生的部分熔融；(C)剪切底辟作用及接触变质带的变形；(D)上盘岩石（包括底辟花岗岩的强烈斜向逆冲断裂作用）；1. 原始层，2. 花岗岩浆，3. 花岗岩，4. 混合岩，5. 碎裂岩；6. 碎屑锥

图9-13 坎尼巴尔克里克花岗岩侵位机制型式的演化序列
（据R.Bateman，1985）

(A)开始以小型岩浆体沿断裂侵入，使围岩发生膝折和顶蚀；(B)底辟上升，使接触带发生压扁变形；(C)气球膨胀作用，使接触带进一步缩短，最后顶部陷落，形成环状岩墙

兰姆赛（1989）在研究津巴布韦的Chindamora岩基后认为，岩基的侵位方式是气球膨胀作用，所形成的岩体构造基本特征有（图9-13）：①岩体的平面形态多为圆形或椭圆形，剖面上呈蘑菇状或漏斗状；②岩体的横向拓宽使围岩遭受压扁变形，形成平行接触面的面理，由接触带向外，面理逐渐减弱；③岩体内的不同岩石类型呈同心环带分布，岩体边缘的岩石成分偏基性，时代较早，中心带的岩石成分偏酸性，时代较晚；

④岩体内缘有平行接触面的面理，面理在岩体边缘发育最强，可以形成片麻理或糜棱岩的S-C面理，向岩体中心，面理发育程度递减；⑤岩体边部发育有共轭的韧性剪切带，其钝角的平分线为最大主应力轴方向，指向岩体膨胀中心。此外，还发育有放射状、环状和锥状的侵位裂隙，常充填细晶岩和伟晶岩。北京房山岩体的构造特征是典型的气球膨胀作用的结果（图9-14）。房山岩体是石英闪长岩和花岗闪长岩组成的复式岩株，平面轮廓近圆形。由于岩浆呈

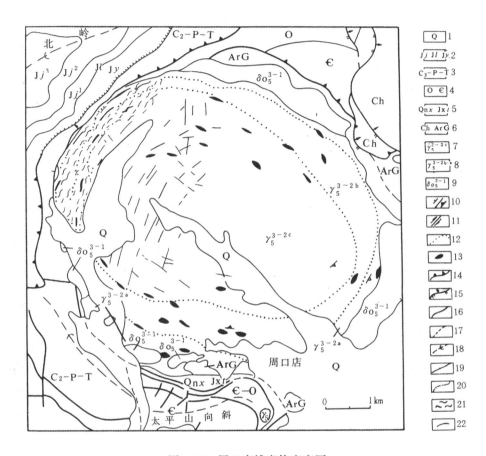

图 9-14　周口店捕房体应变图

1. 第四系；2. 九龙山组、龙门组、窑坡组；3. 中石炭统、二叠系、三叠系；4. 奥陶系、寒武系；5. 下马岭组、铁岭组；6. 长城系、关坨杂岩；7. 花岗岩、花岗闪长岩中央相；8. 花岗闪长岩过渡相、边缘相；9. 石英闪长岩；10. 产状、片麻岩片理；11. 流线产状、流面产状；12. 岩体相带界线；13. 应变椭球体；14. 剥离断层；15. 逆掩层；16. 性质不明断层；17. 推测或隐伏断层；18. 直立向斜；19. 角度不整合；20. 岩浆热动力挤压片理界线；21. 挤压片理；22. 原生节理

强烈的底辟式上涌，并通过自身的膨胀向四周推挤围岩而开拓空间，同时以热动力改造围岩。因此，在岩体周围形成热接触应变晕，并在围岩与岩体边缘产生与接触面平行的面理。特别是捕房体的同心状分布，反映了应变梯度由中心向边缘增强的趋势。当早期石英闪长岩就位后，主期花岗闪长岩继续脉动式上涌，并向北西呈斜向底辟作用。因此，在岩体西北缘的花岗闪长岩中形成强应变带，其岩石变成粗糜棱岩，导致岩石外貌呈片麻状构造。由于岩体内部经多次构造活动，故使其在上述片麻理的基础上又叠加了小型的韧性剪切带，它们有的呈共轭式，其钝角的等分线指示挤压方向，在这个强应变带内的分布大体呈放射状，指向岩体

中心。岩体内部存在明显的环状分带现象，早期的石英闪长岩分布在岩体周缘，并且已不连续，晚期的花岗闪长岩构成岩体的内核，其岩相带不仅有成分上的差别，而且结构、构造、捕虏体的含量也不相同。

三、顶蚀作用

顶蚀作用是指因岩浆使围岩具有高的热能，致使围岩炸裂，岩浆在炸裂围岩岩块下沉的同时向裂隙中侵入。顶蚀作用可以在侵入岩体的边缘带小范围内发生，也可以是小型岩体的侵入方式。一般认为，岩浆顶蚀作用在岩浆上升和侵位过程中的作用是有限的，只在深成岩体的局部起一定作用。

由岩浆顶蚀作用形成的岩体，其边缘带有大量由热破裂产生的不规则的棱角状捕虏体，并被顺裂隙上升的岩浆所胶结。顶蚀岩体与围岩的接触面凹凸不平，一般不发育由侵位产生的定向组构。

四、岩墙扩展作用

岩浆极易沿着深部断裂上升，在由深部向地壳浅层次运移过程中，由于岩浆的流体压力推挤断裂的两侧，使运移岩浆的断裂或通道不断扩大加宽，从而为岩浆侵位提供了空间，故可形成大型深成岩体。

由岩墙扩展作用形成的岩体平面形状不规则，多呈长椭圆状，剖面上多呈板状、似板状和楔形，岩体中一般不发育内部构造，为不整合接触深成岩体。

岩墙扩展作用往往发育在大陆拉张的构造环境里，而伸展断裂可以在岩石圈很深部位（40km 或更深）发育，岩浆被吸入到断层系统内，并继续流入、充填在伸展构造产生的空间中，形成岩席。地壳伸展构造作用也可以使下地壳或上地幔的基性岩浆沿张性裂隙上升，形成区域性的铁镁质岩墙群。如五台山—太行山区的基性岩群、河南嵩山嵩山群的辉绿岩墙群等，这些岩墙群都与原始古陆硬化产生的破裂及伸展有关。又如，格陵

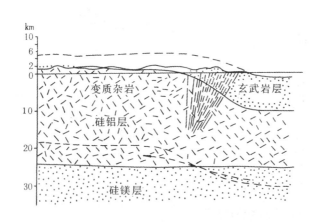

图 9-15　东格陵兰岩墙群横剖面图
（据 L. R. Weger 和 W. A. Deer，1938）
水平比例尺与垂直比例尺相同

兰海岸岩墙群发育在挠褶带上，出现在玄武岩层向海岸方向以 30°—60°倾斜的地带内，向大陆倾斜，平行海岸延伸，长达数百公里（图 9-15），代表了垂直海岸方向的区域拉伸。

五、火山口塌陷作用

火山口塌陷作用是指岩浆房顶盖塌陷而形成环状或蘑菇状沉陷的岩浆侵位。这种侵位机制对基性岩浆有较重要的意义。在伸展环境中的张裂隙的控制下，基性岩浆沿裂隙上升定位于裂隙的潜在空位中，形成环状的火山凹陷岩体。

岩浆的不同侵位方式常形成不同产状的岩体，这是岩浆粘度和岩浆"浮力"、岩体与围岩

的韧性差异、岩体侵位的深度及构造应力场等因素相互影响的结果。赫顿（D. H. W. Huttod，1988）总结了花岗岩类岩浆上升和侵位的六种基本方式（如图9-16）：①岩浆在没有构造影响条件下的连续上升，由于密度平衡而停止，随后发生气球膨胀作用；②岩浆沿大的拉伸断裂系统上升到地壳浅层次，储积成岩体，顶部发生火山凹陷或破火山口；③岩浆呈底辟上升，在莫霍面上被粘度或强度变化所阻止，引起侧向扩张，形成大量的深成岩体；④岩浆底辟上升到中部地壳，截断了壳内走滑断层带，形成拉长深成岩体，晚期发生气球膨胀作用；⑤岩浆上升截断了铲状拉伸断层或剪切带，形成铲状岩席，并可能出现火山凹陷和破火山口；⑥上升的岩浆截取贯穿地壳垂向断层（如拉裂和大的张裂缝等），为储存岩体创造空间。

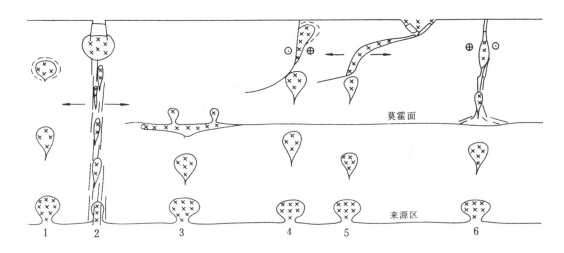

图9-16　花岗岩类上升和侵位过程的六种方式
(据 D. H. W. Hutton，1988)
1、2、3、4、5、6 为侵位方式，说明见正文

第三节　岩浆岩体的接触关系和形成时代

一、岩浆岩体接触关系的识别

从成因上，可将侵入岩体与围岩的接触关系分为侵入接触、沉积接触和断层接触三种关系。

（1）侵入接触：是岩体侵入于围岩中（包括先存岩浆岩体）的一种接触关系。主要标志有：①岩体边部有边缘带和冷凝边，原生构造较发育；②岩体内有围岩的捕房体；③在围岩中有自岩体延伸的岩枝或岩脉；④环绕岩体的围岩有接触变质现象，并呈带状分布，其变质程度离岩体越远越弱。这种关系反映出岩体的侵入时代晚于围岩。

（2）沉积接触：是岩体遭受风化剥蚀后又被新的沉积物所覆盖的一种接触关系（图9-17）。其特点是：①接触面下的岩体顶部常有不平整的侵蚀面和古风化壳等风化剥蚀现象，与上覆围岩接触处没有冷凝边；②岩体内部的原生构造或岩脉往往被接触面切割；③其上覆围岩无热液蚀变现象，其底部常含有下伏岩体的岩屑、砾石或矿物碎屑。沉积接触关系说明侵入岩体形成时代早于上覆地层。

(3) 断层接触：是一种构造接触，即侵入岩体与围岩间的界面就是断层面或断层带（图9-18）。该断裂带常常伴有动力变质现象。根据断层接触关系，可以初步确定岩体是在断层之前形成的。近年来，发现一些岩体是无根的，这可能是逆冲断层造成的。因此，岩体也可构成飞来峰。

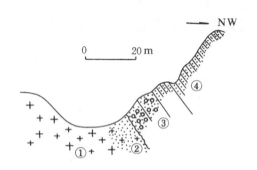

图 9-17 皖南休宁花岗岩体与晚震旦世休宁组砂岩沉积不整合接触
（据李应运，引自《构造地质学》，1984）
①粗粒斑状花岗岩；②风化蚀变花岗岩；③含砾花岗质碎屑岩；④砂岩

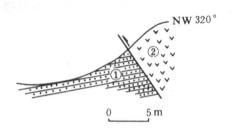

图 9-18 内蒙西部某铬铁矿区超基性岩
（据翁礼羿，引自《构造地质学》，1984）
①断层接触关系剖面图和第三系砂砾岩；②超基性岩

侵入接触、沉积接触和断层接触这三种类型一般是不同岩体与围岩的不同接触关系，也可以出现在同一大岩体与围岩接触的不同部位。

二、岩浆岩体形成时代的确定

当前，确定岩体时代的主要方法有如下几种：

(1) 根据接触关系确定时代。如前所述，当岩体与围岩为侵入接触时，则岩体形成晚于围岩。被岩体侵入的最新地层时代即为岩体形成时代的下限。当两者沉积接触时，则岩体形成早于围岩。这时，上覆围岩的最老地层时代即为岩体形成时代的上限。对于某一侵入岩体，若找到了侵入接触的地层，又找到了沉积接触的地层，则岩体形成时代应介于与岩体呈侵入接触的最新地层之后、与岩体呈沉积接触的最老地层之前。如两者呈断层接触时，则岩体的形成时代应早于断层。

(2) 根据岩体特征对比确定时代。岩体侵入某些地质时代不明的地层或古老变质岩系中，或者接触关系极不明显，或者上覆沉积接触地层被全部蚀尽，在这种情况下，就无法利用接触关系确定岩体地质年代。这时，就只能与本区或邻区某些已知时代的岩体进行对比来推定岩体时代。对比内容通常包括岩石的结构、构造、矿物成分、有用矿物、副矿物及其组合、化学成分、微量元素及其组合等。一般地说，同期又同源的岩体之间共性是主要的。因此，若共同特征显著，则应是同一时代的产物。尤其是花岗岩类侵入岩体，每次侵入的花岗岩在岩性和结构上基本相同。因此，对比其岩性和结构的异同和演化，有助于确定岩体的相对时代。

(3) 根据岩体相互穿插关系确定时代。岩浆岩区的大岩体总是多期侵入的复式杂岩体，有些形成较早，另一些形成较晚。野外常根据相邻两期岩体的构造等关系来确定其相对生成顺序，依据标志有：①具有冷凝边的岩体为晚期岩体，具有烘烤边或接触变质的岩体为早期岩体；②两个岩体相接触时，被切割的岩体为早期岩体（图9-19）；③具有平行于两岩体接触面的流动构造的岩体为较晚期形成的岩体；④具有另一岩体成分的捕虏体的岩体，其形成时代应晚于另一岩体。

岩体形成时代的确定，除上述各种地质年代法外，还有普遍应用的同位素年龄法。

研究岩体间生成顺序、建立岩基侵位序次是花岗岩区填图的基本内容之一，对了解一个地区的岩浆活动史和构造变形史以及针对性的找矿都有重要意义。

喷出岩的时代主要根据火山岩系中所夹的沉积岩层内的化石来确定。如果火山岩呈整合接触地夹在沉积岩中，也可以根据沉积岩的时代来确定。另外，还可以用同位素方法测定火山岩的喷发时代。

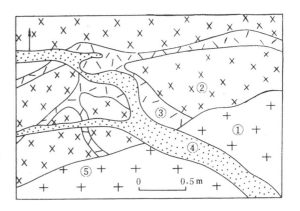

图 9-19　北京周口店岩体及脉岩侵位相对顺序
（据谭应佳，1987）

①花岗闪长岩；②石英闪长岩；③玫瑰色长英岩脉；④花岗细晶岩脉；⑤花岗闪长岩冷凝边

实习一　分析岩浆岩地区地质图并作剖面图

一、目的要求

（1）初步学会在地质图上分析岩浆岩体产状、构造特征和形成时代。
（2）初步掌握编制岩浆岩地区剖面图的方法。

二、说明

在分析岩浆岩地区地质图时，首先应分析区域地质构造，进而分析岩体的构造，才能得出岩体产状、构造特征和形成时代的正确结论。

1. 分析侵入岩体构造

（1）分析侵入岩体产出的构造部位。分析岩体周围的构造特征及岩体所处的构造部位，分析岩体展布的方向及其与区域构造线的关系，以明确岩体侵入的构造控制因素。

（2）分析岩体接触带的特征。分析岩体与不同时代地层的接触关系是侵入接触、沉积接触还是断层接触？如为侵入接触，还应分析是协调的还是不协调的？接触变质情况如何？

（3）分析侵入岩体的内部构造。分析流动构造、破裂构造和面理线理在岩体不同部位的发育程度、产状、相互关系及它们在岩体内的分布规律。

（4）恢复岩体的形态和产状。根据侵入岩体平面形态、大小、与围岩接触关系、岩体内部的构造、岩相带的分布及残留顶盖的分布等，可以恢复岩体的形态和产状。根据岩体边缘的流面和层节理的产状，分析接触面产状，推测侵入体向下延伸的形态特征（图 9-20）。

（5）确定岩体时代及各类岩体形成的先后顺序。主要根据岩体与围岩的接触关系并结合围岩中构造运动的时代来确定岩体的时代，如图 9-21 侵入岩体（γ）的时代晚于其所侵入的围岩最新地层中石炭统（C_2），早于覆盖它的最老地层下白垩统（K_1）。

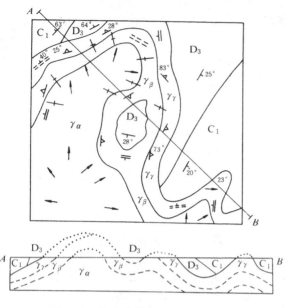

图 9-20 岩浆岩体地质图及剖面图

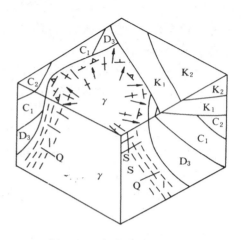

图 9-21 岩浆岩侵位立体图

2. 分析喷出岩体构造

喷出岩体多具层状构造，在地质图上的分析方法与沉积岩区相类似，但应注意其多次喷发，后期喷发的岩体界线可以切割早期喷出岩体的界线。对喷出岩体原生构造的分析与侵入岩体相同，但应特别注意其原生流动构造的产状和分布规律，因它有助于查明火山口的位置和火山喷发时原始熔岩的流动方向。

3. 编制岩浆岩体剖面图

(1) 选择剖面线。通过对岩体构造特征的全面了解，选择最能反映岩体构造特征的方向作为剖面位置，如（图 9-20）的 NW-SE 向，它穿过接触面、岩体各相带及围岩残留顶盖。

(2) 绘出接触面界线。依据岩体边缘带的流面和层节理产状绘出接触面界线。

(3) 标绘岩相带界线。在同一岩体中，相带宽度是有变化的，边缘相和过渡相随岩体深度增加而变窄，甚至消失，因此，要合理描绘。

(4) 用虚线恢复岩体被剥蚀的部分（图 9-20）。

三、作业

(1) 分析彩云岭地质图（附图 19），确定岩体产状类型、与围岩接触关系，岩体形成时代及其与褶皱、断层的关系，并确定它们形成的先后顺序等。

(2) 过 AB 作地质剖面。

(3) 描述岩浆岩体的构造特征及本区的地质历史。

实习二 构造地质综合作业

综合作业能使学生比较全面地掌握构造几何学方面的基本理论、知识和技能，从而提高分析和解决地质构造实际问题的能力，是一个重要的教学环节。

综合作业要求是，在对选定的图幅进行分析后，编出一幅构造纲要图、1—2 幅地质剖面图，编写说明地质构造特征和构造变形史的文字概述。

1. 读图分析

在认识地质图全貌、地形特点及其与地层和构造的关系之后，分析认识地质构造总的特点，即地层展布及相互关系、主导构造方向、不同构造层各自的构造特征和展布。在此基础上，再对下列问题进行分析：

（1）分析地层。地层组合的展布、地层间的接触关系（尤其是角度不整合接触）。

（2）划分构造层。根据角度不整合接触划分构造层。构造层是指一定的构造单元在一定的构造发展过程中形成一套沉积组合（建造）及其组成的构造，并常包含一定的岩浆岩组合、变质系列及变质特征。构造层常由角度不整合接触限定，它在沉积相、构造特征、岩浆活动等方面均具有特色而区别于其它构造层，在时间上代表一定的构造旋回和构造幕，在空间上代表该构造幕影响的范围。

（3）分析褶皱。从全区最发育、最有代表性的褶皱入手，查明各构造层褶皱的总体和细节，如褶皱在平面和剖面上的形态特点、展布方向和组合型式（单个褶皱的分析见褶皱读图实习）。

（4）分析断层。按断层的规模、方向、性质及其与褶皱的关系划分断层组，对控制全区构造特征的逆断层应进行详细分析，其分析内容有逆断层的产状及其沿走向和倾向的变化、组合型式、断层被侵蚀形成的飞来峰和构造窗、断层位移方向、位移距离及断层形成时代等。

（5）分析岩浆岩体。分析不同产状、不同类型岩体的分布及其与褶皱、断裂的关系，并确定其形成时代。

（6）根据角度不整合接触、褶皱、断裂、岩浆岩体及其相互间的关系，排列地质事件发生顺序。

2. 编制构造纲要图

构造纲要图是以地质图为基础编制的，是用不同的线条、符号（附录Ⅰ）和色调表示一个地区地质构造的一种图件。编制构造纲要图的内容如下：

（1）画构造层。将划分各构造层的分层界线，即角度不整合接触界线画在图上，以分出各构造层。构造层以地层时代代号（或时代区间代号）来表示。构造层没有统一规定的色谱，一般时代愈老色调愈深，时代愈新色调愈浅。

（2）画断层。各类断层用规定符号表示，并注明名称和编号。如果区域范围很大，断层很发育，则不同时代的断层可用不同颜色的符号来表示。

（3）画褶皱。褶皱用轴迹线来表示，轴迹线的宽窄反映核部或褶皱的宽度变化。褶皱的倾伏应用枢纽产状来表示。

（4）画岩体。绘出岩体界线和内部岩（相）带界面，注明岩石代号及其时代，并标出原生构造产状。

（5）标出代表性的地层产状及节理、面理、线理等产状。

（6）完成图的规格，如图名、比例尺、图例等。

3. 编制地质剖面图

编制1—2幅反映全区构造特点的图切地质剖面图（地形可参照所给点的标高进行分析绘制）。

4. 编写地质构造概述

文字和图表是反映、表现某一地区构造特征的两种主要方式。构造概述是在分析读图和编制图件之后进行的，概述的编写又是分析读图的深化。在编写概述过程中，必须使地质图、剖面图、构造纲要图与文字报告相吻合，互相印证，相互补充。概述包括以下章节：

第一章引言。简述综合读图的目的、要求，所读图幅名称、比例尺、图区地形轮廓以及完成作业情况。

第二章构造。简述区内地层分布及其接触关系之后，重点描述构造。这是报告中的最主要部分，首先概括区内构造的总体特征，如以何种构造为主（以褶皱为主或以断裂为主）、构造的方向性、构造单元或构造层的划分。总之，以简明的语句描绘出总的构造轮廓，要对代表性或典型构造进行详细描述，并在描述的基础上进行分析概括（单个褶皱、断层的描述参见有关部分）。岩体作为一种构造也可以在构造一章描述。描述内容包括有侵入体的名称（如×××花岗岩体）、产出的构造部位、平面形态和规模、与围岩的接触关系、侵入时代等。

第三章构造变形史。可按地质事件发生顺序简述各构造阶段的构造活动特点，划分构造幕。

在以上章节中，可绘制一些插图，如剖面图、联合剖面图和立体图，以便更形象地说明其构造特点。

实习用图：1. 金山镇地质图（附图17）1：10万
　　　　　2. 杨柳市地质图（附图18）1：20万

第十章 褶皱的形成作用

本章要点：褶皱成因分类；纵弯褶皱作用的基本概念；中和面褶皱作用、弯滑及弯流褶皱作用的变形特征；单层及多层岩系中褶皱的发育；剪切褶皱作用、横弯褶皱作用及柔流褶皱作用的变形特征。

不同形态的褶皱及其内部所伴生的构造反映了不同的褶皱成因。为了解复杂多变的褶皱形态及其组合特点和分析褶皱与其它构造的关系，对褶皱的形成应作进一步的研究。

褶皱的形成是一个十分漫长和复杂的过程，受到多种因素的影响。根据观察和模拟实验，褶皱的形成主要与力的作用方式、变形环境、岩石力学性质及岩层厚度等因素有关。有些地质学家只强调褶皱形成机制中的某一作用，因而划分出不同的褶皱成因分类。长期以来，广为采用的褶皱成因分类是根据力对岩层的作用方式，将褶皱的形成机制分为纵弯褶皱作用和横弯褶皱作用。纵弯褶皱作用是作用力平行岩层发生挤压，使岩层失稳弯曲而形成褶皱。一般岩层的原始状态处于水平产状，所以纵弯褶皱作用是地壳水平挤压的结果。横弯褶皱作用是指作用力垂直于岩层，使岩层发生弯曲的褶皱作用。在岩层水平的情况下，横弯褶皱作用是垂向力引起的。

根据褶皱过程中岩石的变形行为以及层理在褶皱中的作用，将褶皱划分为主动褶皱和被动褶皱。主动褶皱是指发生褶皱的各岩层之间韧性差异明显，岩层的力学性质积极地控制着褶皱的发育，通过层间滑动或层内流动的方式形成褶皱。多纳斯（E. A. Donath, 1964）称之为弯曲褶皱作用。被动褶皱是在褶皱的各岩层之间韧性差异小，且各层岩石均具较大的韧性时，褶皱常沿斜交层面的剪切面不均匀剪切而成。层理在褶皱变形中因不具有力学上的不均一性而不再起着控制褶皱变形的作用，只是被动地显示出褶皱形态的外貌。这种褶皱有人称为剪切褶皱作用。实际上，在以上两种褶皱作用之间还存在着过渡类型。

目前，尽管有各种褶皱的成因分类，但仍不能全面地反映出自然界中所有褶皱作用。本章仅对褶皱形成的主要作用作一简单地讨论。

第一节 纵弯褶皱作用

纵弯褶皱作用是岩层受到平行层的挤压作用失稳而弯曲。调节岩层弯曲有两种方式：一种是类似于平板梁的末端加压形成弯曲，层的切向长度发生变化而形成单层弯曲，即层的外弧伸长、内弧压缩、中部有一个无应变面的弯曲，所以称为中和面褶皱作用；另一种是由平行层面的剪切作用调整了层的弯曲。如果层的弯曲主要由层面之间的剪切作用所引起，则称为弯滑褶皱作用 [图 10-1 (A)]；如果剪切作用透入性地散布在整个层中，剪切作用发生在晶粒或晶格尺度上，连续分布在整个褶皱中，这样形成的褶皱称为弯流褶皱作用 [图 10-1 (B)]。

一、中和面褶皱作用

中和面褶皱作用常发生在粘度比（即韧性差）较大的岩系中的粘性较高的强岩层中，如千枚岩中夹有一层石英岩层的弯曲。中和面褶皱作用的应变特征可用平板的弯曲来比拟。在结构均一的单层板状材料的侧面和平面上，规则又均匀地画上几排小圆，表示未变形前的均匀状态。平板发生纵弯褶皱作用后，原来圆变为椭圆，椭圆及其分布情况反映了褶皱的应变状态［图10-2（A）］。中和面褶皱作用的主要应变特征概括为：

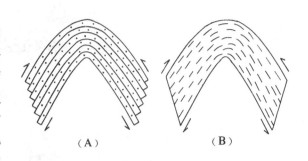

图10-1 弯滑褶皱作用（A）和弯流褶皱作用（B）

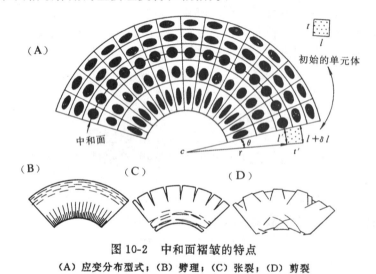

图10-2 中和面褶皱的特点
(A) 应变分布型式；(B) 劈理；(C) 张裂；(D) 剪裂
（据 J. G. Ramsay，1987）

（1）变形作用仅仅环绕褶皱轴弯曲，在理想情况下，平行褶皱轴的方向没有拉伸作用，褶皱是一种平面应变。

（2）褶皱层中部有一个无应变的中和面，其面积或横剖面上层的长度在变形前后保持不变，即变形前的圆形标志仍保持圆形。褶皱层外弧伸长，内弧缩短。层内各点应变大小与其到中和面的距离成正比。在中和面外侧的应变椭球体的压扁面（AB面）平行层面排列，在中和面内侧压扁面垂直层面成正扇形排列。

（3）褶皱层各处垂直层面的厚度不变，褶皱形态是ⅠB型平行褶皱。

由于岩石的韧性不同，变形时可以形成不同类型的内部构造。岩石在韧性变形条件下，褶皱的外侧因拉伸而垂直层理的厚度变薄，或可以形成平行层理的劈理；内凹部分垂直层理因压缩而加厚，可以形成正扇形劈理［图10-2（B）、10-3］，也可以在内凹层中形成小褶皱。随着变形的继续，因外侧变薄，内侧加厚，从而使中和面向外侧迁移。在岩石韧性很小的条件下，外侧因拉伸形成垂直层理的张裂［图10-2（C）、10-3］，通常为同构造分泌的结晶物质所充填而形成的正扇形排列的张裂脉。由于最外侧应变最强，所以张裂由外侧向内弧发展，形成尖端指向核部的楔形脉。内侧的顺层挤压可形成平行层面的张裂，进而形成顺层的充填脉。在岩层弯曲过程中，由于外侧强烈拉伸，外侧张裂脉不断向内发展，中和面逐渐向内移动，最后甚至可形成切穿整个层的扇形张裂脉。如岩石的韧性稍大，则形成剪裂[图10-2(D)]。弯曲的外侧形成正断层式的共轭剪节理，进一步发展则在背形顶部形成地堑；内侧形成逆断层式的共轭剪节理，进一步发展则成逆断层。

二、弯滑褶皱作用和弯流褶皱作用

弯滑褶皱作用和弯流褶皱作用是平行层面的顺层剪切作用调节了岩层的弯曲，犹如将一本书弯曲成背形所见到的

图 10-3　北京西山孤山口平卧背斜中
发育的张裂和劈理素描图
硅质白云岩中的正扇形张裂脉、核部的轴面劈理
与钙质千枚岩中的三角形劈理

弯曲，弯曲的书是每一页相对相邻的下页向上滑移的结果（图10-4）。显然，层面的剪切作用调节了岩层弯曲。弯滑褶皱作用易发生在结合不牢的薄的强岩层之间，或发生在多层薄层的强岩层之间夹有很薄的弱岩层之中，如薄—中厚层砂岩、粉砂岩与泥灰岩的互层岩系。弯流褶皱作用主要发生在韧性较高的岩石中，如泥灰岩、页岩和岩盐类岩石。

弯滑褶皱作用和弯流褶皱作用在宏观尺度上具有共性。可用一叠卡片的弯曲来模拟各部分的应变。如图10-5，在卡片垛的侧面画上一系列一边平行于层面的正方网格，或画上一些圆，然后将卡片垛弯曲。宏观看来，这些正方网格或圆都受到简单剪切作用而发生变形。

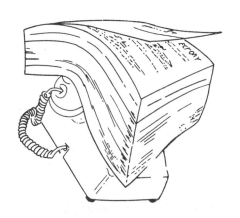

图 10-4　一本弯曲的书中各页的弯滑作用
（据 G. H. Davis, 1984）

根据网格变歪的程度或应变椭圆的最大应变主轴（λ_1）与最小应变主轴（λ_3）之比及应变主轴的方向，计算出各点的应变大小和方向（图10-6），从中可以看出弯滑褶皱作用和弯流褶皱作用的基本特点：

(1)变形是围绕褶皱轴的弯曲，褶皱面上或层内的透入性薄层之间都作垂直褶皱轴的简单剪切作用，任一点的中间应变轴都与褶皱轴平行，所以褶皱是平面应变。

(2)褶皱面为剪切面，相当于应变椭球体的圆切面，其上无应变。

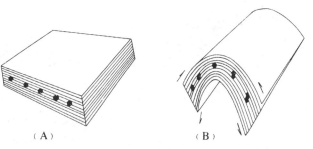

图 10-5　模拟弯滑、弯流褶皱作用的卡片垛模型
(A) 变形前的卡片垛；(B) 模拟弯滑褶皱作用后的卡片垛

(3) 在垂直褶皱轴的正交剖面上，可以看到最大应变主轴（λ_1）的排列从两翼向转折端收敛，即呈反扇形排列。应变强度在褶皱的拐点处最大，在转折端处最小，且可以忽略不计。

(4) 因为是顺层的剪切滑移，所以垂直层面的厚度保持不变，形成ⅠB型平行褶皱。

在弯滑褶皱作用中常形成次级伴生构造。由于层间滑动，在层面上形成垂直褶皱枢纽的

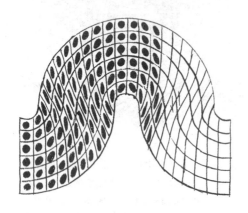

图 10-6　弯流褶皱内应变分布型式
（据 J.G. Ramsay，1967）

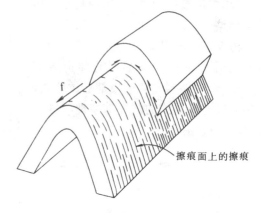

图 10-7　弯滑褶皱中发育的层面擦痕
（据 J.G. Ramsay，1987）

擦痕（图 10-7）。擦痕是由相邻面之间的岩石颗粒机械研磨而成，所以很可能只记录着褶皱面的最后一次位移，因此，它们所记录的位移方向可能并不简单地与褶皱几何形态有关。如果强岩层间夹有少量韧性大的弱岩层，如砂岩中夹有页岩层，由于层间滑动可在弯滑褶皱的两翼形成层间不对称小褶皱或层间劈理（图 10-8）。这种小褶皱称为牵引褶皱。小褶皱的轴面或劈理面与层理斜交，它们与层理的锐夹角指向外侧岩层的滑动方向，锐夹角的大小反映了剪切应变量的大小。在弯滑褶皱转折端因无剪切应变或剪切应变最弱，故不应发育不对称的小褶皱。在较脆性的岩石条件下，弯滑褶皱的两翼上可以形成层间破碎带，在层内有时发育与层面以45°或135°左右相交的张节理〔图 10-9（A）〕，随着褶皱

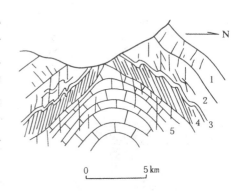

图 10-8　英德某地背斜中伴生的小构造
1 为白云质灰岩，2 为石英砂岩，3 为薄层泥岩及小褶皱，4 为砂页岩及劈理，5 为灰岩

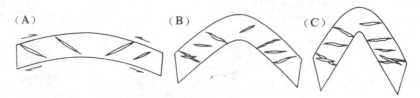

图 10-9　弯滑褶皱作用中张节理的几何性质
（据 J.G. Ramsay，1987）

的继续发展，张节理加宽并产生递进旋转〔图 10-9（B）、（C）〕。当强岩层之间夹有较薄的弱岩层时，由于强岩层弯曲所产生的几何空间，可在褶皱转折端形成虚脱的鞍状空间，此空间

通常为同构造分泌物所充填，形成顺层的鞍状脉体（图10-10）。

弯流褶皱作用发生在韧性较大的岩层中，发育反扇形劈理（图10-8中的4）。如岩石中已有先存的劈理，则形成褶劈理。劈理的排列型式和发育程度反映了应变方向和强度。

三、纵弯褶皱中发育的劈理

劈理面一般代表了应变椭球体的压扁面（AB面）。与纵弯褶皱作用伴生的劈理分布型式受褶皱层内的应变控制。

韧性差异大的岩系发生纵弯褶皱作用时，强岩层以中和面褶皱型式变形。强岩层在弯曲前基本没有顺层缩短，形成ⅠB型平行褶皱。周围的韧性介质以均匀压扁为主。强岩层附近的韧性岩层，由于接触应变带（见后面的详解）的影响，形成了特有的应变型式。图10-11表示围绕强岩层的有

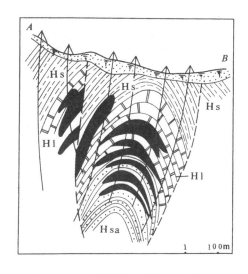

图10-10 滇中某铁矿背斜转折端处的鞍状矿体

Hs为页岩，Hl为白云质灰岩，Hsa为砂页岩

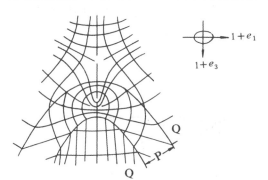

图10-11 强硬层褶皱附近的应变轨迹图
（据J.G.Ramsay等，1987）
P为强岩层，Q为弱岩层

限应变轨迹，图中的$1+e_1$（A轴）的方向相当于劈理在剖面上的交迹线。在强岩层P内部，其弯曲的外弧顺层伸长，可能形成顺层劈理，但一般只限于层的最外侧；强岩层弯曲的内弧受到压缩，可以形成向核部收敛的正扇形劈理[图10-12（A）]，如受到后期总体压扁影响，还可以形成近平行轴面劈理。在强岩层周围的弱岩层Q中（图10-11），强岩层弯曲内侧的弱岩层，由于受到总体的压扁和弯曲内侧的附加压扁，发育平行褶皱轴面的密集的轴面劈理；强岩层弯曲外侧的弱岩层，由于受到总体的压扁和沿强岩层外侧的附加拉伸的叠加，形成一个三角形的$1+e_1$的轨迹，其中有一无应变的中性点，相应地形成特有的三角形的劈理型式，远离中性点，劈理渐转为平行轴面的方位[图10-12（A）]。

从图10-11中还可以看出，应变椭球体长轴$1+e_1$的应变轨迹从强岩层到弱岩层发生了明显的方向变化。在弱岩层中，$1+e_1$的迹线与层面的交角小；而在强岩层中，$1+e_1$的迹线与层面的交角大。当发育劈理时，由于劈理平行于$1+e_1$的方向，因而横过层理的劈理方向发生改变，即发生劈理的折射（图10-12）。

韧性差异小而平均韧性大的岩系（如灰岩与泥灰岩互层的岩系），在发生纵弯褶皱作用前，受到普遍的顺层缩短，其中强岩层缩短而加厚，可以出现垂直层理的劈理带。当强岩层形成波长与厚度比较小的ⅠB型褶皱时，可以形成向核收敛的正扇形的劈理；当弱岩层形成ⅠC型到Ⅲ类褶皱时，因受强岩层的接触应变的影响，形成向转折端收敛的反扇形劈理[图10-12（A）、（B）]。在强弱岩层的界面形成劈理的折射。随着变形的继续，压扁作用的加强，劈理向

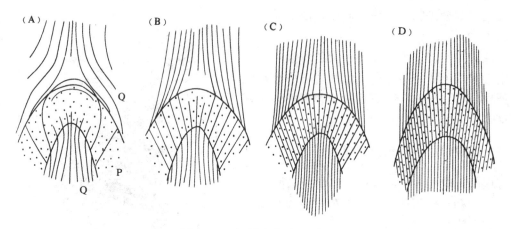

图 10-12 褶皱中的劈理型式
（据 J.G. Ramsay，1987）
P 为强岩层，Q 为弱岩层，说明见正文

平行轴面方向旋转，相应地发育轴面劈理。图 10-12 表示不同情况下的劈理型式，其中（A）、（B）、（C）分别表示了初始顺层缩短从无到强的褶皱中的劈理型式，(D) 表示在强烈的压扁作用下的压扁褶皱伴有近似平行轴面的劈理。

与纵弯褶皱作用伴生的劈理与层理之间存在系统的几何关系，利用这种关系有助于确定岩石露头上大型褶皱的性质和地层层序是否正常。图 10-13 为轴面倾斜的倒转背斜，从图上可以看出：

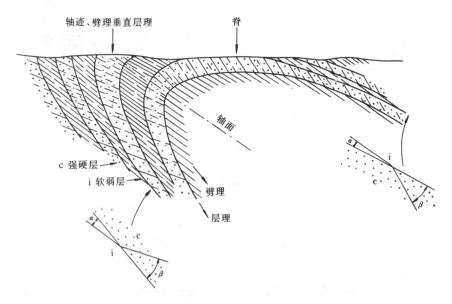

图 10-13 倒转褶皱中层理与劈理的关系
（据 J.G. Ramsay，1987）

（1）劈理与层理所交的锐角一般指示相邻岩层的相对运动方向。如劈理位于纵弯褶皱的一翼，则其向上的锐角指示相邻岩层向背斜顶部运动。

（2）正常翼的劈理与层理可以向相反方向倾斜，也可以向同一方向倾斜，但劈理倾角大于层理的倾角（图 10-13 的右翼）。

(3) 倒转翼的劈理与层理虽向同一方向倾斜，但劈理倾角小于层理的倾角，即表示岩层层序是倒转的（图 10-13 的左翼）。

(4) 褶皱两翼的劈理或与褶皱轴面平行，或以轴面为对称面呈对称分布。

四、褶皱的发育

褶皱的发育和形成是十分复杂的问题，长期以来人们不断地探索，目前总结和提出的一些理论多是探索性的，但在某种程度上对解释褶皱的形成仍有不少的启发。

（一）单层褶皱的发育

岩层在纵弯褶皱作用下，褶皱是怎样形成的？兰伯格（H. Ramberg，1963）和毕奥特（M. A. Biot，1957，1956）分别对岩层在顺层挤压下的失稳形成褶皱做了模拟实验和数学上的理论计算，论证了褶皱初始发育的主波长与褶皱层的厚度和粘度差的定量关系，提出褶皱发育的主波长理论。这一理论较好地解释了自然界中一些褶皱的形态及其内部构造特征，为讨论纵弯褶皱作用奠定了基础。

在分析褶皱的发育时，首先必须考虑岩石的力学性质。在近地表，岩石的变形基本上是弹性的，可以把岩层作为弹性板来考虑，其形成的褶皱波长与作用应力有关；但在地下较高温压条件，在小应力的长期作用下，不同的岩石可以看作是粘度各异的粘性固体而变形的，因此，岩石的粘度在变形中起着主导作用。一厚度不大的高粘度（μ_1）强硬层夹于低粘度（μ_2）的较弱层中，当其受平行层的挤压发生纵弯褶皱作用时，粘度较高的强硬层在褶皱作用中起主导作用。在即将发生褶皱的强硬层中存在着一些低幅度正弦曲线状的微小起伏，这些微小起伏可以是强硬层边界的微小凸起，也可以是厚度、成分变化引起的层的不均匀性。当岩层受到平行层的挤压时，这些部位控制了层向侧方偏斜而形成弯曲。其中，某一波长在变形过程中发育最好，波幅增大也最快，最终控制褶皱的成长和发育，该波长称为主波长。根据毕奥特的推算，在粘性介质中，粘性较大的粘性板的初始主波长（W_i）的公式为：

$$W_i = 2\pi d \sqrt[3]{\mu_1/6\mu_2} \tag{10-1}$$

式中 d 为强岩层的厚度，μ_1 为强岩层的粘度，μ_2 为介质层粘度，且 $\mu_1 > \mu_2$。

由 10-1 式中可以获得以下认识：

(1) 褶皱主波长与层的初始厚度成正比：当 μ_1/μ_2 一定时，即岩层的韧性差异相同时，不同厚度的岩层形成不同波长的褶皱（图 10-14）。薄层的形成小波长褶皱，但褶皱数目多，单

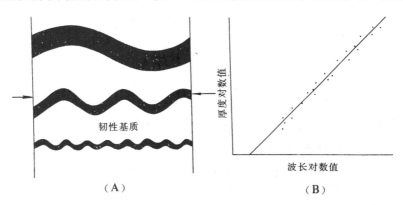

图 10-14 岩层厚度对纵弯褶皱波长的影响（A）及岩层厚度对数与褶皱波长对数的线性关系（B）

个褶皱较紧闭；厚层的形成波长较大的褶皱，但褶皱数目少，单个褶皱较开阔。

(2) 主波长与强硬层和介质的粘度比（μ_1/μ_2）的立方根成正比：强岩层与介质粘度比对于褶皱的发育及其形态的影响是很明显的。图 10-15 示出粘度较低的介质（μ_5）中几个不同能干性的强硬层在缩短变形时产生的褶皱波长和几何形态的主要特征。强岩层与介质的粘度比较大，如 $\mu_1/\mu_2 >$ 50 时（图 10-15 中的 $\mu_1 \gg \mu_5$），褶皱的初始波长相对于强岩层的厚度是大的，波幅增长快，褶皱迅速生长，强岩层的顺层均匀缩短很小，可以忽略不计，即初始波长与褶皱后的弧线长近于相等。随着整个系统的逐渐压扁，褶皱向上扩幅速率逐渐降低，代之以两翼岩层向轴面旋转和翼间角变小，进一步压扁后，形成典型的肠状褶皱，如云母片岩中的伟晶岩脉呈肠状褶皱。当强岩层与介质粘度比较小，如 $\mu_1/\mu_2 <$ 10 时（图 10-15 中的 $\mu_4 \geqslant \mu_5$），在平行层理挤压变形的初期，岩层整体缩短效应明显，在垂直挤压方向上表现出均匀的整体加厚，然后再发生弯曲。强硬层发育的褶皱波长与其厚度比较小，褶皱的扩幅速率很小，开始出现褶皱时仍保持其等厚褶皱的趋势，随着褶皱的发育，层的形态就变成了外弧宽缓而圆滑、内弧紧闭而尖锐的尖圆型褶皱。由于强岩层与介质粘度比不同，则在肠状褶皱与尖圆型褶皱之间形成一系列过渡的褶皱形状。

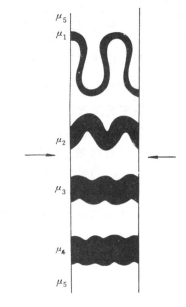

图 10-15　不同能干性岩层的褶皱形态（$\mu_1 > \mu_2 > \mu_3 > \mu_4 > \mu_5$）

（据 J. G. Ramsay, 1982）

图 10-16 是迪特里奇（J. H. Dieterich, 1970）用计算机模拟的单层材料与介质按不同的粘度比在不同压缩应变下所出现的不同褶皱形态。根据 10-1 式分别计算出粘度比值为 42.1、17.5、5.2 时，其主波长与岩层初始厚度比值分别为 12∶1、9∶1、6∶1。该图表明粘度比愈大，褶皱主波长也愈大。还可看出，在（A）图压缩应变由 33% 增加到 63.2%，岩层厚度没有明显变化，褶皱波幅增大，但两者的褶皱弧线近似地相当。(B)、(C) 两图压缩应变由 63.2% 增加到 77.7%，（C）图因岩层的粘度比小，岩层在垂向上均匀加厚现象极为显著，褶皱很不明显，（B）图的岩层粘度比稍大于（C）图，岩层虽有均匀加厚，但褶皱形态为尖圆形。

（二）多层岩系褶皱的发育

在强、弱岩层互层的岩系中发生褶皱，强岩层的褶皱作用对整个褶皱形态起控制作用。在强岩层与其相邻弱岩层的粘度比一定的情况下，强岩层的间隔（即弱岩层的厚度）也影响多层岩系的褶皱发育。

当强岩层有足够宽的间隔时 [图 10-17（A）]，强岩层发生弯曲形成ⅠB 型褶皱，紧邻强岩层的弱岩层受强岩层弯曲的控制也显弯曲，但与强岩层背形及向形接触处出现了不同的构造反应。位于强岩层弯曲外侧的弱岩层显示出与强岩层外弧的局部拉伸变形相应的厚度减薄现象（顶薄），形成ⅠA 型褶皱。位于强岩层弯曲内弧之中的弱岩层，由于受到额外的强岩层褶皱内弧的挤压作用，其厚度相应增大，形成ⅠC 型到Ⅲ类的顶厚褶皱。随着离开强岩层向外，这种受强岩层褶皱影响的接触应变带的强度逐渐减弱以至消失，转为正常的顺层压缩。根据兰姆赛的研究，认为该带的宽度大约相当于强岩层的一个初始主波长的大小。在多层岩系中，各层褶皱间的相互关系与它们的接触应变带的影响范围有关（图 10-17）。

当两强岩层间的距离大于接触应变带范围时，形成不协调褶皱 [图 10-17（B）]。当强岩

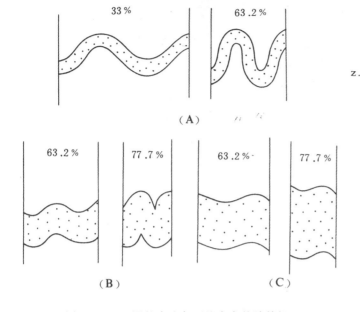

图 10-16 不同粘度比与压缩应变的计算机
模拟的褶皱形态图
(据 Hobbs 等，1976，简化)
示强岩层（点区）受平行层的挤压后的褶皱发育情况，
百分数为压缩应变，粘度比（A）为 42.1，（B）为 17.5，
（C）为 5.2

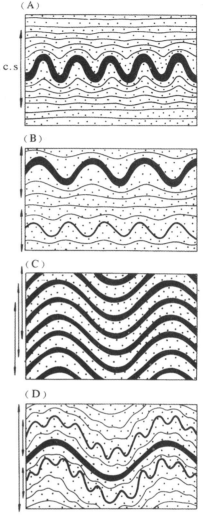

图 10-17 接触应变带与多层褶皱的关系
(A)单层强硬层(黑色者)的褶皱及其接触应变带(Z.C.S)；(B)不协调褶皱；(C)协调褶皱；(D)复协调褶皱

(据 J.G.Ramsay 等，1987)

层的间隔较小，且各强岩层的厚度及间隔基本相同时，则形成波幅较大的协调褶皱 [图 10-17 (C)]。当各强岩层的厚度不等，且间隔也不相等时 [图 10-17 (D)]，厚岩层形成波长较大的正弦曲线状的圆滑褶皱，薄岩层形成波长较小的褶皱。两层褶皱形态虽然不同，但薄岩层的小波长的褶皱随着厚岩层的大波长的褶皱进一步弯曲，形成多种特征波长的复协调褶皱 (Ramsay，1982)。

岩性不同的多层岩系所发育的褶皱，其形态主要受强岩层及其相邻弱岩层的粘度比 (μ_1/μ_2) 和厚度比 ($n=d_2/d_1$) 的影响（设强岩层和弱岩层的粘度和厚度分别为 μ_1、d_1 及 μ_2、d_2），因其受主波长的控制及接触应变的影响。

强岩层与相邻的弱岩层粘度比较低情况下，一般形成初始波长和波幅均较小的褶皱 [图 10-18 (A)、(B)、(C)]。强岩层与相邻的弱岩层的粘度比较高时，一般形成初始波长和波幅较大的褶皱 [图 10-18 (D)、(E)、(F)]。其中，强、弱岩层的厚度比 (n) 较高或中等时，即强岩层之间的弱岩层的厚度较厚或中等时，由于接触变形的影响和后期的压扁作用，使褶皱的翼部变薄而转折端加厚，形成相似褶皱或顶厚褶皱。当厚度比 (n) 较低，而粘度比也较低时，受平行层的挤压变形的初期缺少典型的褶皱，只在层面上有弧立的凸起凹下 [图 10-18 (C)]。但在强弱岩层粘度比大时，则出现波长不规则的膝折带、共轭褶皱等，进一步发展可以形成不规则的尖棱褶皱 [图 10-18 (F)]。

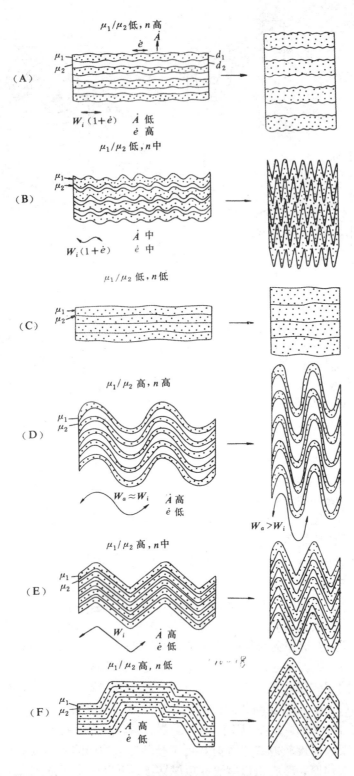

图 10-18　多层规则相间的强硬层的褶皱发育模式
（据 J.G.Ramsay 等，1987）

五、压扁作用

岩层受平行层的挤压作用发生纵弯褶皱过程中，总要引起平行主压应力方向的缩短和垂直于主压应力方向的伸长，即压扁作用。压扁作用始终存在于整个褶皱过程中，对褶皱的应变状态有着不同程度的影响，因而使褶皱形态及其内部构造有多样的变化。

褶皱发生之前的压扁作用，使岩层均匀缩短而使其厚度均匀增大，各点的应变椭球体压扁面垂直于层理［图10-19（A）］，在以后的褶皱中，叠加上由岩层弯曲形成的应变形式，从

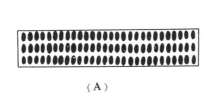
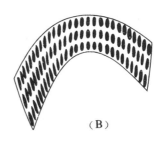

图10-19 褶皱前的压扁作用对弯流褶皱内应变分布型式的影响
(A)初始顺层缩短的应变分布；(B)叠加弯流褶皱的应变分布
(据J.G.Ramsay等，1987)

而形成一种新的应变型式，如图10-19为顺层缩短叠加弯流褶皱的应变型式。

如果岩层之间韧性差异较大，则在强岩层失稳弯曲之前，可以没有显著的顺层缩短，形成典型的ⅠB型平行褶皱，后期的压扁作用，使ⅠB型褶皱变为肠状褶皱；如果岩层间的韧性差异较小而平均韧性较大，则压扁作用可以在强岩层失稳弯曲之前发生，一直延续到褶皱后期。褶皱之后的压扁作用，使弯曲各点的应变椭球体又受到均匀的压扁，其压扁面渐向轴面方向旋转。如图10-20为图10-20(A)的中和面弯曲之后又受到了均匀缩短的情况，在压扁达

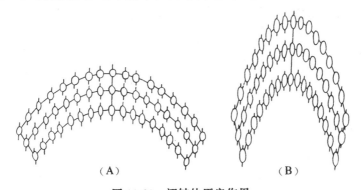

图10-20 褶皱的压扁作用
(据B.E.Hobbs等，1976)
中和面褶皱经20%（A）和50%（B）均匀压扁的应变分布型式

到50%的情况下，层内已不存在中和面，各点的应变椭球体的压扁面和轴面接近平行，这时，一般就形成轴面面理。若褶皱中含有鲕粒、砾石或化石，则可见到鲕粒、砾石或化石等在平行轴面方向被压扁。

压扁作用的结果，还可以使褶皱翼部变陡、变薄而转折端加厚（图10-21），从而使褶皱

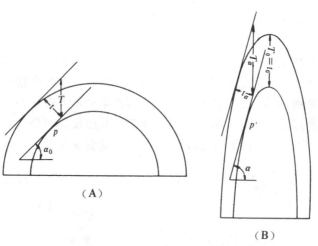

图 10-21　压扁作用对褶皱岩层厚度的影响
t 为压扁前的厚度，t_a 为压扁后的厚度
（据 J.G. Ramsay，1967）

形态由平行褶皱向相似褶皱发展。当褶皱由韧性差异大的岩层组成时，经长期的压扁作用，韧性岩层产生轴面劈理，夹在韧性岩层中的薄层的强岩层，在翼部被压扁拉断形成石香肠或构造透镜体，在转折端被压扁成为所谓"无根钩状褶皱"。这时原始层理的连续已逐渐丧失，新生的轴面劈理和平行面状构造则取得主导地位，渐渐地使原始的层理与新生面理几乎完全平行，造成貌似均一的面理，使层理完全破坏，即发生了面理的置换（图 10-22）。

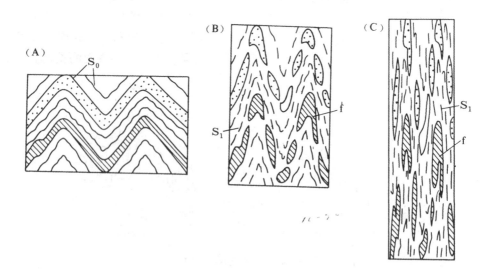

图 10-22　强烈压扁作用对褶皱的影响
（据 P.F. Williams，1988）
(A)压扁前；(B)被压扁；(C)经强烈压扁后；S_0 为原始层理，S_1 为片理或连续劈理，f 为无根钩状褶皱

第二节 剪切褶皱作用

剪切褶皱作用又称滑褶皱作用，它是使岩层沿着一系列与层面不平行的密集的剪切面发生差异运动而形成"褶皱"的作用（图10-23）。原始层面在这种褶皱作用中已不起控制作用，只是反映滑动结果的标志，故又称被动褶皱作用。其主要变形特点概括如下：

（1）褶皱是简单剪切变形造成的，所以，褶皱中每一点上的剪切面都是无应变面，每一点上的应变都是平面应变。

（2）剪切面平行褶皱轴面。在褶皱轴面两侧的相对剪切方向是相反的。因此，褶皱内各点的应变椭球体的压扁面向着背形顶部成反扇形排列。如果发育劈理，则为向背形顶部收敛的反扇形劈理。

（3）褶皱中没有中和面。

（4）因为剪切面上无应变，且轴面平行于剪切面，所以，在褶皱的不同部位上，平行轴面测量的岩层厚度基本相等，是典型的Ⅰ类相似褶皱。

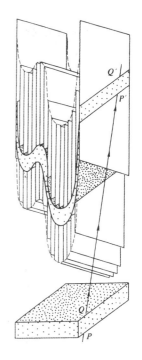

图10-23 沿着与褶皱层斜交面的滑动形成理想的相似褶皱模式
（据 B.E.Hobbs 等，1976）
PQ 为滑动方向

剪切褶皱作用主要发育在韧性剪切带中，由于剪切带内的差异性剪切滑移，使斜交剪切带的层理或其它面状构造显示出"褶皱"，一般形成相似褶皱。毕令斯（M.P.Billings，1972）认为，大多数剪切褶皱是在强烈变形条件下，于先期褶皱的基础上发生的。兰姆赛（1967）认为，褶皱的后期，劈理面可以作为剪切滑移面，在递进的非均匀简单剪切或与均匀应变的共同作用下，沿劈理面作差异性的剪切滑移使层理显示出褶皱。

在成因上，与剪切褶皱作用有关系的另一种褶皱作用是膝折作用。膝折作用是一种兼具弯滑褶皱作用和剪切褶皱作用的特殊的褶皱作用，它主要发生在岩性较均一的薄岩层或面理化岩石中。一般认为，其形成方式是，岩层在一定围岩限制下，受到与层理（或面理）平行或稍微斜交的压应力作用时，岩层发生层间滑动，但又受到某种限制，从而使滑动面发生急剧转折，即围绕一个相当于轴面的膝折面转折成膝折带（图10-24）或尖棱褶皱（图3-10）。

图10-24 西藏日喀则群薄层细砂岩、粉砂岩中的大型膝折带

膝折带常是不对称尖棱褶皱的短翼，短翼部分常集中发生滑动作用，形成剪切带。两个相邻膝折带可以相互平行 [图 10-25（A）]，也可呈共轭相交，形成箱状褶皱，或称共轭褶皱 [图 10-25（C）]。这种褶皱在形态上保持不变，具有相似褶皱的特点，而各岩层的厚度不变，又呈平行褶皱的型式。

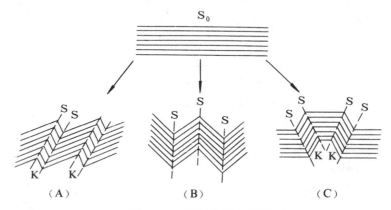

图 10-25　膝折作用示意图

（A）不对称膝折；（B）对称膝折（手风琴式褶皱）；（C）共轭膝折；K 为膝折带，S 为膝折面

第三节　横弯褶皱作用

一、横弯褶皱作用的基本概念

岩层受到与层面垂直的作用力而发生褶皱，称作横弯褶皱作用。横弯褶皱作用可以是基底的断块升降引起盖层弯曲（图 10-26），也可以是密度倒置引起重力上浮的岩浆或岩盐的底辟作用引起岩层的弯曲。与纵弯褶皱作用相比较，这种褶皱作用是较为次要的。横弯褶皱作用的一般特点是：

（1）横弯褶皱作用使岩层整体处于拉伸状态，各层都没有中和面，其应力轨迹如图 10-27 所示。

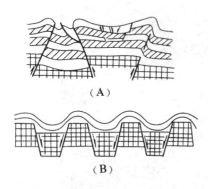

图 10-26　基底断裂对盖层褶皱控制示意图
（A）基底地垒上的箱状褶皱；（B）基底正断层组成地堑构造上的开阔褶皱

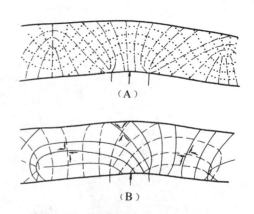

图 10-27　横弯褶皱中的应力轨迹
（据马瑾、钟嘉猷，1965）
（A）主应力轨迹；（B）剪应力轨迹；断线代表 σ_1，点线代表 σ_3

(2) 横弯褶皱的顶部受到最强的侧向拉伸，于背斜顶部的岩层因拉伸而断裂形成地堑；如果是穹状隆起，则可形成放射状或环状正断层（图10-28）；如为基底断层的差异升降，则可使盖层形成大型挠曲，且向下常常过渡为断层（图10-29）。

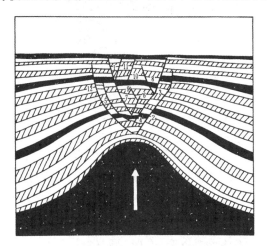

图10-28 底辟上覆岩层顶部断层的模拟实验图
（据 J. B. Currie, 1956）

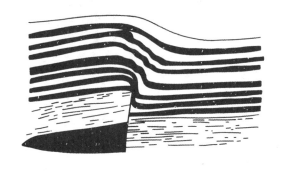

图10-29 盖层中的挠曲与基底间关系的模拟示意图
（据 G. H. Davis, 1978）

(3) 横弯褶皱作用往往形成顶薄褶皱（IA型褶皱），尤其是岩浆底辟上涌或高韧性岩层上拱造成穹隆更是如此。

二、底辟作用

底辟作用主要是地下高塑性岩体，如盐、石膏、粘土及煤层等，在构造力的作用下，或者由于岩石物质间的密度倒置所引起的浮力作用，向上流动并向上推挤或

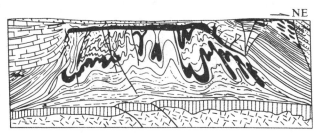

图10-30 德国汉诺威附近的盐丘构造
（据 Seidt，转引自 E. S. Hills, 1972）

挤入上覆岩层，从而形成底辟构造。当岩浆上升，侵入围岩，使上覆岩层发生拱曲时，则形成岩浆底辟；如果底辟由岩盐类物质组成时，则称盐丘构造。盐丘是一种具有重要意义的底辟构造。

典型的盐丘构造直径一般约2—3km，侧缘边界面很陡，盐丘向下延伸可达几公里，一般由三部分组成：核内构造主要是形态复杂的褶皱，其轴面和枢纽近直立或倾竖（图10-30），这与岩盐体多次上升流动有关；核上岩层（覆盖层）一般是开阔的短轴背斜或穹隆构造，在其顶部发育有放射状或环状的正断层，核部周边与围岩常以陡倾的断层接触，围岩的倾角也变陡，形成周缘向斜；核下构造较简单。

盐丘构造具有重要的经济价值，盐核是重要的盐类矿床，盐核上部及围岩中常富集石油或天然气（图10-31）。北美墨西哥湾沿岸地区、德国北部、俄罗斯黑海北岸及伊朗西部等均为著名的盐丘带。

三、同沉积褶皱作用

大多数褶皱是岩石形成之后受力变形而形成的，但是也有些褶皱是岩层沉积的同时逐渐

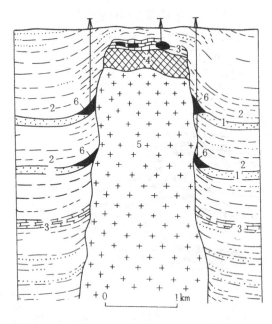

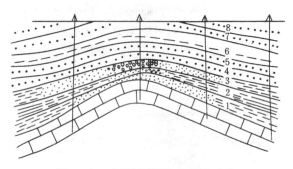

图 10-32 同沉积褶皱示意剖面图

发展而成,这类褶皱即称作同沉积褶皱。同沉积褶皱中,背斜表现为水下隆起,向斜表现为水下凹陷。因此,引起沉积层的岩相及厚度变化。在背斜顶部岩层厚度变薄(有的层甚至缺失),而两翼岩层厚度却有逐渐增大趋势;在向斜中心部位岩层厚度往往最大。沉积物的厚度等值线与相应的构造等高线大致符合。岩层岩石的结构、构造也明显受构造控制,即背斜顶部常沉积浅水的粗粒物质,而向斜中心部位则沉积细粒物质。同沉积褶皱两

图 10-31 盐丘构造

1 为砂岩,2 为页岩,3 为石灰岩,4 为石膏和硬石膏,5 为岩盐,6 为石油

翼的倾角一般是上部平缓,往下逐渐变陡,而褶皱总的形态为开阔褶皱。同沉积褶皱对油、气矿藏以及煤和其它沉积矿产的形成与分布起着一定的控制作用。

同沉积褶皱可以通过某地层的岩性厚度分析来确定其形成时代。如以图 10-32 为例,该背斜在 1 层沉积以前尚未隆起,在 1—3 层沉积时背斜隆起,在 4—8 层沉积时背斜停止隆起。

第四节 柔流褶皱作用

柔流褶皱作用是高韧性和低粘度的岩石受到力的作用,发生类似粘性流体的粘滞性流动,

图 10-33 阿尼马卿冰川中的柔流褶皱

(据纪克诚照片素描,1984)

从而形成复杂多变的褶皱。柔流褶皱作用是一种固态流变条件下的褶皱作用。如盐丘构造中盐核的褶皱就是一种典型的柔流褶皱（图 10-30）。冰川中冰层褶皱则是一种地表条件下的柔流褶皱（图 10-33）。变质岩或混合岩化岩体中有些长英质脉岩流变成不规则的柔流褶皱。由于物质持续的粘性流动，不仅有层流亦有紊流，因而造成十分复杂的褶皱形态，分析其运动学图像比较困难，因此，难于用来分析区域应变和应力场，但仍可用来说明其生成时的地质环境。

第十一章 断层的形成作用

本章要点：断层形成的安德森模式，正断层、逆断层及平移断层形成的应力条件和构造背景，拉分盆地、韧性剪切带的特点及韧性剪切带的剪切方向的确定。

第一节 脆性断层

岩石受力超过其强度时，即应力差超过其强度时，便开始发生破裂。破裂之初先出现微裂隙，微裂隙逐渐发展，相互联合，形成一条明显的破裂面，即断层两盘藉以相对滑动的破裂面。

安德森（E.M.Anderson，1951）等学者分析了断层的应力状态，提出了分析地表或近地表的脆性断层的形成模式，基本上为地质学家所接受。

安德森模式认为，形成断层的三轴应力状态中的一个主应力轴趋于垂直水平面，断层面是一对剪裂面，σ_1 与两剪裂面的锐角分角线一致，σ_3 与两剪裂面的钝角分角线一致，断层两盘垂直于 σ_2 方向滑动。断层形成的应力状态为：若 σ_1 直立，σ_2、σ_3 水平，则产生正断层；若 σ_3 直立，σ_1、σ_2 水平，则产生逆断层；若 σ_2 直立，σ_1、σ_3 水平，则产生平移断层（图 11-1）。

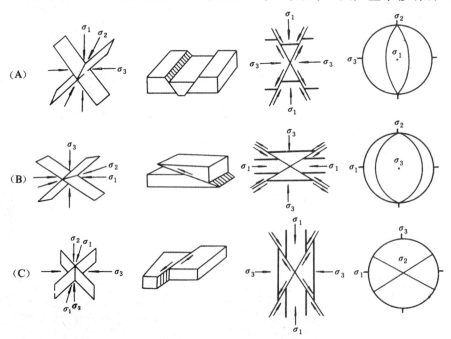

图 11-1 形成断层的三种应力状态（据 E.M.Anderson，1951）
(A) 正断层；(B) 逆断层；(C) 平移断层

Hubbert（1951）作了一个简单而精制的沙箱实验，用沙子代替岩石，很好地说明了莫尔-库仑破裂准则。

在沙箱中的隔板运动以前，两个室的沙子都处于静岩应力状态下（$\sigma_1 = \sigma_3$），各方向的应力相等（图 11-2）。隔板向右运动使左室内水平应力减小，而右室的水平应力则加强，两室处于不同的应力状态，即左室处于受拉伸状态，σ_3 是水平的，σ_1 是直立的；右室则处于受压缩状态，σ_1 是水平的，σ_3 是直立的。

沙箱实验过程形成的差异应力可用莫尔图解表示，图上标出破裂包络线和变形前的静岩应力状态（$\sigma_1 = \sigma_3$），静岩应力状态为 σ 轴上的一个点（图 11-3）。隔板一开始运动，砂层就由静岩应力状态变为差异应力状态，在左室，差异应力增大时，σ_1 保持不变，σ_3 变得愈来愈小 [图 11-3（A）]，由于 σ_3 值递减，致使差异应力可增大到使沙层产生破裂，破裂点是 σ_1、σ_3 所

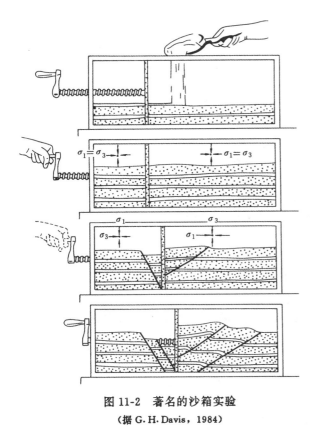

图 11-2 著名的沙箱实验
（据 G. H. Davis，1984）

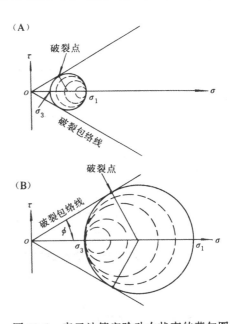

图 11-3 表示沙箱实验动力状态的莫尔图解
（据 G. H. Davis，1984）
（A）左室中，差异应力导致正断层作用；（B）右室中，差异应力导致逆断层作用

确定的莫尔圆与破裂包络线的切点，因而，水平方向的拉伸增大有利于正断层的形成；右室差异应力逐渐增大，表现为 σ_1 值逐渐增加，σ_3 则保持在静岩应力时的大小，当代表差异应力的 σ_1 和 σ_3 的莫尔圆与沙层破裂包络线相切时，就产生逆断层 [图 11-3（B）]，因此，水平方向的压缩有利于逆断层的发生。

一、正断层的成因分析

（一）正断层形成的应力条件

正断层是在一定范围内地壳伸长的结果，是在地壳处于与断层走向垂直的方向上水平拉伸状态下产生的，即 σ_1 直立。它可以是岩体的重力，也可以是岩浆岩体、盐丘或基底断块等

向上隆起或上冲引起的。σ_3 水平，与断层走向垂直，它可以是较小的压应力，也可以是张应力。引起正断层的有利条件是最大主应力（σ_1）在铅直方向上增大，或是最小主应力（σ_3）水平向逐渐增大[图 11-2、11-3（A）]。

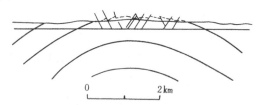

图 11-4　美国海员山背斜顶部
正断层和小型地堑
（据 De. Sitter，1956）

（二）正断层形成的构造背景

（1）背斜形成时，因岩层上拱，导致外弯层产生与背斜枢纽垂直的张应力，加之岩体自重产生的铅直的应力，造成背斜顶部出现纵向地堑（图

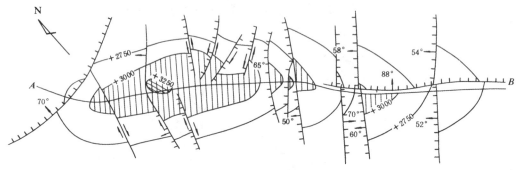

图 11-5　短轴背斜中的横断层
（据 De. Sitter，1964）

11-4）。短轴背斜沿枢纽方向的局部拉伸，也可以形成走向与背斜枢纽垂直的两组倾向相反的横向正断层（图 11-5）。

（2）区域性的水平拉伸造成沉降盆地，在其边缘常形成同沉积断层，这类正断层的下降盘为边下降边沉积，随着沉积物的厚度增大，加大了 σ_1，使其下部位移量大于上部（图 4-36）。

（3）穹隆垂直上隆形成穹隆中心直立（或陡倾）的挤压（σ_1）以及向穹隆外围缓倾的拉伸（σ_3），从而形成环形正断层。此外，差异升降运动也可以产生正断层。

二、逆断层的成因分析

（一）逆断层形成的应力条件

逆断层主要是在压缩条件下形成的。区域性的水平挤压作用产生水平基准面侧向缩短的断层，又称收缩断层。这种条件符合安德森逆冲断层应力模式，即 σ_1 水平，σ_3 直立。所以，适于逆冲断层形成作用的可能情况是 σ_1 在水平方向逐渐增大，或者是最小主应力 σ_3 逐渐减小。因而，水平挤压有利于逆冲断层的发育[图 11-2、11-3（B）]。

（二）逆断层形成的构造背景

（1）早于褶皱形成的逆断层[图 11-6、11-7（A）]：在断层形成前地层未褶皱，水平挤压作用使水平地层产生逆断层。这类断层的特征是：其中一段顺层面滑动，称断坪；另一段切层滑动，称为断坡。断坪实际是顺层断层，断

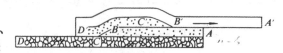

图 11-6　褶皱前形成的逆断层及其断坪与断坡
（据 Preei，1981）

层标志不太明显（图 11-6）。断坪与断坡交替，使整个断层构成阶梯状。图 11-7（A）为早于褶皱产生的沿剪裂面形成的逆断层。

(2) 由褶皱进一步发展而成的延伸逆断层［图 11-7（B）］：当水平挤压向一侧减弱时，褶皱倒向水平应力小的一侧，持续变形使倒转翼拉薄，进而断开形成逆断层。这种断层常发育在造山带边缘强烈不对称褶皱的地带。

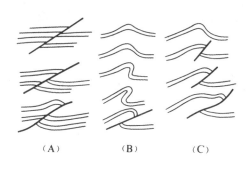

图 11-7 逆断层与褶皱的关系
（据 De. Sitter, 1964）

(3) 与褶皱同时发育的破裂逆断层［图 11-7（C）］：脆性岩层在水平挤压作用下形成开阔褶皱，同时也很快出现破裂，形成一系列在剖面 X 剪裂面基础上发育起来的破裂逆断层。随着破裂逆断层的发展，褶皱进一步加强。

（三）逆冲推覆构造的形成

(1) 孔隙液压对逆推覆构造形成的作用：巨大的推覆体之所以能够作长距离的运移，异常孔隙压力起了重要的作用。当异常孔隙压力接近或等于推覆体总负荷压力时，推覆体即处于漂浮状态，此时很小的推力即可使推覆体产生运移而不破碎。大陆边缘快速堆积的年青沉积物可产生异常孔隙压力；巨大推覆体也可使下伏岩层的适当部位产生异常孔隙压力；此外石膏的脱水作用也可以引起异常孔隙压力。

(2) 逆冲推覆构造的驱动力：对这个问题，地质学家有各种不同的假说和观点。早期认为水平挤压作用是逆冲推覆构造的基本驱动力，即水平挤压力推动推覆体的后部使其向前运动。随着研究的不断深入，又提出作为体力的重力是引起推覆构造的基本驱动力，即在地壳伸张地带见有因重力滑动的推覆作用造成的重力滑覆构造。重力滑覆构造的特点是，滑覆体的后部被正断层所切，或被底部滑脱面所切［图 11-8(A)］。由于重力滑动作用无法解

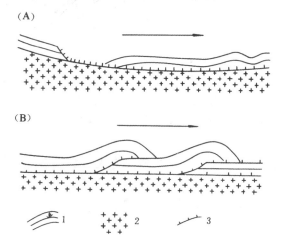

图 11-8 重力滑动（A）与重力扩张（B）形成的推覆构造后部构造形态的差异
（据 Cooper, 1981）
1. 盖层；2. 基底；3. 逆冲断层

释某些断层面不是向逆冲方向倾斜的情况，所以又有学者提出了重力扩张的观点，并以模拟实验证明。重力导生出的侧向水平推动力的扩展作用产生逆冲断层，使推覆体的后部被更后面的逆冲断层所切［图 11-8(B)］。此外，还有因板块俯冲和碰撞挤压等造成逆冲推覆构造的观点。

三、平移断层的成因分析

（一）平移断层的形成方式

(1) 由侧向水平挤压，当 σ_2 直立时，顺平面 X 剪裂面发育而成平移断层，规模可大可小，常为二组共轭发育，一组右行，一组左行，与褶皱延伸方向一般斜交。

(2) 不均匀的侧向挤压使不同部分的岩块在垂直于纵向逆断层和褶皱枢纽方向上作不同

程度的向前推移，因而在各部分岩块之间形成走向垂直于逆断层或褶皱枢纽的平移断层，这种断层一般规模不大。

（二）走滑断层的相关构造

大型平移断层即走滑断层，其两盘顺直立断层面相对水平滑动。走滑断层和兼具倾向滑动的走滑断层是相当普遍的，与走滑断层相关的构造也是很重要的构造。

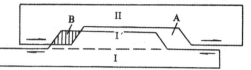

图 11-9 走滑断层引起的拉张区和挤压区
（据 E. W. Spencer，1977）

（1）由于走滑断层面的弯曲，在弯曲部位

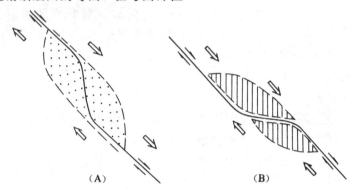

图 11-10 右行走滑断层弯曲引起的相关构造
(A) 右阶式弯曲处引起的断陷盆地；(B) 左阶式弯曲处引起的断块隆起

会产生挤压区和拉伸区。如图 11-9、11-10 在右行走滑断层 A 处弯曲部位发生拉张，形成断陷盆地和正断层等张性构造；在右行走滑断层的 B 处弯曲部位发生挤压，形成隆起断块和逆断层等压性构造。

（2）走滑断层弯曲并与次级断层交切处，形成复杂的挤压-拉伸交织带（图 11-11）。走滑断层还常造成其一侧出现雁列式褶皱。褶皱轴与断层成小角度相交，多以背斜型式产出。随着远离断层，褶皱逐渐减弱或倾伏（图 11-12）。

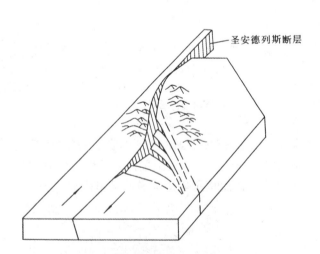

图 11-11 圣安德列斯断层弯曲与次级断层交切
引起的挤压-拉伸现象
（据 J. C. Crowell，1974）

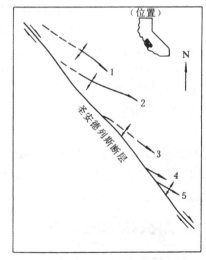

图 11-12 圣安德列斯断层一侧的雁列式褶皱
（据 Moody 等，1956）
1. 谢尔沃背斜；2. 科林加背斜；3. 奥尔查德背斜；
4. 麦克唐纳背斜；5. 赛里克背斜

(3) 两条走滑断层交切引起的挤压和拉伸：①当两条滑向相反的走滑断层相交，并在平面上切成楔状岩块时，若楔状断块向楔尖滑动，将引起挤压；反之，则引起拉伸（图11-13）。②当两条滑向相同的走滑断层相交时，引起离散和聚敛，在聚敛处造成挤压，在离散处造成拉伸（图11-14）。

(4) 走滑断层两侧的岩层常发生牵引式弧形弯曲。我国郯庐断裂南端大别山构造带的弧形弯曲可能也是这种牵引式弯曲。

四、拉分盆地

拉分盆地是走滑断层系中拉伸形成的断陷盆地。其形状似菱形，盆地两侧长边为走滑断层，两短边为正断层。拉分盆地规模变化很大，大者长百余公里，宽数十公里，小者长数百米，宽仅数十米，

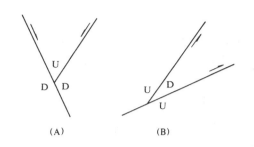

图 11-13 两条相交走滑断层引起的挤压和拉伸
（据 Moody，1956）
（A）滑向楔尖引起挤压；（B）滑离楔尖引起拉伸；
U 为挤压上升，D 为拉伸下降

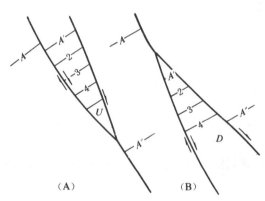

图 11-14 两条走滑断层聚敛和
离散引起的挤压和拉伸
（据 J.C.Crowell，1974）
（A）两条右行走滑断层的聚敛引起的挤压；（B）两条右行走滑断层的离散引起的拉伸；U 为挤压上升，D 为拉伸下降

一般窄而长。

拉分盆地的形成可以是在两条走滑断层控制下发育的，也可以是在一组雁列走滑断层控制下发育形成的（图11-15）。其宽度相对较稳定，取决于两条边界走滑断层的间隔。我国南方的一些红盆地，如江西于都-南丰断裂带上的某些红盆地，就具有明显的拉分性质。

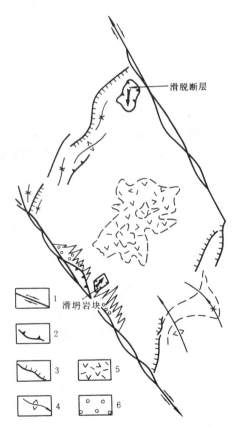

图 11-15 拉分盆地理想化模式图
（据 J.C.Crowell，1974，简化并修改）
1. 走滑断层；2. 逆冲断层；3. 正断层；4. 褶皱轴；
5. 火山岩系；6. 碎屑岩系

第二节 韧性剪切带

韧性剪切带是结晶基底普遍发育的一种构造现象。在韧性剪切带狭长的高应变带中，应变强度比带外强很多，而带内剪应变则中间高，向两侧逐渐减小。应变主要是因遭受简单剪切作用。

韧性剪切带的研究，改变并丰富了某些地质概念。例如断层的牵引现象，可能很多"牵引"产生于断裂之前，是韧性剪切现象，即"牵引"导致破裂，而不是断层导致"牵引"。又如糜棱岩，过去认为是脆性破裂的继续，是碎裂物质被研磨变细的产物，属碎裂岩系列的细粒部分，但近十余年来，经深入的显微和超显微研究发现，糜棱岩的细粒化是矿物在较高温度和较高围压下发生晶体塑性变形的产物。再如不同规模推覆体的底部滑动面，往往是倾角很小、甚至近水平的韧性剪切带。

向下深切的大断裂，在浅层次表现为脆性断层（脆性剪切带），向深层次则过渡为韧性断层（韧性剪切带），即构成了由脆性域和塑性域组合成的双层结构模式（图11-16）。在盖层中，不论逆断层还是正断层，均为脆性断层，一般进入基底则逐渐转变为韧性断层（图11-16、11-17）。两者之间常有过渡，称脆-韧性断层。近年来有些学者强调过渡域的独立性，从而提出了三层结构模式。

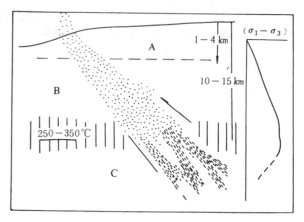

图 11-16　一条大型断裂带的双层结构模式
（据 R.H.Sibson, 1977）
A 为未胶结的断层泥和角砾，B 为碎裂岩系列，C 为糜棱岩系列

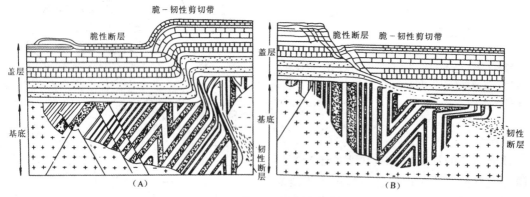

图 11-17　脆性断层与韧性断层的关系
（据 J.G.Ramsay, 1980）
(A) 地壳压缩；(B) 地壳拉伸

一、韧性剪切带的特点

1. 一般特征

韧性剪切带是岩石在塑性状态下连续变形的狭长高应变带。它的特点是，岩石沿无数微细滑动面做微小位移而引起塑性流动，从而导致韧性剪切带两侧岩块的相对位移。韧性剪切带与围岩无明显的界线，在露头尺度上常见不到明显的不连续面，表现为断而未破，错而似连，围岩几乎未经变形。当围岩中的标志层通过剪切带时，常会发生方向的变化和厚度的改变，剪切带中的矿物组分和粒度也发生一定程度的变化。

2. 韧性剪切带的组构

韧性剪切带的规模差别极大，小者宽不过数厘米，长不过数米，而巨型韧性剪切带可宽达数十公里，长逾千公里。韧性剪切带具有独特的组构，常产生新生面理和线理。

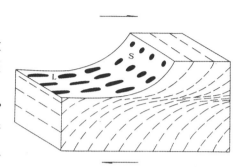

(1) S型面理：剪切带边部的面理与其边界成45°角，自边缘向中心夹角越来越小，在剪切带中心部位，新生面理与剪切带边界近于平行，故剪切带内面理一般呈S型（图11-18）或反S型，常用S或Ss表示。

(2) 矿物拉伸线理：在剪切带内面理上，矿物沿最大拉伸方向定向排列，构成矿物拉伸线理L（图11-18）。

图 11-18　剪切带内面理（S）面上的拉伸线理（L）

(3) S-C组构：除剪切带内的S型面理外，还有平

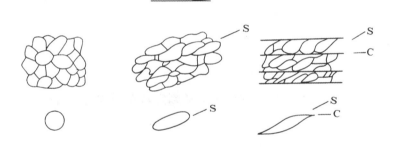

图 11-19　韧性剪切带的S-C组构及其结构型式
（据 D.Berthe 等，1979）
剪切带内面理（S）和糜棱岩面理（C）

行剪切带界面的面理或糜棱面理，用C或Sc表示，它是由更细的颗粒或云母等矿物组成的。C面理与S面理共同组成S-C组构（图11-19）。

3. 韧性剪切带内的变形特征

(1) a型褶皱和鞘褶皱：a型褶皱是褶皱轴与拉伸线理平行的褶皱，可以由剪切作用直接形成，或是由b型褶皱随着剪切变形的加剧改造而成，一般发育在剪切带的中心部位。鞘褶皱是a型褶皱的一种特殊类型，其褶皱轴与拉伸线理平行，形似剑鞘，常呈扁圆状或舌状，甚至圆筒状，多为不对称褶皱，沿剪切方向拉得很长（图11-20、11-21）。

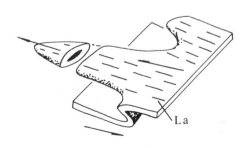

图 11-20　韧性剪切带中之鞘褶皱
（据 Gidon，1987，略修改）
La 为拉伸线理

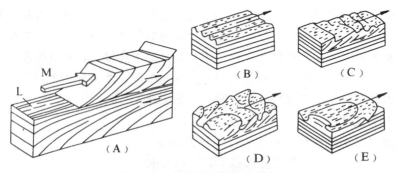

图 11-21 韧性剪切带中的褶皱

(据 Mattauer,1980,略修改)

(A) 韧性剪切带中的拉伸线理,M 为剪切运动方向,L 为拉伸线理;(C) 褶轴垂直拉伸线理的 b 型褶皱;(B)、(D)、(E) 褶皱轴平行拉伸线理的 a 型褶皱;(E) 已进一步发育成鞘褶皱;

(2) 糜棱岩:韧性剪切带内的变形岩石一般形成糜棱岩系列。糜棱岩系列岩石的重要特征是具流动构造,矿物经受了塑性变形,并由塑性变形导致明显的重结晶及强烈的优选方位。糜棱岩通常具有以下三个特点:①粒径减小;②出现在较窄的带内;③出现强化面理(流动构造)和(或)线理。随着糜棱岩化程度的增高,可将糜棱岩进一步划分为初糜棱岩、糜棱岩、超糜棱岩。随着变形后重结晶的增高,糜棱岩中的细小颗粒因重结晶而增大,并有一些新生矿物出现,使糜棱岩转变形成各种结晶片岩。基质以重结晶作用为主的糜棱岩可根据结晶程度和结晶颗粒的大小分为千糜岩、构造片岩和构造片麻岩。

二、韧性剪切带剪切方向的确定

在野外,可以根据糜棱岩带、新生面理带或退化变质带、鞘褶皱及其伴生的拉伸线理等构造确定韧性剪切带的存在,进而根据以下特征判定其剪切方向。其中,拉伸线理平行于其变形时的运动方向。

图 11-22 是一些常见的可以指示剪切运动方向的各种运动学标志。该图中,(A) 为被错开的岩脉或标志层,往往呈 S 形弯曲,显示剪切带两盘明显的位移;(B) 为不对称褶皱,由缓倾斜的长翼到倒转的短翼的方向(即褶皱的倒向)为剪切方向;(C) 为鞘褶皱,在 XZ 面上鞘褶皱枢纽的弯曲方向指示剪切方向;(D) 为 S-C 面理,S 面理与 C 面理所夹锐角指示剪切方向;(E) 为大多发育在石英云母片岩中的"云母鱼"构造,不对称的"云母鱼"尾可指示剪切方向;(F) 和 (G) 是糜棱岩中的旋转碎斑系,其结晶拖尾呈 σ 型和 δ 型两类,碎斑系的拖尾尖端延伸方向指示剪切方向;(H) 为不对称的压力影构造,据呈单斜对称的纤维状结晶尾可确定剪切方向;(I) 为书斜式构造("多米诺骨牌"构造),其裂面与剪切带的锐夹角示剪切指向;(J) 为由糜棱岩中的碎斑或矿物集合体、侵入体中的捕虏体等构成的曲颈状构造,曲颈弯曲方向示剪切方向。

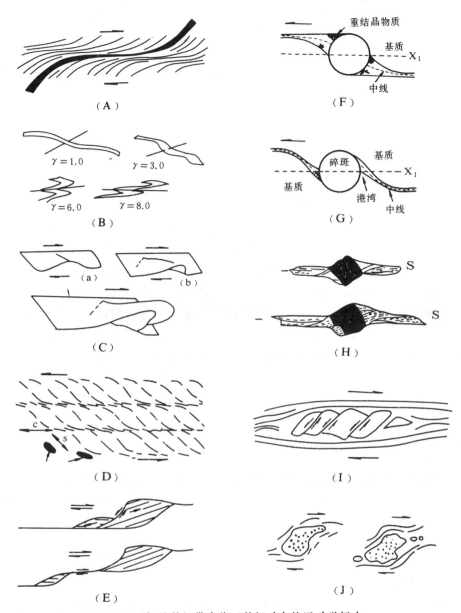

图 11-22 韧性剪切带中指示剪切动向的运动学标志

第十二章　极射赤平投影的原理和应用

本章要点：面状构造和线状构造的投影及其产状要素的读法和应用，以及 β、π 图解，两面夹角的测定，平面绕水平轴旋转的方法等。

极射赤平投影（stereographic projection）简称赤平投影，主要用来表示线、面的方位，相互间的角距关系及其运动轨迹，把物体三维空间的几何要素（线、面）反映在投影平面上进行研究处理。它是一种简便、直观的计算方法，又是一种形象、综合的定量图解，所以广泛应用于天文、测量、航海、地理及地质科学中。运用赤平投影方法，能够解决地质构造的几何形态和应力分析等方面的许多实际问题，因此它是研究地质构造的不可缺少的一种手段。

赤平投影本身不涉及面的大小、线的长短和它们之间的距离，但它配合正投影图解，互相补充，则有利于解决包括角距关系在内的上述计量问题。

第一节　面和线的产状投影

一、投影原理

一切通过球心的面和线延伸时均会与球面相交，并在球面上形成大圆和点。以球的北极为发射点，与球面上的大圆和点相连，将大圆和点投影到赤道平面上，这种投影称为极射赤平投影（简称赤平投影）。本书采用下半球投影，即只投影下半球上的大圆弧和点。

图 12-1 为一球体，AC 为垂直轴线，BD 是水平的东西轴线，FP 是水平的南北轴线，$BFDP$ 为过球心的水平面（即赤平面）。

（一）平面的投影方法（图 12-1）

设一平面走向南北，向东倾斜，倾角 40°，若此平面经过球心 O，则其与下半球面相交为大圆弧 PGF。以 A 点为发射点，PGF 弧在赤平面上的投影为 PHF 弧。PHF 弧向东凸出，代表平面向东倾斜，走向南北，DH 之长度代表平面的倾角。

（二）直线的投影方法（图 12-2）

设一直线向东倾伏，倾伏角 40°，此线交下半球面于 G 点。以 A 点为发射点，球面上的 G 点在赤平面上的投影为 H。H 与 O 点联线交赤平大圆于 D 点，D 的方位角即该直线的倾伏向（指向）E90°，HD 长度代表直线的倾伏角 40°。同理，一条直线倾伏向南西，倾伏角 20°，交球面于 J 点，其赤平投影为 K。

（三）吴氏网（吴尔福网）

为了准确、迅速地作图或量度方向，可采用投影网。常用的有吴尔福网［等角距网，图 12-3（A）、附图 20］和施密特网［等面积网，图 12-3（B）、附图 21］，其基本特点相同。赖特网为据等面积网改造而成的极等面积网［图 12-3（C）、附图 22］。下面以吴氏网为例介绍

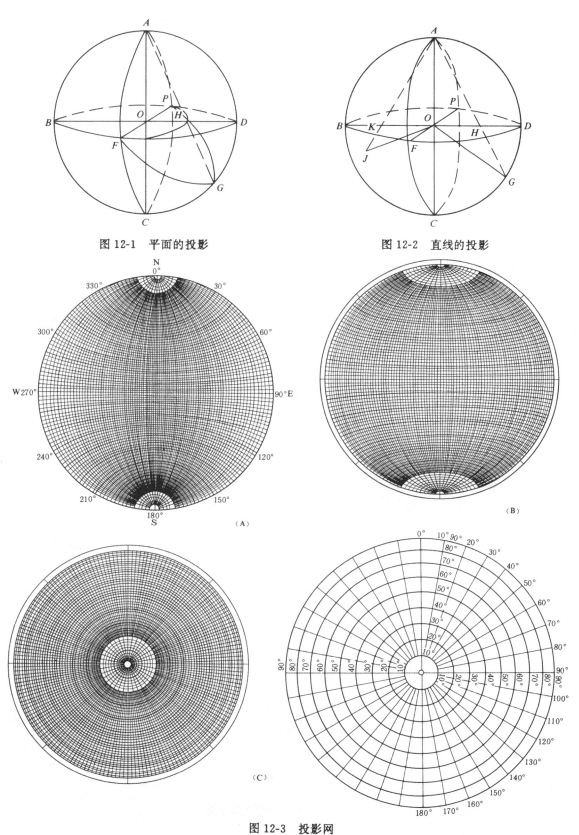

图 12-1 平面的投影　　　　图 12-2 直线的投影

图 12-3 投影网
(A) 吴尔福网（等角距网）；(B) 施密特网（等面积网）；(C) 极等面积网（赖特网）

投影网 [图12-3 (A)]。

1. 基圆

基圆即赤平面与球面的交线,是网的边缘大圆。由正北顺时针为0°—360°,每小格2°。表示方位角,如走向、倾向、倾伏向等。

2. 直径

直径分别为南北走向和东西走向直立平面的投影。自圆心至基圆为90°—0°,每小格2°。表示倾角、倾伏角。

3. 经线大圆

经线大圆是通过球心的一系列走向南北、向东或向西倾斜的平面投影。自南北直径向基圆代表倾角由陡到缓的倾斜平面。

4. 纬线小圆

纬线小圆是一系列不通过球心的东西走向直立平面的投影。它们将南北向直径及经线大圆弧和基圆等分(每小格2°)。

(四) 操作

将透明纸(或透明胶片等)蒙在吴氏网上,描画基圆及"+"字中心,固定网心,使透明纸能旋转(或固定透明纸旋转网),然后在透明纸上标出N、E、S、W。

1. 平面的投影

投影产状SE120°∠30°的平面(图12-4)。

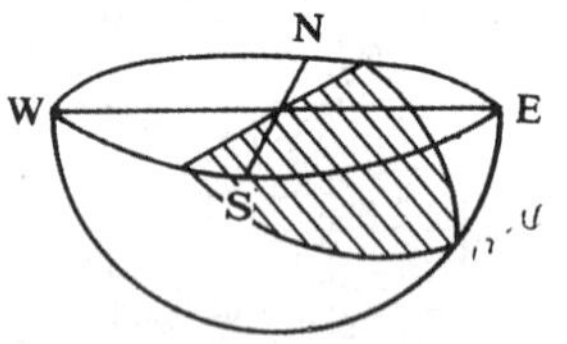

(1) 将透明纸上的指N标记与投影网正N重合,以N为0°,在基圆上顺时针数至120°(倾向)得一点D,为平面的倾向[图12-5 (A)]。

图12-4 产状为SE120°∠30°平面的透视图

(2) 转动透明纸将D点移至东西直径上,由基圆向圆心数30°(倾角)得C点,描绘C所在的经线大圆弧[图12-5 (B)中之ACB弧],A、B点的方位角为平面的走向(NE30°或SW210°)。

(3) 转动透明纸,使指N标记与网上N重合[图12-5(C)],ACB大圆弧即为SE120°∠30°

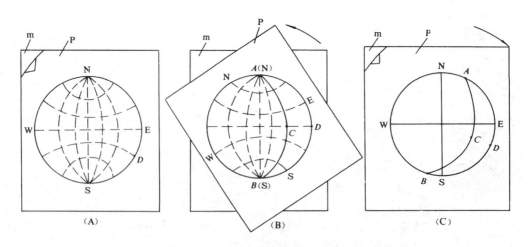

图12-5 平面的赤平投影步骤

P为透明纸,m为投影网

平面的投影。

例如，NE60°∠60°平面的投影（图12-6）。

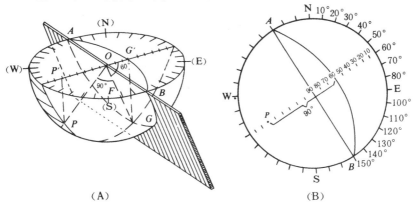

图12-6 平面NE60°∠60°及其法线的投影
（据R.Adler等，1969，修改）

(A)立体图；(B)赤平投影图；A、B点为平面的走向NW330°或SE150°，倾向NE60°，倾角60°，该平面的法线投影P倾伏向SW240°，倾伏角30°

2. 直线的投影

投影产状为NW330°∠40°的直线（图12-7）。

（1）使透明纸上指N标记与网上N重合，以N为0°，顺时针在基圆上数至330°得一点A，为直线的倾伏向［图12-7（A）］。

（2）把A点转至东西直径上（也可转至南北直径上），由基圆向圆心数40°（倾伏角）得A'点［图12-7（B）］。

（3）把透明纸的指N标志转至与网上正N重合，A'即为产状NW330°∠40°直线的投影［图12-7（C）］。

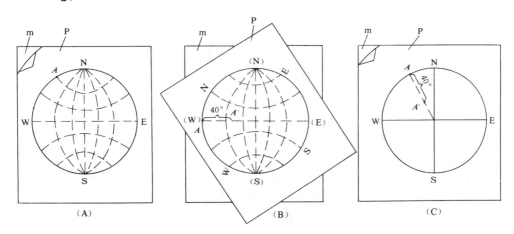

图12-7 直线的赤平投影步骤
P为透明纸，m为投影网

例如，直线FF（褶皱枢纽）倾伏向（指向）SW240°，倾伏角25°的投影（图12-8）。

3. 法线的投影

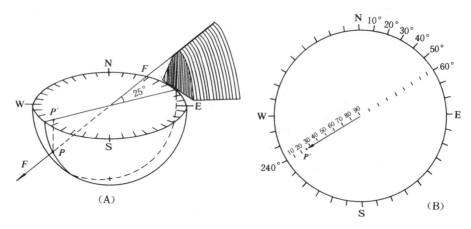

图 12-8　直线 SW240°∠25°的投影
(据 R. Adler 等，1969，略修改)
(A) 立体图；(B) 赤平投影图；倾伏向 SW240°，倾伏角 25°

法线的投影指平面法线的产状的投影。平面及其法线的投影常常互为使用，两者互相垂直，夹角相差 90°。由于法线的投影是极点，平面的投影是圆弧，所以往往用法线投影代表与其相对应的平面投影。

例如，求一产状为 90°∠40°的平面的法线投影 [图 12-9]。

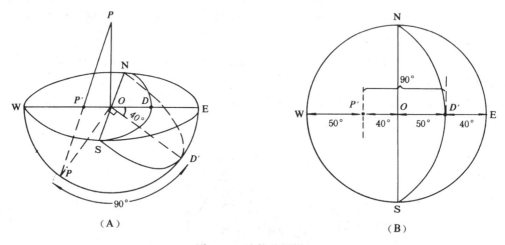

图 12-9　法线的投影
(A) 透视图；(B) 投影图

(1) 使透明纸上指 N 标记与网上的 N 重合，以 N 为 0°，顺时针数至 90°为在东西直径的 E 点，自 E 点沿直径向圆内数 40°得 D′点，为平面倾斜线的投影。

(2) 自 D′点继续数 90°（越过圆心）得 P′点，为该平面法线的投影（极点）；也可自圆心向倾向相反方向数 40°（即与平面垂直的方向）得 P′点，为该平面法线的投影 [图 12-9 (B)]。

以上所述平面和直线的投影方法，是研究线与线、线与面、面与面相互关系的基础。

二、应用

1. 已知真倾角求视倾角

某岩层产状为NW300°∠40°,求在走向NW335°方向直立剖面上该岩层的视倾角(图12-10)。

(1) 据岩层面产状作其投影弧 EHF。

(2) 在基圆上数方位角至 NW335°得 D'点。

(3) 作 D'点与圆心 O 的联线,交 EHF 大圆弧于 H'点。H'点为岩层面与走向NW335°剖面的交线在下半球的投影,$D'H'$间的角距即为 NW335°方向剖面上的视倾角。

2. 求两平面交线的产状 (图12-11)

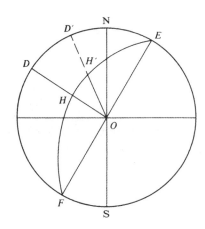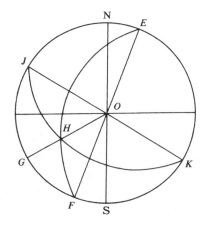

图12-10 已知真倾角,求视倾角　　　　图12-11 求两平面交线的产状

(1) 据已知两平面的产状,在吴氏网上分别求出其投影大圆弧 EHF 和 JHK。两大圆弧的交点 H 为两平面交线与下半球面交点的投影。

(2) 作圆心 O 与 H 点的连线交基圆于 G 点,G 点的方位角即两平面交线的倾伏向,GH 间的角距则为交线的倾伏角。

3. 求两相交直线所决定的平面的产状

已知两相交直线产状为 SE120°∠36°(α) 和 S180°∠20°(β),求两线所构成的平面的产状及该两直线间的夹角 (图12-12)。

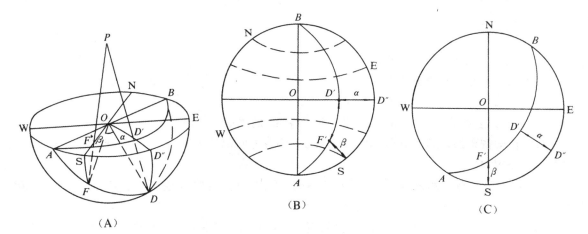

图12-12 两相交直线所决定的平面的投影

(1) 据已知产状作出两直线的投影点 F'、D'。

(2) 转动透明纸使 F'、D' 两点位于同一经线大圆弧上，$AF'D'B$ 大圆弧 [图 12-12（B）] 即为两直线所共的平面的投影，用前述方法求出的 $AF'D'B$ 大圆弧的产状，即两直线所共的面的产状，D'' 方位是其倾向，$D'D''$ 反映的 α 角是其倾角。

(3) 将大圆弧转至 SN [图 12-12（B）]，F'、D' 间的角矩即为两该直线间的夹角。

4. 求平面上的直线的投影

已知一平面产状为 SE150°∠65°，该面上一直线侧伏向南，侧伏角 40°，求此直线的倾伏向、倾伏角（图 12-13）。

(1) 依平面产状作出其投影大圆弧，标出平面走向南端所在的点 A。

(2) 将大圆弧转至南北方向，自平面走向南端的 A 点数经线大圆弧被纬线小圆弧分割的 40° 所在的点 C。

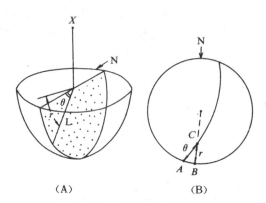

图 12-13 平面上直线的投影
(A) 立体图；(B) 赤平投影图

(3) 点 C 为直线 L 在倾斜平面上的投影，CB 间的角距 γ 为该直线的倾伏角，B 点的方位角为该直线的倾伏向。

三、小结

一切面状构造，如岩层面、断层面、劈理面、流面、褶皱轴面等的投影方法，都可采用空间平面的投影方法。一切线状构造，如二平面的交线、走向线、倾斜线、擦痕、流线、线理、褶皱的枢纽、轴迹等的投影方法都与直线的投影相同。这些面状和线状构造的产状要素，都可以借助于前述赤平投影的作图方法求得。利用这些方法，可以解决以下构造问题：

(1) 已知岩层产状，求某一方向剖面上的岩层视倾角。

(2) 已知岩层在两方向剖面上的视倾角，求岩层的走向、倾向和倾角。

(3) 求断层面与岩层面交迹线的产状。

(4) 已知断层产状及其上擦痕的侧伏，求擦痕的倾伏向、倾伏角。

(5) 求一对共轭剪节理的交线（即应变椭球体 B 轴）的产状。

四、练习题

(1) 投影平面 SW245°∠30°。

(2) 投影直线 NE42°∠62°。

(3) 投影平面 NW318°∠26° 的法线（即极点）。

(4) 投影包含直线 SW258°∠40° 及 NE42°∠62° 的平面的产状。

(5) 已知铁矿层产状为 SE114°∠40°，求下列各方向剖面上的视倾角：NE30°、NW330°、SW190°、SW240°。

(6) 在公路转弯处的两陡壁上，测得板状含金石英脉的视倾斜线产状分别为 SE120°∠16° 和 SW227°∠22°，求该板状含金石英脉的产状。

(7) 岩层面产状为 SE150°∠40°，岩层面上有擦痕线，其侧伏为 30°SW，求擦痕线的倾伏向和倾伏角。（提示：作出岩层面的大圆弧后，由大圆弧的走向 SW 端沿大圆弧数其被纬线小圆弧所分割的 30°，即得擦痕投影。）

（8）求两平面 SW254°∠30° 及 SE145°∠48° 的交线，读出其倾伏向（指向）和倾伏角。

（9）求直线 NE78°∠40° 及 NE42°∠62° 的夹角，并平分之。

第二节 β 图解和 π 图解

一、β 图解

β 图解是指以褶皱面上各点的切面产状所作的经线大圆图解。在理想的圆柱状褶皱中，各切面交线相互平行，并与褶皱枢纽平行。这些经线大圆应交于一点（β），该点称为 β 轴，即

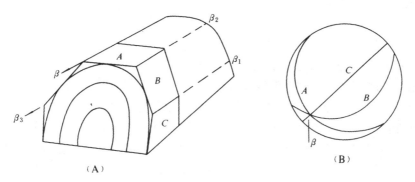

图 12-14　β 图解法
(A) 立体图；(B) 赤平投影图

褶皱枢纽的投影（图 12-14）。对非圆柱状褶皱，可按其变化情况划分成若干区段，各个区段的褶皱形态近于圆柱状，也可采用 β 图解法研究非圆柱状褶皱的形态和产状。

二、π 图解

所谓 π 图解是指褶皱面各部位法线的赤平投影图解。对圆柱状褶皱来说，同一褶皱面的极点在赤平投影网上应落在一个特定的大圆弧上或其附近。这个大圆即 π 圆，代表垂直褶皱面的平面（横截面），π 圆的极点代表 β 轴，并与褶皱的褶轴平行（图 12-15）。

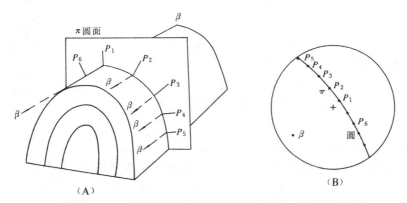

图 12-15　π 图解投影法及求褶皱枢纽产状（褶轴）的原理

三、练习题

(1) 一褶皱的石灰岩层产状如下：NE74°∠61°、NW318°∠70°、NE41°∠51°、NW348°∠55°、NE15°∠49°。① 用 β 图解法求出其枢纽的倾伏向、倾伏角；② 用 π 图解法求出其枢纽的倾伏向、倾伏角。

(2) 根据图12-16平面地质图上向斜两翼产状数据，推断赋存于褶皱转折端的鞍状矿层的倾伏向和倾伏角（即向斜枢纽产状），并指出钻孔应布置在地表铁矿层露头的什么方向线上才能探到地下的铁矿层？沿图上 AA' 线上布置钻孔是否适宜？然后，按下列数据用 β 图解或 π 图解法求出褶皱枢纽产状，确定布置钻孔的合理方向。

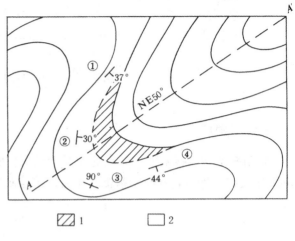

图 12-16 平面地质图
1. 铁矿层；2. 地层

图上地层产状是：①SE143°∠37°，②SE104°∠40°，③直立，走向104°，④SE157°∠44°。

(3) 一个背斜构造两翼产状为 NE46°∠50°和 NW344°∠20°，在一个产状为 SW184°∠80°的陡壁面上测得该背斜轴迹的侧伏为 60°W，求该背斜的轴面产状。（提示：先作出两翼交线得枢纽 β，再求出轴迹的投影点，轴迹与枢纽均为轴面上的直线，故两者所共的面即为轴面。）

第三节　两面夹角的测量及面的旋转方法

一、两面夹角及角平分线的测量

作一平面垂直于两相交平面的交线，该平面即为同时垂直两相交平面的公垂面，此平面投影弧与两相交平面投影弧相交，其间夹角即所求的两面夹角，夹角的 1/2 处为夹角的平分线。

例如图12-17，已知两相交平面的产状分别是 SW245°∠30°及 SE145°∠48°，求两平面的夹角及角平分线。

(1) 投影两平面大圆弧 AB 和 CD，并标出其交点 P。

(2) 旋转透明纸使交点 P 覆于网的东西直径上，标绘出以交点 P 为极点的大圆弧 FG，FG 大圆弧与 AB、CD 两大圆弧分别相交于 M、N 点，MN 间所夹的角矩即为两相交平面的夹角。

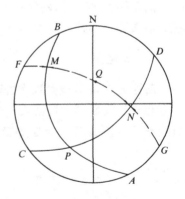

图 12-17 两面夹角及角平分线投影

(3) 两平面夹角 1/2 处 Q 点，即为角平分线的投影。

上述两平面如代表一对共轭节理时，P 点则为应变椭球体 B 轴，相当于 σ_2 主应力轴方向；MN 间所夹两角的平分线分别为应变椭球体的 A 轴和 C 轴，相当于 σ_3 主应力轴和 σ_1 主应力轴。

二、面的旋转方法（以水平线为旋转轴）

已知某平面的产状，求依某一方向旋转一定角度后此平面的投影。

1. 操作原理

平面与球面的交线为一大圆，这一大圆是由许多点组成的，因此，大圆的旋转实际上是组成此大圆的许多点的旋转。球面上任一点绕定轴旋转时，如果这一旋转轴与南北直径重合，则此点的旋转轨迹为一圆，此圆为东西向的直立平面，其投影与吴氏网纬线小圆重合。因此，只要求出大圆上各点绕定轴旋转后的位置，即可得到旋转后面的投影。

2. 例题

已知平面 FE 向 NW 倾斜，如这个平面绕走向南北的水平轴逆时针旋转 30°，求该平面旋转后的产状（图 12-18）。

(1) 将 FE 大圆弧上的若干点沿其所在的纬线小圆均逆时针旋转 30°（如箭头所示）到新位置。

(2) 在吴氏网上旋转，将逆时针旋转 30° 后新位置上的各点转至同一经线大圆上，得新的大圆弧 $F'E'$，$F'E'$ 大圆弧即旋转后平面的投影。

3. 应用

呈角度不整合接触的两套地层，其上覆新地层产状为 SW240°∠30°，下伏老地层产状为 SE120°∠40°，求当新地层水平时下伏老地层的产状（图 12-19）。

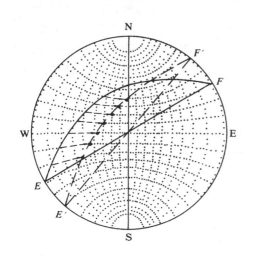

图 12-18 平面绕定轴旋转的方法

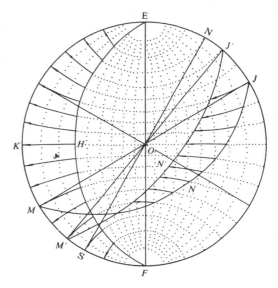

图 12-19 求当新地层水平时下伏老地层的产状

(1) JNM 大圆弧为老地层的投影、EHF 大圆弧为新地层的投影。

(2) 以新地层的走向线为旋转轴，将新地层恢复为水平，使 EHF 大圆弧与南北向经线大圆弧重合，将弧上各点按 30° 角距沿纬线小圆向基圆转动，得到与基圆相合的 EKF 圆弧，此圆弧为新地层呈水平状态时的投影。

(3) 仍以新地层走向线为旋转轴，将老地层投影弧向相同方向旋转相同角度，即使 JNM 大圆弧上各点都沿其所在的纬线小圆向西移 30°，如图 12-19 箭头所示各点的新位置。将新位置上各点转至同一经线大圆上，所得之 $J'N'M'$ 大圆弧即新地层水平时老地层产状的投影。

三、小结

在构造研究中各种面状构造的夹角及其角平分线和面状构造的旋转都可运用上述方法求解。这类问题有：

(1) 求两节理的交角及主应力轴。
(2) 已知不整合面上、下岩层的产状，求年轻地层沉积时老地层的产状。
(3) 在倾斜岩层中，求斜层理或砾石在沉积时的产状。
(4) 恢复初始节理在岩层水平时的产状。
(5) 恢复早期节理受后期构造变动影响前的产状。

四、练习题

(1) 求平面 SW245°∠30°与平面 SE145°∠48°的夹角及夹角平分线的产状。

(2) 一圆柱状背斜的北西翼产状为 NW330°∠45°，东北翼产状为 NE65°∠35°，求①在东西向直立剖面上两翼的视倾角；②横截面（垂直枢纽的剖面）的产状、两翼在横截面上的侧伏及两翼的翼间角；③背斜枢纽的产状及其在两翼上的侧伏；④轴面产状。

(3) 某地灰岩中发育一对共轭剪节理，一组产状为 SW190°∠76°，另一组为 NW278°∠53°，求三个主应力轴产状（假定两组剪节理锐角等分线方向为 σ_1 方向）。

(4) 某岩层具有同期三组节理，统计结果如左表，试求各主应力轴方位。

节理组	节理产状	节理性质
Ⅰ	NE16°∠64°	剪节理
Ⅱ	NW353°∠62°	张节理
Ⅲ	NW336°∠63°	剪节理

(5) 一条左行断层，产状为 SW200°∠60°，在断层面上量得擦痕的侧伏为 16°W。设该岩层的内摩擦角为 30°，求 σ_1、σ_2、σ_3 轴的产状。如有共轭断层，求其投影弧并读出其产状。

(6) 一断层产状 W270°∠70°，一派生张节理产状为 SW240°∠40°，求两者夹角并分析断层滑移方向及断层类型。

(7) 一岩层产状为 SE120°∠30°，该岩层发育交错层理，其前积纹层产状为 SE150°∠50°，求其前积纹层的原始产状。

(8) 不整合面产状为 SW200°∠30°，下伏地层产状为 NW315°∠60°，求上覆地层水平时下伏地层的产状。

(9) 不整合面产状为 SW220°∠20°，其下伏地层背斜东翼产状为 SE132°∠23°，西翼产状为 SW250°∠46°，求在上覆地层沉积时背斜两翼及其枢纽的产状。

主要参考文献

丁国瑜等，1979，我国地震活动与地壳现代破裂网络，地质学报，第53卷，第1期。
马杏垣，1964，北京西山窗棂构造简记，地质论评，第22卷，第6期。
马杏垣，1965，北京西山的香肠构造，地质论评，第23卷，第1期。
马杏垣，1982，论伸展构造，地球科学，第7卷，第3期。
马杏垣，1983，解析构造学刍议，地球科学，第3期。
马杏垣、索书田等，1981，嵩山构造变形，地质出版社。
马杏垣、索书田，1984，论滑覆及岩石圈内多层次滑脱构造，地质学报，第58卷，第3期。
马宗晋、邓起东，1965，节理力学性质的判别及其分期、配套的初步研究，构造地质问题，地质出版社。
万天丰，1983，张节理及其形成机制，地球科学，第22卷，第3期。
万天丰，1988，古构造应力场，地质出版社。
王维襄、韩玉英，1981，雁行状断裂定量研究初探，构造地质论丛，第1期。
王燮培等，1989，中国含油气盆地中花状构造的发现及其石油地质意义，地质科技情报，第8卷，第2期。
王仁、丁中一、殷有泉，1979，固体力学基础，地质出版社。
王桂梁、马文璞，1992，地质构造图册，煤炭工业出版社。
邓起东等，1966，剪切破裂带的特征及其形成条件，地质科学，第3期。
朱志澄，1987，伸展构造和拆离断层，地质科技情报，第6卷，第1期。
朱志澄，1988，构造地质学的新进展及新构造观，地质科技情报，第7卷，第1期。
朱志澄，1989，逆冲推覆构造，中国地质大学出版社。
孙永传等，1986，碎屑岩沉积相和沉积环境，地质出版社。
孙玉科、古迅，1980，赤平极射投影在岩体工程地质力学中的应用，科学出版社。
许志琴，1984，地壳变形与显微构造，地质出版社。
刘如琦，1963，湖南长沙岳麓山砂岩组的香肠构造，地质学报，第43卷，第3期。
刘俊来，1988，叶理研究现状，世界地质，第7卷，第1期。
刘庆，1986，走滑断裂系中的重要构造——拉分盆地，地质科技情报，第5卷，第2期。
刘和甫，1980，亚洲大陆平移断裂系的构造分析，国际交流地质学术论文集（1），构造地质、地质力学，地质出版社。
任建业，1988，变形岩石中的运动学标志，地质科技情报，第7卷，第1期。
曲国胜，1992，底辟构造研究新进展，国外地质科技，第4期。
宋鸿林，1983，共轭雁列脉分析，地震地质，第5卷，第2期。
宋鸿林，1986，动力变质岩分类述评，地质科技情报，第7卷，第4期。
宋鸿林、单文琅等，1987，剥离断层板块内近水平的剪切带与伸展构造，地球科学，第12卷，第5期。
宋鸿林等，1989，浅论伸展构造在基岩中的表现型式，地球科学，第14卷，第1期。
李四光，1962，地质力学概论，地质力学研究所。
李晓波，1988，近十年来国外小型构造地质研究方法的新进展，地质科技动态，第20期。
何永年、史兰斌、林传勇，1988，韧性剪切带及其变形岩石，地震地质，第10卷，第4期。
何作霖，1965，赤平投影在地质科学中的应用，科学出版社。
何绍勋，1979，构造地质学中的极射赤平投影，地质出版社。
陈发景等，1987，鄂尔多斯西缘褶皱-逆冲断层带的构造特征和找气前景，现代地质，第1卷，第1期。
肖庆辉，1985，糜棱岩的显微构造和成因，构造地质论丛，第5期。
余豪玉、何镜宇，1989，沉积岩石学，中国地质大学出版社。
单文琅，1982，节理面的羽饰构造及其地质意义，地球科学，第1期。
周玉泉，1987，劈理的形态分类法，世界地质，第6卷，第2期。
竺国强、克拉达克（Craddock, C.），1988，斯匹茨卑尔根群岛伯顺岬地区海克拉霍克岩系变质岩小构造特征，成都地质学院学报，第15卷，第3期。
郑亚东、常志忠，1985，岩石有限应变测量及韧性剪切带，地质出版社。
俞鸿年、卢华复，1986，构造地质学原理，地质出版社。

徐开礼、朱志澄，1989，构造地质学，地质出版社。
徐树桐，1988，糜棱岩及其与其它区域变质岩的区别，地质科技情报，第7卷，第1期。
索书田，1983，论重力滑动构造，地球科学，第8卷，第3期。
游振东，1985，剪切带的变质作用，地质科技情报，第4卷，第1期。
游振东、王方正，1988，变质岩岩石学教程，中国地质大学出版社。
韩玉英，1984，有限变形几何学及其在地质学中的应用，地质出版社。
游振东，1985，剪切带的变质作用，地质科技情报，第4卷，第1期。
董树文、何大林，1993，安徽董岭花岗岩类的构造特征及侵位机制，地质科学，第28卷，第1期。
綦学林、石绍清，1981，顺层片理形成机制分析，科学通报，第9期。
Beach, A., 1982, 低级变质的变形过程中的化学作用：压溶和液压断裂作用，张秋明译，1983，国外地质科技，第3期。
Billings, M. P., 1954, 构造地质学，张炳熹等译，1959，地质出版社。
Chapman, R. E., 1983, 石油地质学，李明诚等译，1989，石油出版社。
Davis, G. H., 1984, 区域和岩石构造地质学，张樵英等译，1988，地质出版社。
Englang, R. W., 1990, 花岗岩底辟构造的识别，汤葵联节译，1992，地质科技动态，第1期。
Hills, E., 1972, 构造地质学原理，李叔达等译，1981，地质出版社。
Hobbs, B. E. *et al.*, 1976, 构造地质学纲要，刘和甫等译，1982，石油工业出版社。
Huttod, D. H. W., 1990, 花岗岩侵位的一种新机制——活动拉伸剪切带内的侵入作用，汪朝晖译，1992，地质科技动态，第1期。
Huttod, D. H. W., 1988, 根据变形研究推测的花岗岩侵位机制与构造控制，许碧燕译，1990，国外地质科技，第5期。
Paterson, S. R., 1989, 判别花岗岩类岩石中的岩浆叶理和构造叶理的准则（评述），许碧燕译，1990，国外地质科技，第5期。
Ragon, D. M., 1973, 构造地质学几何方法导论，邓海泉等译，1984，地质出版社。
Ramsay, J. G. *et al.*, 1987, 现代构造地质学方法，第一卷刘瑞珣等译，第二卷徐树桐译，1991，地质出版社。
Ramsay, J. G. 1989, 花岗岩底辟侵位动力学，津巴布韦，Chindamora 岩基，王慧筠译，1991，国外花岗岩类地质与矿产，第2期。
Reinck, H. E. *et al.*, 1973, 陆源碎屑沉积环境，陈昌明等译，1979，石油工业出版社。
Richard, M. J., 地质图判释，郑亚东译，1984，地质出版社。
Spencer, E. W., 1977, 地球构造导论，朱志澄等译，1981，地质出版社。
Tullis, J. *et al.*, 1982, 糜棱岩的意义和成因，史兰斌译，1983，地震地质译丛，第2期。
Turner, F. J., Weiss, L. E., 1963, 变质构造岩的构造分析，周金城等译，1978，地质出版社。
Waldron, H. W., Sandiford, M., 1988, Balarat 板岩带变质沉积岩的劈理形成与体积变化，李智陵译，1989，地质科技情报第6卷，第4期。
Wernicke, B. *et al.*, 1982, 伸展构造模式，马曹章译，1983，地质科技情报，第1卷，第2期。
Гзовский M. B., 1975, 构造物理学基础，刘鼎文等译，1984，地震出版社。
Bastida, F., 1993, A new method for the geometrical classification of large date sets of folds, Journal of structural geology, Vol. 15, No. 1.
Lisle, J. R., 1988, Geologlcal structures and maps, UK, pergamon press.

附录 I　各种常见岩石花纹图例

1. 沉积岩花纹

（1）砾岩
- 砾岩
- 砂砾岩
- 角砾岩

（2）砂岩
- 粗砂岩
- 中砂岩
- 细砂岩
- 含砾砂岩
- 石英砂岩
- 复矿砂岩
- 杂砂岩
- 长石砂岩
- 长石石英砂岩
- 泥质砂岩
- 凝灰质砂岩
- 海绿石砂岩
- 粉砂岩
- 复矿粉砂岩
- 泥质粉砂岩
- 凝灰质粉砂岩

（3）页岩
- 泥质页岩（页岩）
- 钙质页岩
- 砂质页岩
- 粉砂质页岩
- 硅质页岩
- 炭质页岩
- 铝土页岩
- 凝灰质页岩
- 泥页岩（或粘土岩）

（4）灰岩
- 石灰岩
- 结晶灰岩
- 含泥质灰岩
- 硅质灰岩
- 泥灰岩
- 白云质灰岩
- 砂质灰岩
- 生物灰岩
- 含燧石结核灰岩
- 鲕状灰岩
- 竹叶状灰岩
- 碎屑状灰岩
- 角砾灰岩
- 白云岩
- 泥质白云岩
- 砂质泥灰岩

（5）其它岩石
- 铝土岩
- 硅质岩
- 磷块岩
- 煤层及夹层
- 断层角砾岩
- 铁矿层
- 断层泥

2. 岩浆岩花纹

（1）侵入岩
- 纯橄榄岩
- 橄榄岩
- 辉石岩
- 角闪石岩
- 蛇纹岩
- 辉长岩
- 斜长岩
- 辉绿岩（玢岩）
- 闪长岩

辉石闪长岩	（2）脉岩	英安岩
角闪闪长岩	超基性岩（未分）	流纹岩
石英闪长岩	基性岩（未分）	流纹斑岩
闪长玢岩	中性岩脉	角斑岩
花岗闪长岩	细晶岩脉	细碧岩
斜长花岗岩	伟晶岩脉	细碧角斑岩
角闪花岗岩	云煌岩	粗面岩
二云母花岗岩	碱性岩脉	石英斑岩
白云母花岗岩	玢岩	**4. 变质岩花纹** （1）区域变质岩
黑云母花岗岩	煌斑岩脉	板岩（未分）
碱性花岗岩 （钾长花岗岩）	辉绿岩	千枚岩（未分）
花岗斑岩	**3. 喷出岩花纹** （1）火山碎屑岩	片岩（未分）
白岗岩	基性喷出岩 （以凝灰质为主）	矽（硅）质板岩
石英斑岩	中性喷出岩 （以凝灰质为主）	钙质板岩
石英二长岩	酸性喷出岩 （以凝灰质为主）	砂质板岩
二长岩	碱性喷出岩 （以凝灰质为主）	炭质板岩
二长斑岩	（2）熔岩	千枚状板岩
花岗正长岩	玄武岩	石墨片岩
石英正长岩	安山玄武岩	绿帘石片岩
正长岩	安山岩	蛇纹石片岩
正长斑岩	安山斑岩	绿泥片岩
霞石正长岩	安山玢岩	滑石片岩

▨	变质砂岩
▦	石英岩
▨	长石石英岩
▨	角闪岩（未分）
▨	片麻岩
▨	正片麻岩
▨	副片麻岩
▨	花岗片麻岩
▨	大理岩
▨	矽（硅）化灰岩
▨	白云大理岩
▨	石英片岩
▨	绢云母石英片岩

（2）混合岩

▨	条带状混合岩
▨	角砾状混合岩
▨	网状混合岩
▨	眼球状混合岩
▨	分支混合岩
▨	肠状混合岩

（3）岩石构造

▨	板状、千枚状构造
▨	片状构造
▨	片麻状构造
▨	混合岩构造

5. 主要岩浆岩代号及色谱

γ	花岗岩（红）
δ	闪长岩（橙红）
ξ	正长岩（橙）
ν	辉长岩（绿）
ψ	辉岩（蓝绿）
σ	橄榄岩（深橄榄色）
λ	流纹岩（朱红）
τ	粗面岩（橙红）
α	安山岩（灰绿）
β	玄武岩（深绿）
$\beta\mu$	辉绿岩细碧岩（浅绿）
$\gamma\pi$	花岗斑岩（大红）

6. 岩脉、矿脉符号及色谱

q	石英脉（紫）
γ	酸性岩脉（红）
ρ	伟晶岩脉（玫瑰红）
δ	中性岩脉（蓝色）
N	基性岩脉（绿）
x	煌斑岩脉（棕）
ν	辉长岩脉（绿）
Σ	超基性岩脉（紫）
K	碱性岩脉（橙）

附录 II 各种常用构造符号

符号	名称
……………1⊥………………	不整合界线
———————	实测地质界线
— — 3⊥ — 1⊥ — —	推测地质界线
——↓50°———	侵入岩接触面产状
……………1⊥…………	岩相分界线
———————	实测断层线
— — 3⊥ — 1⊤ — —	推测断层线
—5‖—↓50°—	正断层
—‖5—↓30°—	逆断层
←——→	平移断层
纺锤形实心	背斜轴线（轴迹）
纺锤形空心	向斜轴线（轴迹）
带箭头纺锤形实心	倒转背斜轴线（轴迹）
带箭头纺锤形空心	倒转向斜轴线（轴迹）
— ■4 — ■1 —	隐伏背斜轴线（轴迹）
— ▭ — ▭ —	隐伏向斜轴线（轴迹）
►—————►	背斜枢纽的起伏及倾伏
▻—————▻	向斜枢纽的起伏及倾伏
A ├——————┤ B 0.3	剖面线
⊿30 / 5	片理或片麻理倾向及倾角
椭圆向外箭头	穹隆构造
椭圆向内箭头	构造盆地
不规则形向外箭头	飞来峰
不规则形向内箭头	构造窗

附录Ⅲ 地层代号及色谱

宙	界	系		统	代号	色谱	绝对年龄(Ma)
显生宙	新生界(Kz)	第四系	Q	全新统	Q_1或Q_p	淡黄色	
				更新统	Q_h		
							2
		第三系 R	上第三系 N	上新统	N_2	鲜黄色	
				中新统	N_1		
							22.5
			下第三系 E	渐新统	E_3	土黄色	
				始新统	E_2		
				古新统	E_1		
							65
	中生界(Mz)	白垩系	K	上统	K_2	鲜绿色	
				下统	K_1		
							137
		侏罗系	J	上统	J_3	天蓝色	
				中统	J_2		
				下统	J_1		
							195
		三叠系	T	上统	T_3	绛紫色	
				中统	T_2		
				下统	T_1		
							230
	古生界(Pz)	二叠系	P	上统	P_2	淡棕色	
				下统	P_1		
							280
		石炭系	C	上统	C_3	灰色	
				中统	C_2		
				下统	C_1		
							350
		泥盆系	D	上统	D_3	咖啡色	
				中统	D_2		
				下统	D_1		
							400
		志留系	S	上统	S_3	果绿色	
				中统	S_2		
				下统	S_1		
							440
		奥陶系	O	上统	O_3	蓝绿色	
				中统	O_2		
				下统	O_1		
							500
		寒武系	ϵ	上统	ϵ_3	暗绿色	
				中统	ϵ_2		
				下统	ϵ_1		
							610
元古宙(Pt)	Pt_3	震旦系	Z			绛棕色	850
							1050
	Pt_2					棕红色	
							1600—1700
	Pt_1						
							2500
太古宙(Ar)						玫瑰红色	

附录 IV　　埋藏深度换算尺（据Palmer, 1918）

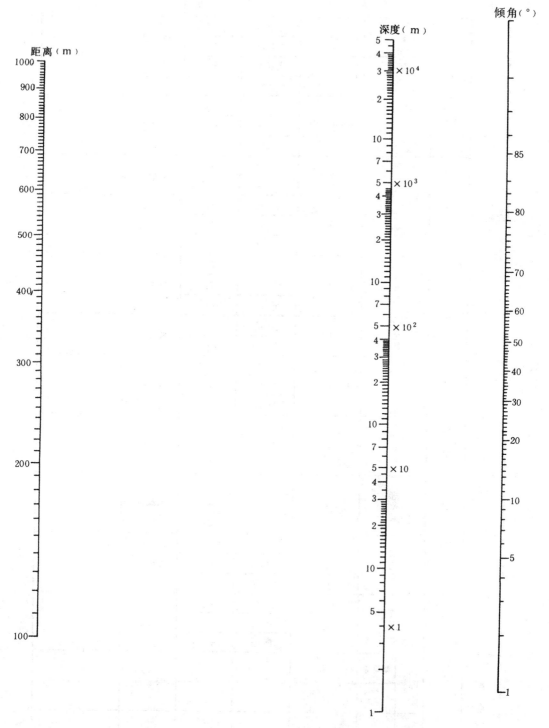

附录 V   确定视倾角的列线图　　（据 Nevin, 1949）

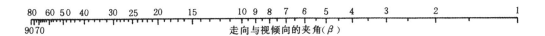

走向与视倾向的夹角（β）

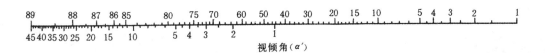

视倾角（α'）

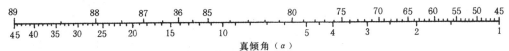

真倾角（α）

将第一行上代表走向与视倾向之间夹角的点和第三行上代表真倾角的点用直线联结起来，便可以在中间一行上读出视倾角。

目 录

孔雀山地形地质图 …… 附图 1
红坝地形地质图 …… 附图 2
鹰岩地形图 …… 附图 3
岩层产状作业 …… 附图 4
周家坡地质图 …… 附图 5
南望山地形图 …… 附图 6
凌河地质图 …… 附图 7
黑石沟地形图 …… 附图 8
唐柳岭地区地形地质图 …… 附图 9
薯云岭地区地形地质图 …… 附图 10
武华镇地质图 …… 附图 11
凉风垭地区地形图 …… 附图 12
黄庄地区白垩系岩顶面标高图 …… 附图 13
望洋岗地形地质图 …… 附图 14
星岗地区地形地质图 …… 附图 15
飞云山地形图 …… 附图 16
金山镇地质图 …… 附图 17
杨柳市地质图 …… 附图 18
彩云岭地质图 …… 附图 19
吴尔福网 …… 附图 20
施密特网 …… 附图 21
赖特网 …… 附图 22

孔雀山地形地质图

比例尺 1:5000

附图1

图例

E_3	渐新统页岩
E_2	始新统砂岩
E_1	古新统砾岩
K_2	上白垩统细砂岩
K_1	下白垩统砂岩
J_3	上侏罗统页岩
J_2	中侏罗统泥灰岩
	地形等高线
	地质界线

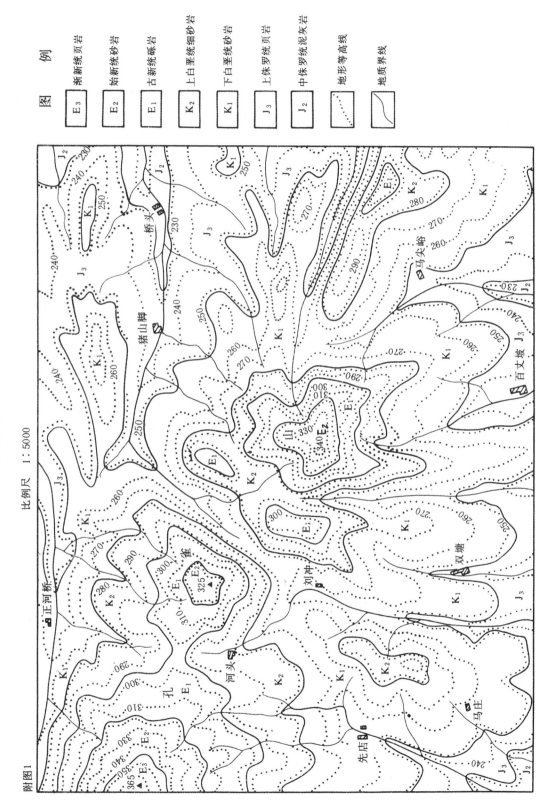

红坝地形地质图

比例尺 1:2000

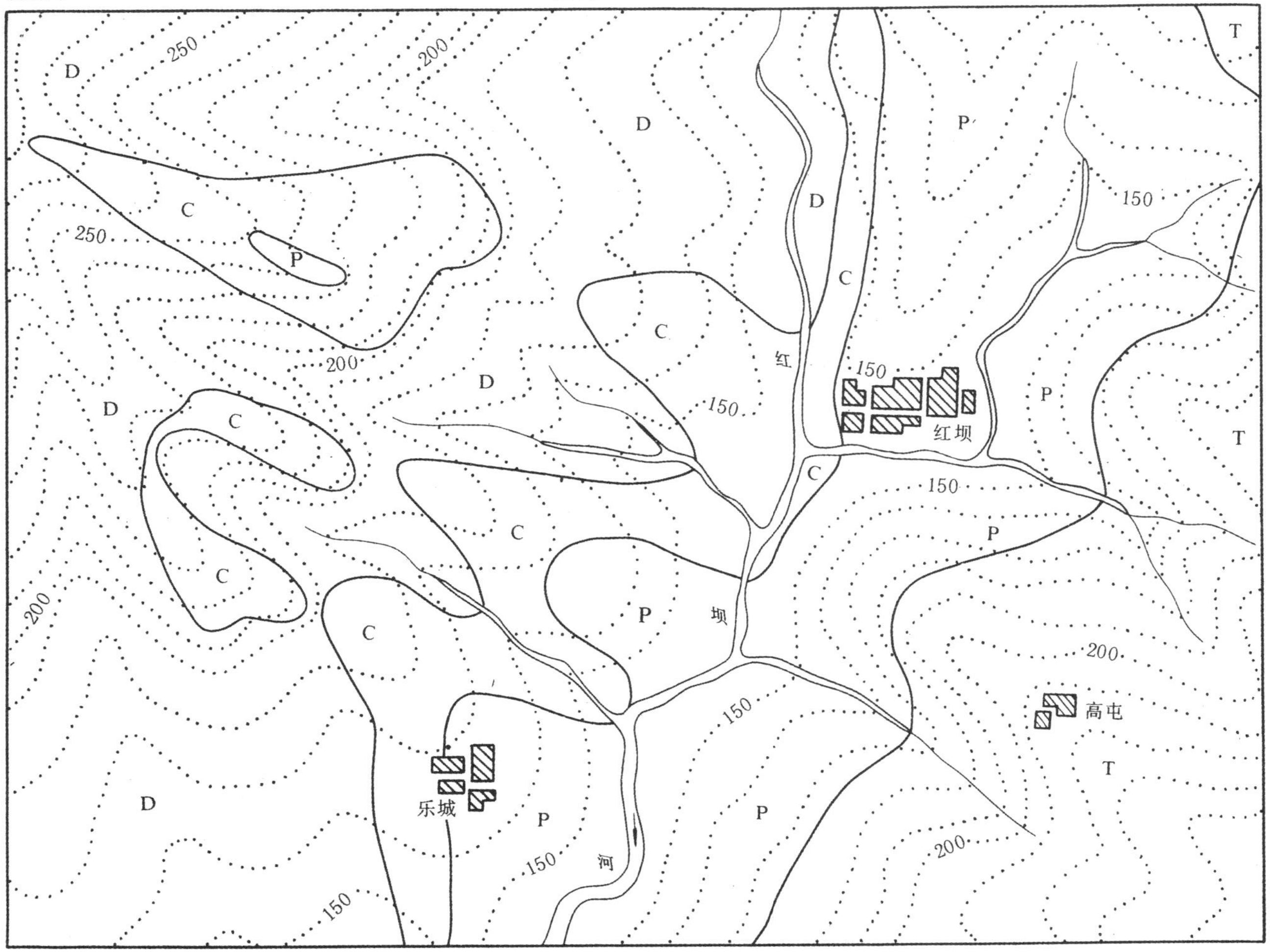

图例

- T 三叠系（蓝灰色石灰岩）
- P 二叠系（黑灰色砂页岩）
- C 石炭系（黄褐色厚层砂岩）
- D 泥盆系（黑灰岩夹薄层灰岩夹页岩）
- 地形等高线
- 地质界线

附图2

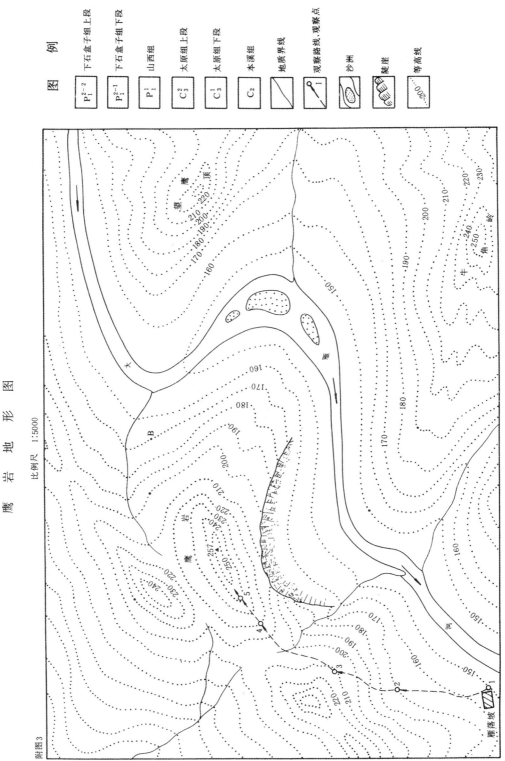

附图3 鹰岩地形图 比例尺 1:5000

图例: P_1^{2-2} 下石盒子组上段; P_1^{2-1} 下石盒子组下段; P_1^1 山西组; C_3^2 太原组上段; C_3^1 太原组下段; C_2 本溪组; 地质界线; 观察路线、观察点; 沙洲; 陡崖; 等高线

附图 4　　岩层产状作业
1:3000

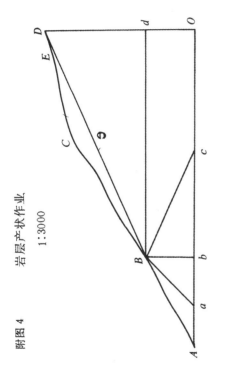
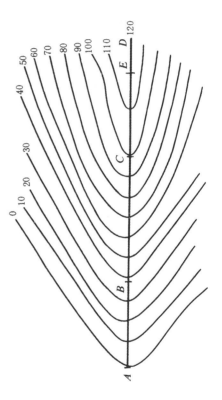

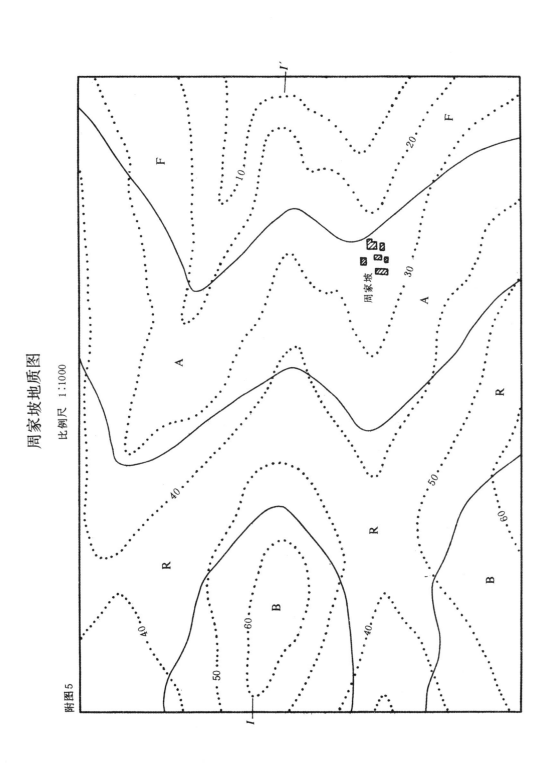

附图5 周家坡地质图 比例尺 1:1000

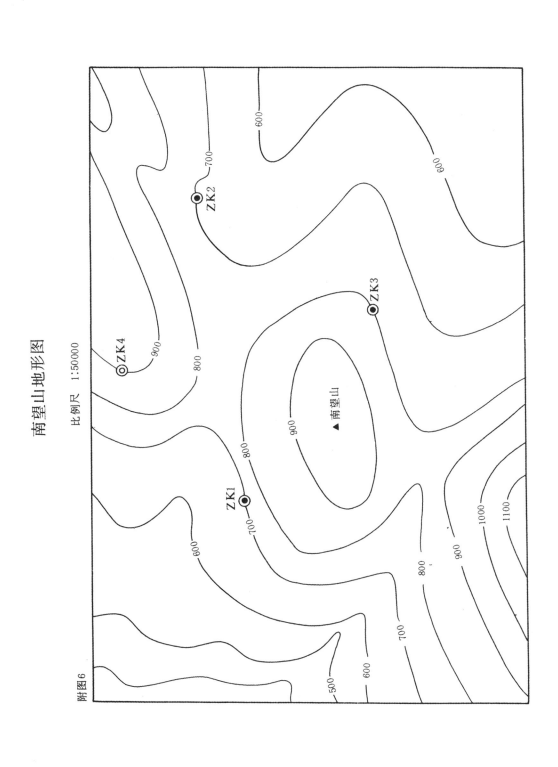

凌河地质图

比例尺 1:20000

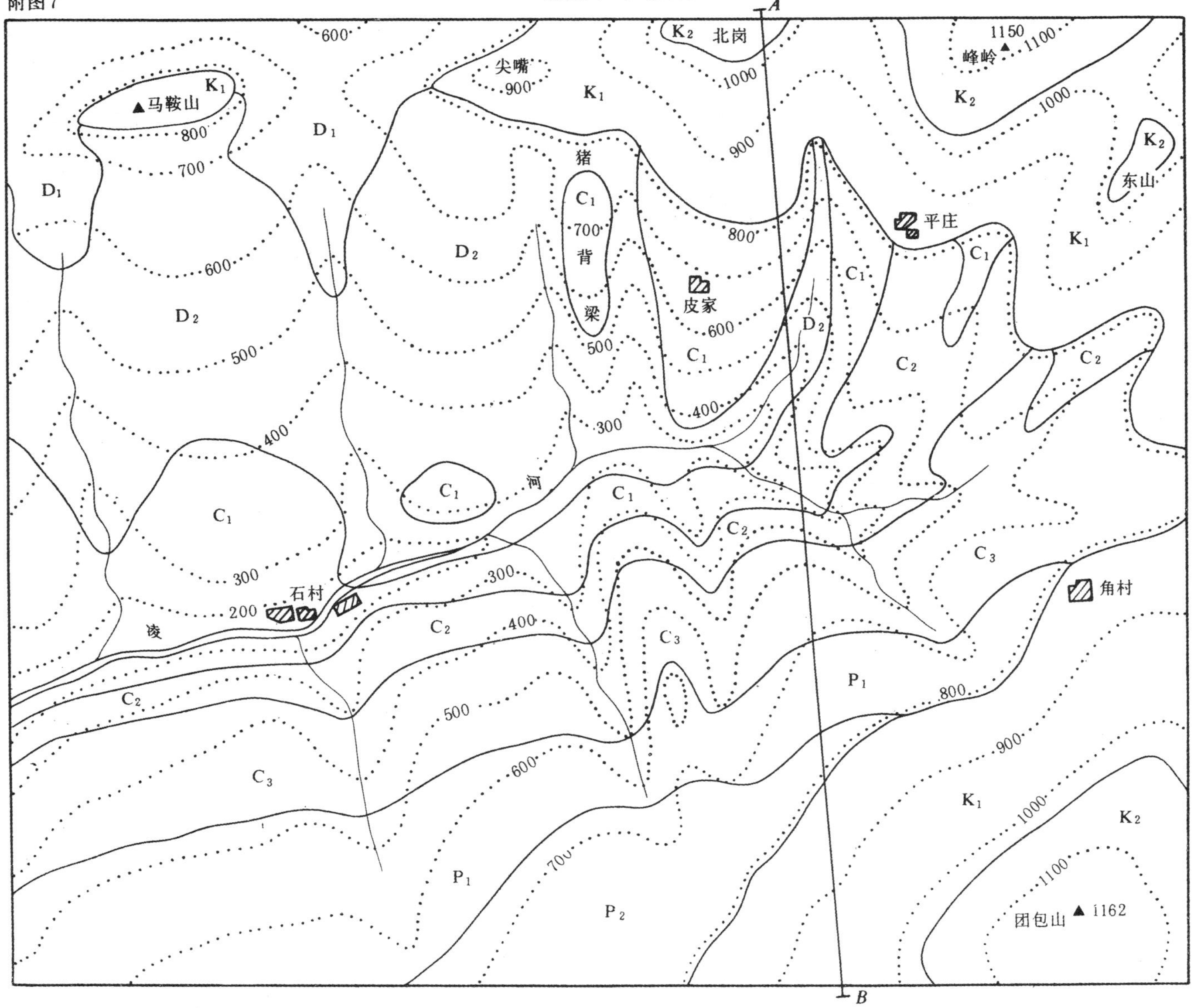

图例

K_2	上白垩统砂岩
K_1	下白垩统砾岩
P_2	上二叠统页岩
P_1	下二叠统泥岩
C_3	上石炭统石灰岩
C_2	中石炭统页岩
C_1	下石炭统页岩、煤层
D_2	中泥盆统白云岩
D_1	下泥盆统砂岩

地形等高线

地质界线

附图7

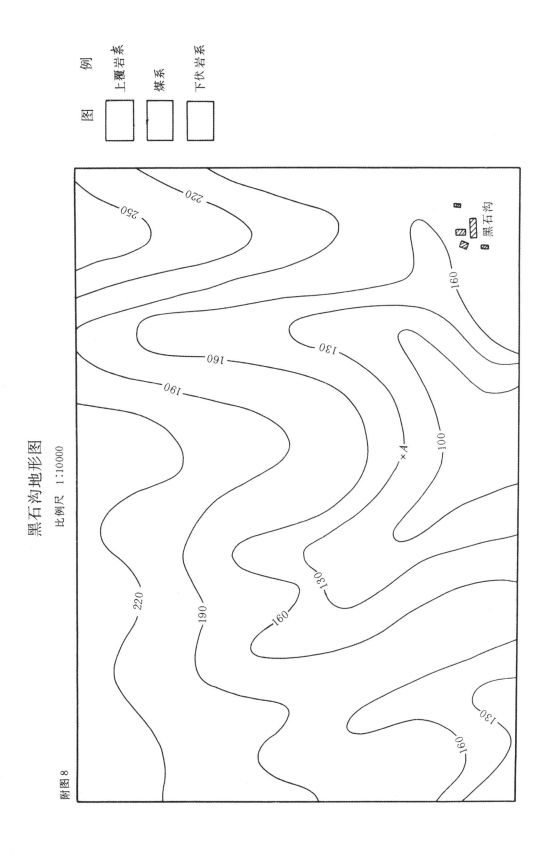

唐柳峪地区地形地质图

比例尺 1:5000

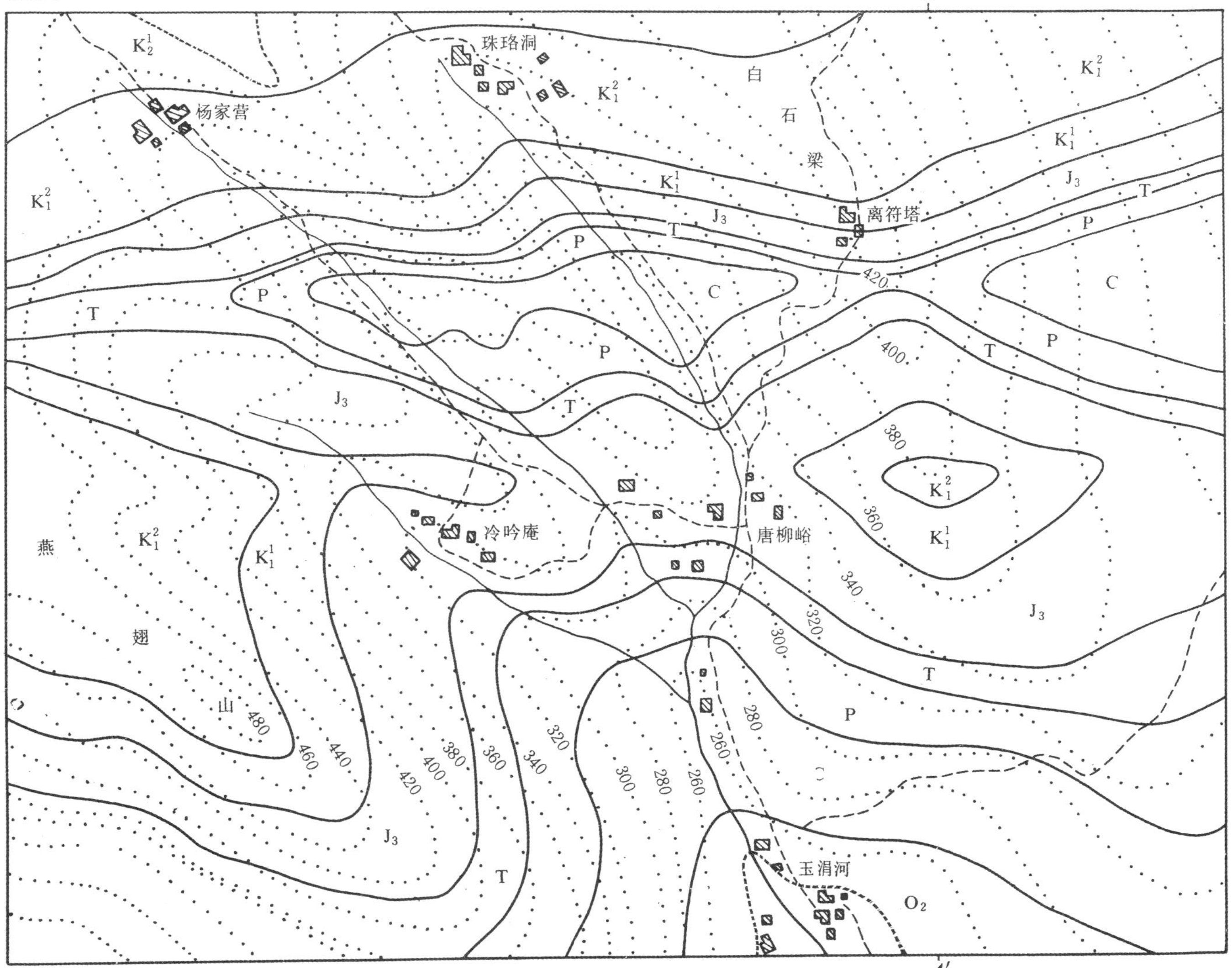

图例

K_2^1	页岩夹砂岩
K_1^2	黑色页岩
K_1^1	砾岩
J_3	泥灰岩
T	浅灰色石灰岩
P	页岩夹灰岩
C	灰色石灰岩
O_2	暗灰色灰岩

附图 9

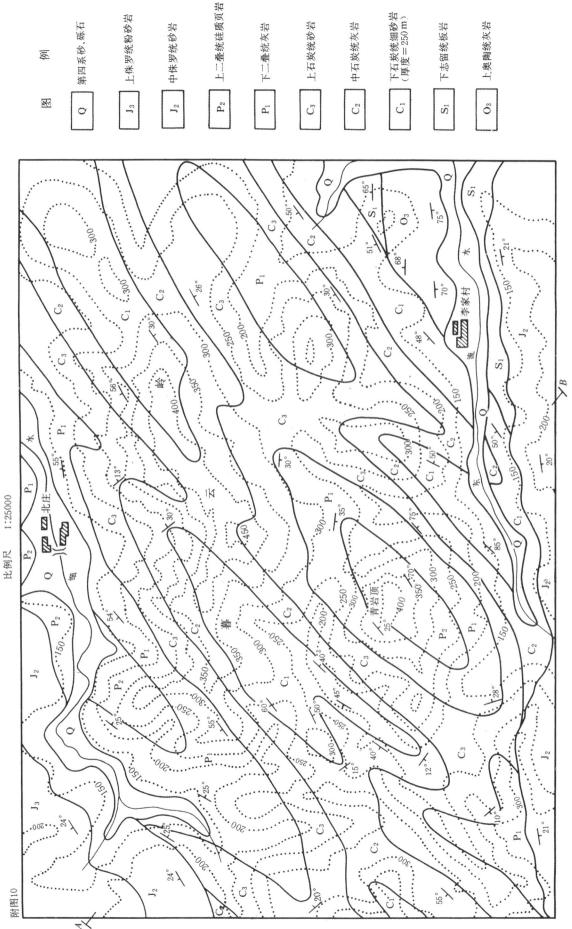

附图10　暮云岭地区地形地质图　比例尺 1:25000

图　例

Q	第四系砂砾石
J₃	上侏罗统砂砾岩
J₂	中侏罗统砂岩
P₂	上二叠统硅质页岩
P₁	下二叠统灰岩
C₃	上石炭统砂岩
C₂	中石炭统灰岩
C₁	下石炭统细砂岩（厚度=250 m）
S₁	下志留统板岩
O₃	上奥陶统灰岩

武华镇地质图

比例尺 1:200000

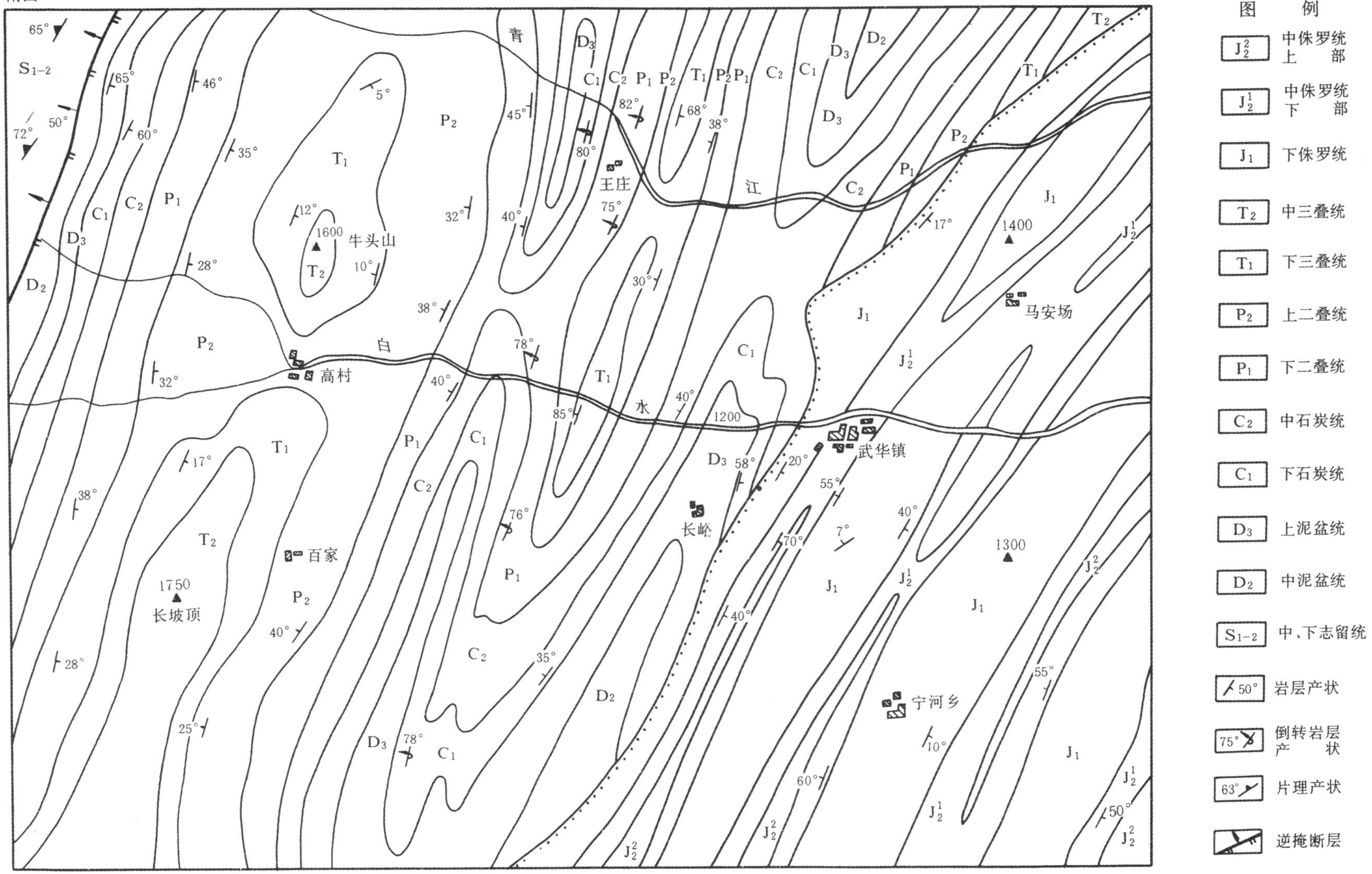

图例

符号	名称
J_2^2	中侏罗统上部
J_2^1	中侏罗统下部
J_1	下侏罗统
T_2	中三叠统
T_1	下三叠统
P_2	上二叠统
P_1	下二叠统
C_2	中石炭统
C_1	下石炭统
D_3	上泥盆统
D_2	中泥盆统
S_{1-2}	中、下志留统
⌐50°	岩层产状
75°	倒转岩层产状
63°	片理产状
⊥	逆掩断层

附图11

凉风垭地区地形图

比例尺 1:10000

附图12

附图13

黄庄地区白垩系灰岩顶面标高图

比例尺 1:2000

图例
○ 87   高程
Ⓟ   点位

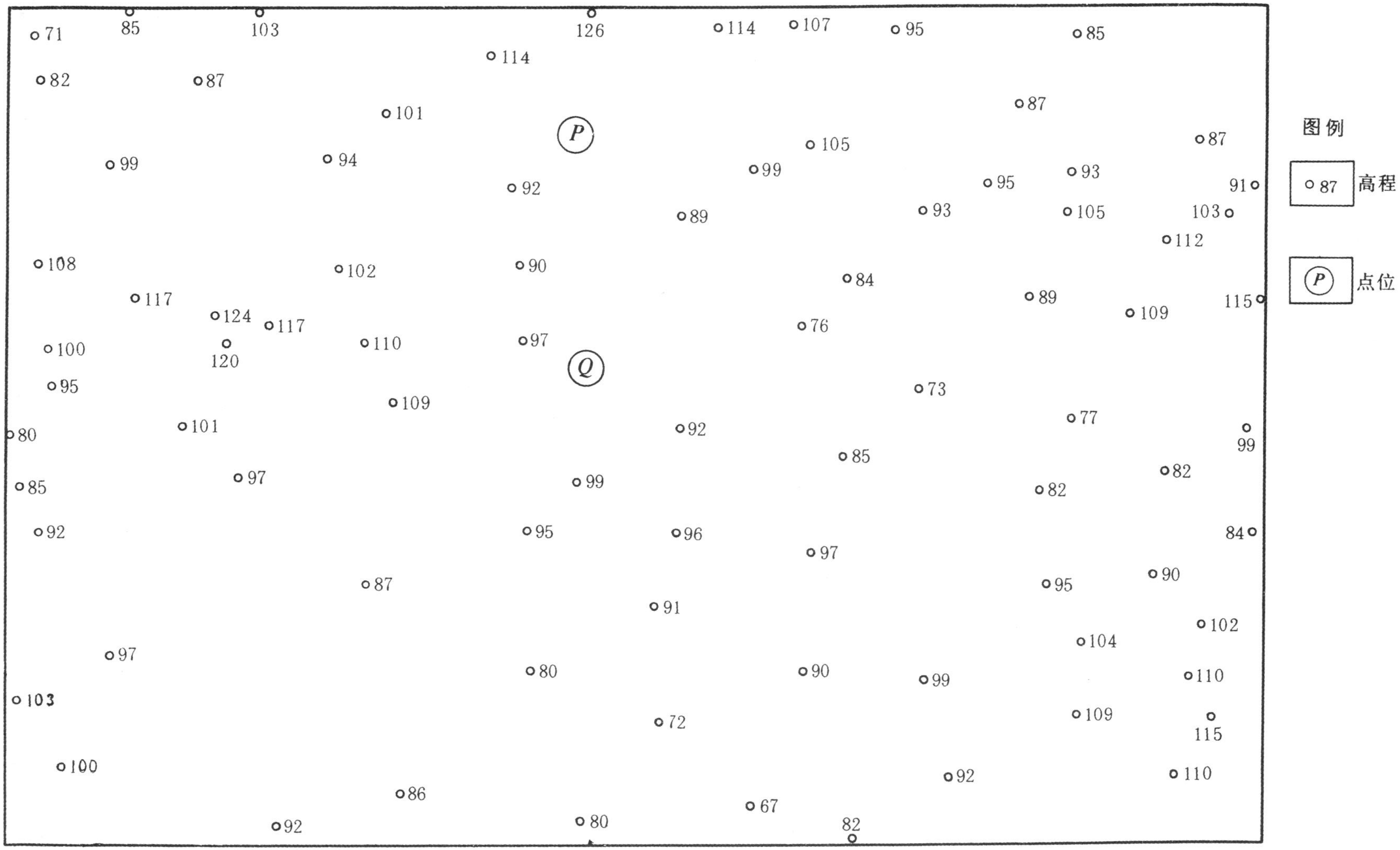

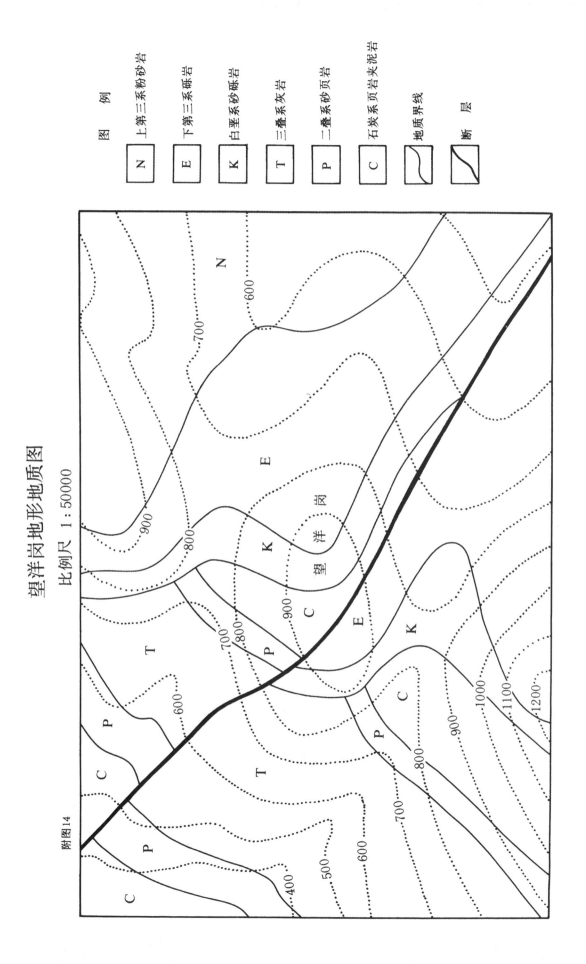

望洋岗地形地质图
比例尺 1:50000

图例:
- N 上第三系粉砂岩
- E 下第三系砾岩
- K 白垩系砂砾岩
- T 三叠系灰岩
- P 二叠系砂页岩
- C 石炭系页岩夹泥岩
- 地质界线
- 断层

附图14

星岗地区地形地质图

比例尺 1:50000

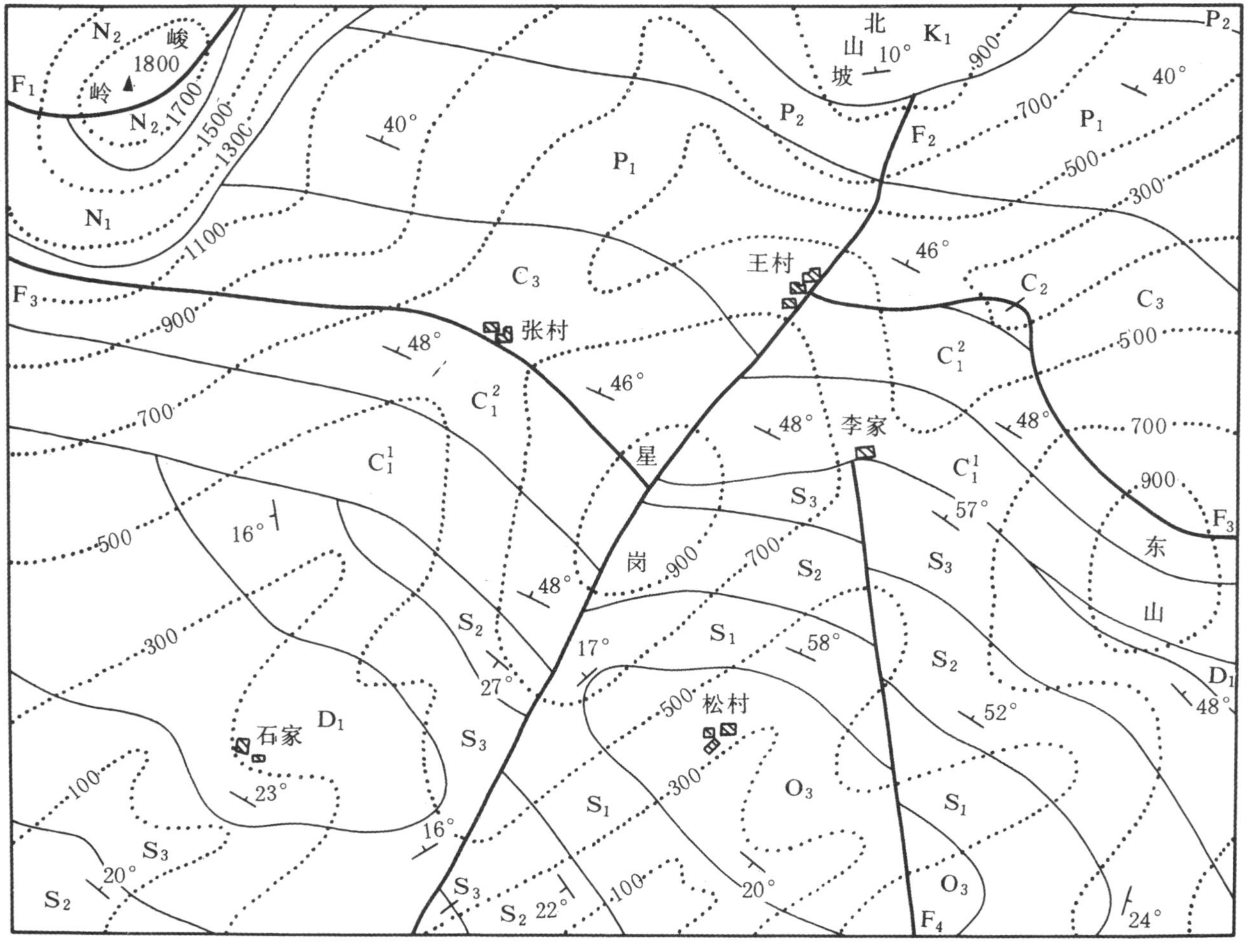

图 例

符号	岩性
N_2	粉砂岩
N_1	粗砂岩、砾岩
K_1	岩屑砂岩
P_2	页岩、细砂岩
P_1	燧石结核灰岩
C_3	纯灰岩
C_2	鲕状灰岩
C_1^2	页岩
C_1^1	石英砂岩
D_1	白云岩
S_3	黑色页岩
S_2	泥灰岩
S_1	灰岩、粉砂岩
O_3	豆状灰岩
F	断层

附图15

飞云山地质图
比例尺 1:5000

图 例

J_3	上侏罗统砂岩
J_2	中侏罗统页岩
J_1	下侏罗统砂岩
T_2	中三叠统灰岩
T_1	下三叠统砂岩
P_2	上二叠统灰岩
C_3	上石炭统砂岩
C_2	中石炭统页岩

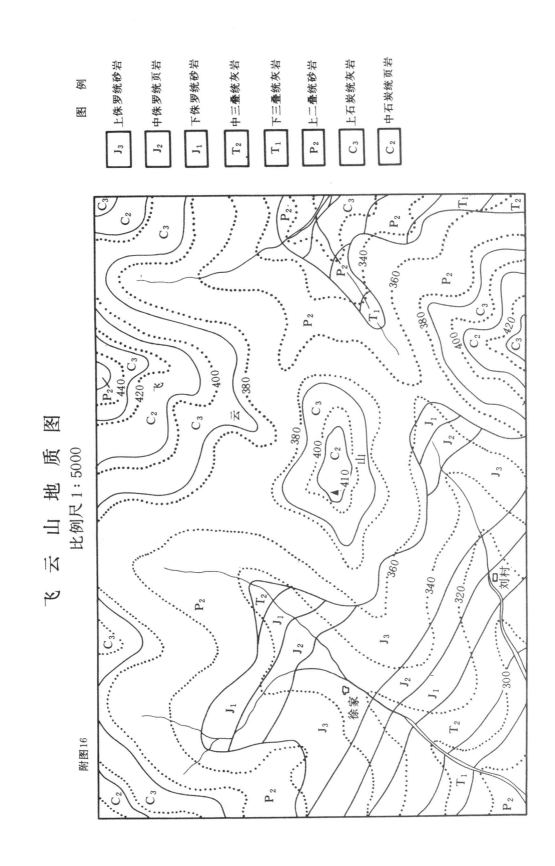

附图16

附图17

金 山 镇 地 质 图

比例尺 1:100000

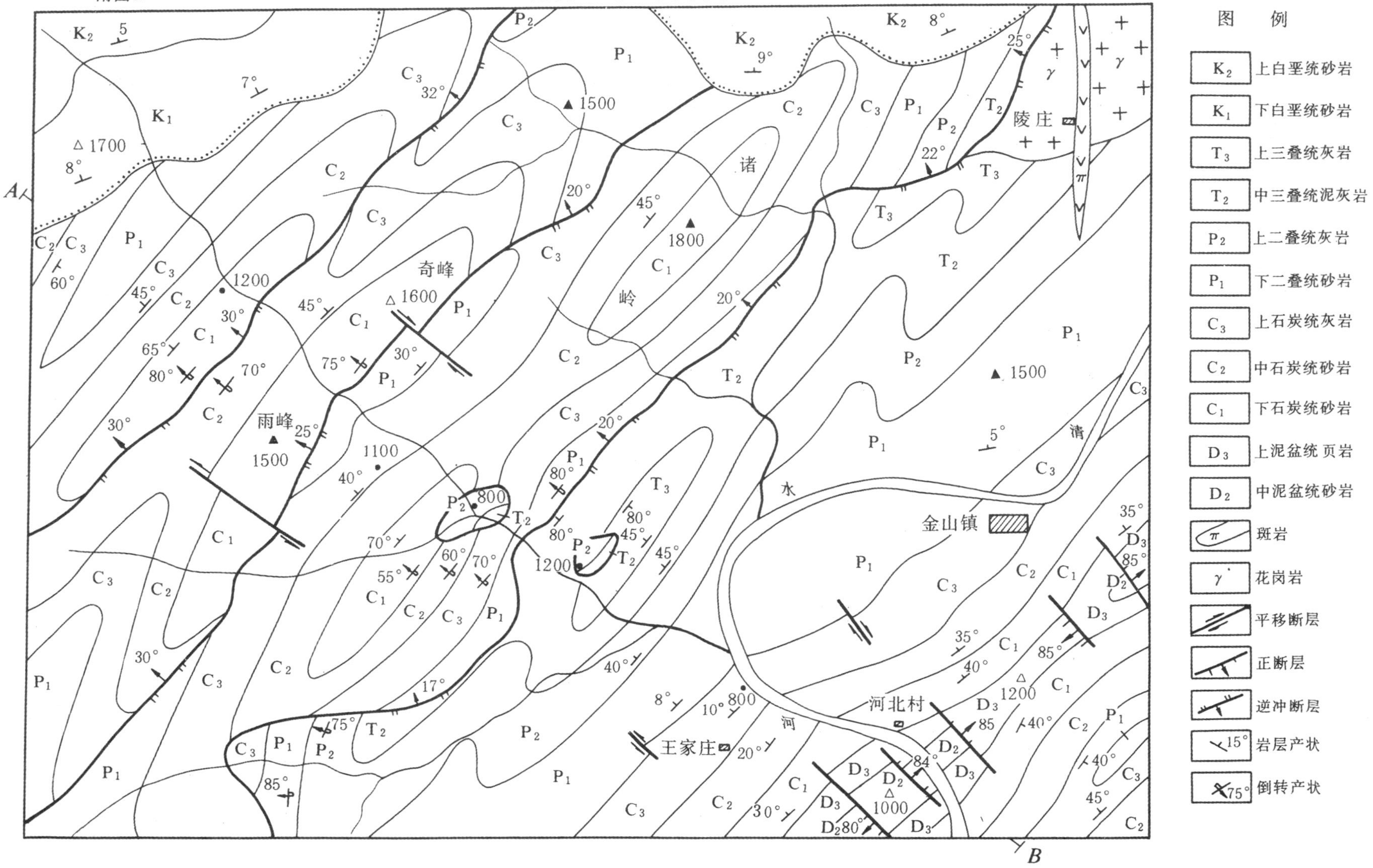
金山镇
陵庄
河北村
王家庄
奇峰
雨峰
诸
岭
清
水
河
A
B
图 例
K_2 上白垩统砂岩
K_1 下白垩统砂岩
T_3 上三叠统灰岩
T_2 中三叠统泥灰岩
P_2 上二叠统灰岩
P_1 下二叠统砂岩
C_3 上石炭统灰岩
C_2 中石炭统砂岩
C_1 下石炭统砂岩
D_3 上泥盆统页岩
D_2 中泥盆统砂岩
π 斑岩
γ 花岗岩
平移断层
正断层
逆冲断层
15° 岩层产状
75° 倒转产状

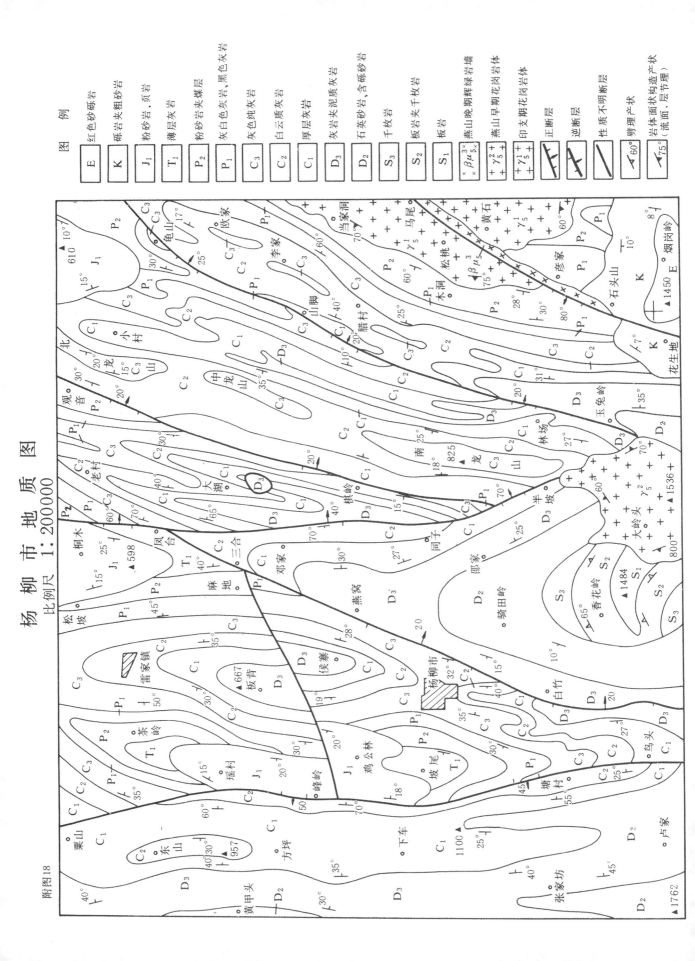

杨柳市地质图 比例尺 1:200000

附图19

彩云岭地质图

比例尺 1:25000

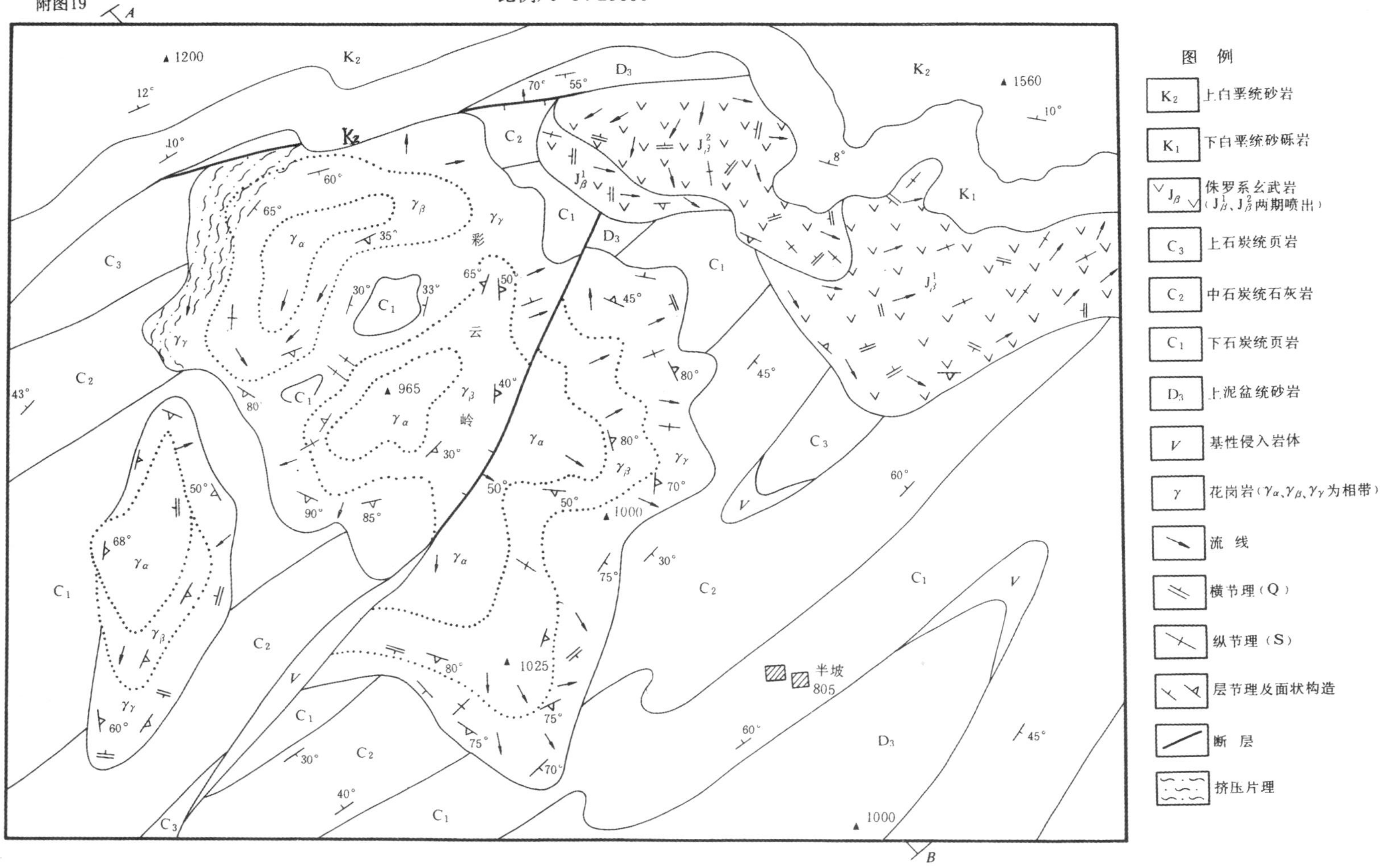
A
B
K₂
▲1200
12°
10°
K₂
70°
55°
D₃
K₂
▲1560
10°
8°
K₁
J_β^2
J_β^1
J_β^1
C₂
C₁
D₃
C₁
C₃
C₃
C₂
C₁
C₂
C₁
C₂
C₁
C₂
C₁
C₂
C₁
C₃
D₃
彩
云
岭
▲965
▲1000
▲1025
▲1000
半坡
805
45°
60°
43°
30°
40°
60°
45°
75°
70°
图例
K₂ 上白垩统砂岩
K₁ 下白垩统砂砾岩
J_β 侏罗系玄武岩（J_β^1、J_β^2两期喷出）
C₃ 上石炭统页岩
C₂ 中石炭统石灰岩
C₁ 下石炭统页岩
D₃ 上泥盆统砂岩
V 基性侵入岩体
γ 花岗岩（γ_α、γ_β、γ_γ为相带）
流线
横节理（Q）
纵节理（S）
层节理及面状构造
断层
挤压片理

附图20　吴尔福网

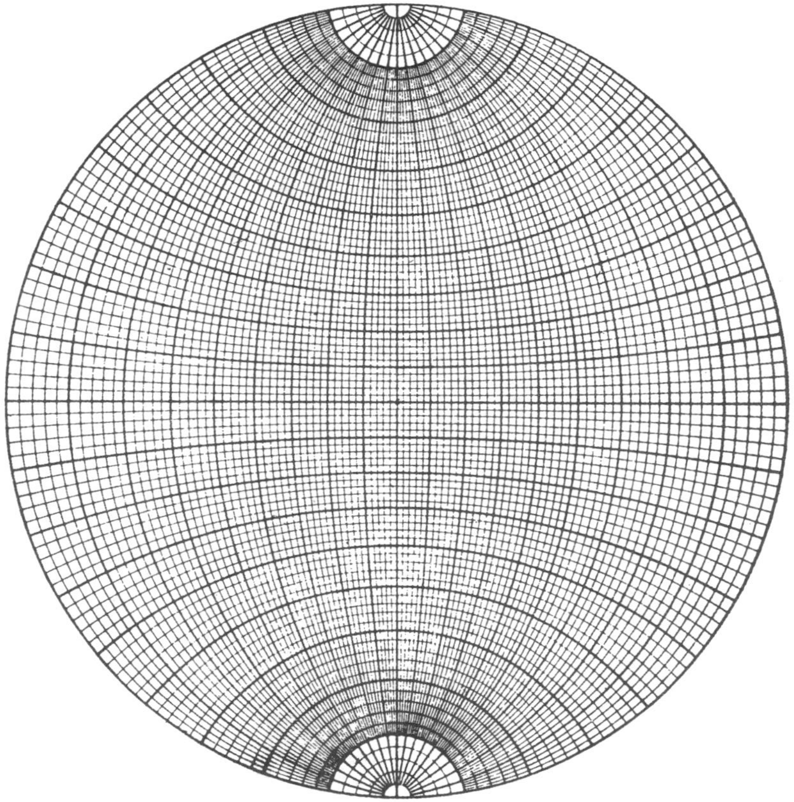

附图21　施密特网

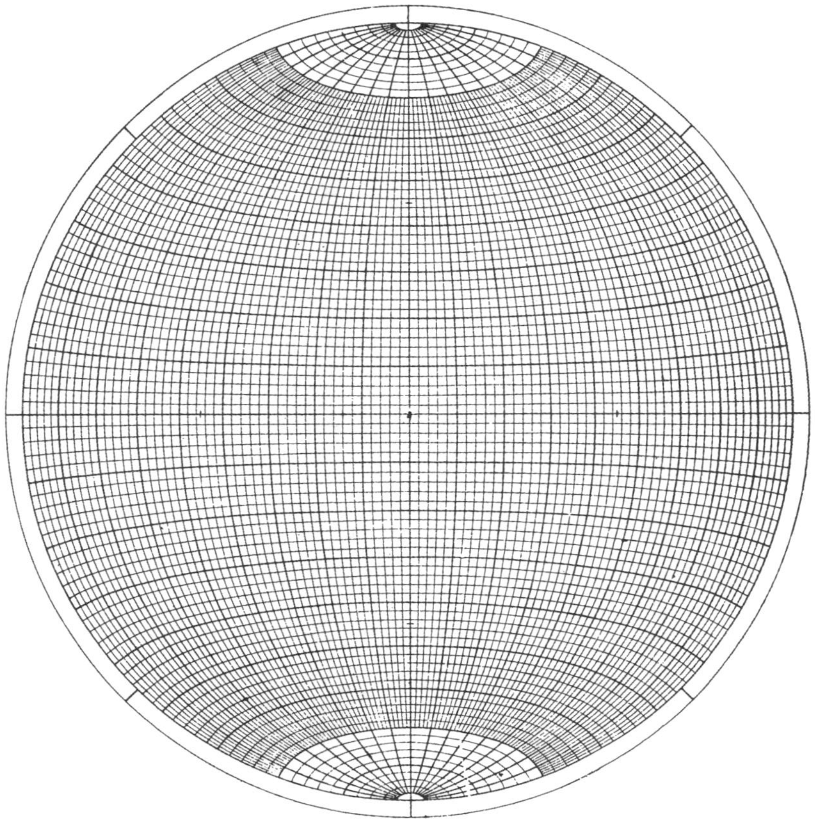

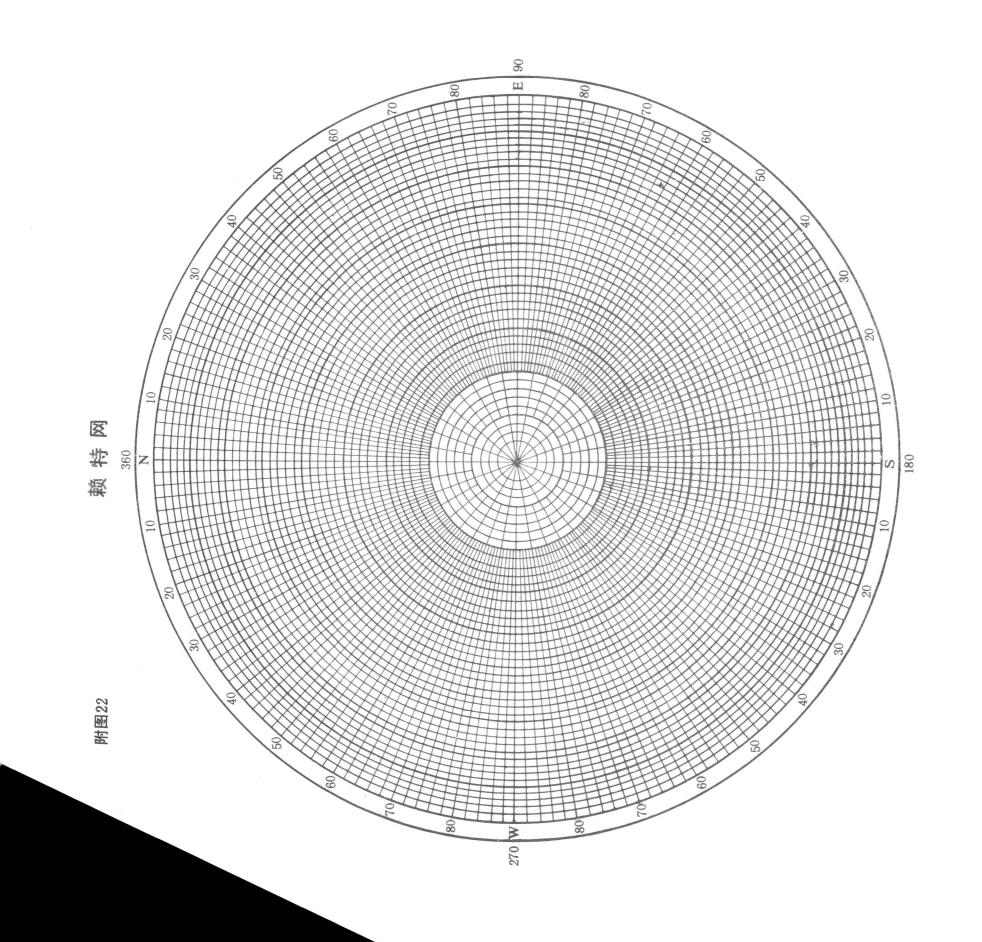

吴氏网

附图22